양자물리학과
깨달음의 세계 ①

양자물리학과
깨달음의 세계 ❶

1쇄발행 2014년 6월 26일
2쇄발행 2016년 9월 09일

지 은 이 양철곤
펴 낸 이 최지숙
편집주간 이기성
편집팀장 이윤숙
기획편집 윤은지, 윤일란, 허나리
표지디자인 신성일
책임마케팅 하철민, 장일규
펴 낸 곳 도서출판 생각나눔
출판등록 제 2008-000008호
주   소 서울시 마포구 동교로 18길 41, 한경빌딩 2층
전   화 02-325-5100
팩   스 02-325-5101
홈페이지 www.생각나눔.kr
이 메 일 bookmain@daum.net

• 책값은 표지 뒷면에 표기되어 있습니다.
  ISBN 978-89-6489-290-9 94420
  세 트 978-89-6489-288-6 94420 (전 2권)

• 이 도서의 국립중앙도서관 출판 시 도서목록(CIP)은 서지정보유통지원시스템 홈페이지
  (http://seoji.nl.go.kr)와 국가자료공동목록시스템(http://www.nl.go.kr/kolisnet)에서
  이용하실 수 있습니다(CIP제어번호: CIP2014017091).

알 기 쉽 게 강 의 식 으 로 풀 어 쓴 **마 음 경 영 서**

양자물리학과
깨달음의 세계 ①

"종교 없는 과학은 불완전하며, 과학 없는 종교는 맹목적이다."
"진정한 종교는 현실 속에 살아있다. 모든 사람의 영혼과 함께 살아가며,
모든 사람의 선과 정의와 함께 살아간다."

– 앨버트 아인슈타인 –

양철곤 지음

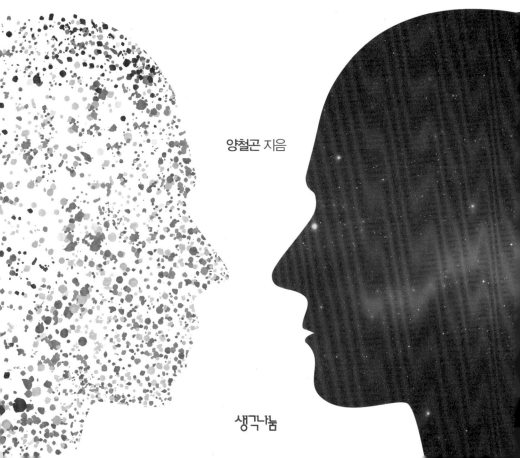

생각나눔

책을 내면서(서문)

─ 언어言語 문자文字와 진리眞理

이 책의 내용은 종교도 아니고, 과학도 아니고, 학문도 아니고, 철학도 문학도 아닙니다. 다만, 이 모든 것들을 언어 문자를 사용하여 우주를 창조한 그 무엇의 진실을 알고자 하는 방편(문자 방편, 수단)으로 삼았을 뿐입니다.

언어 문자는 인간이 한 생각 일으킨 것을 밖으로 나타냄으로써 서로 소통하기 위한 하나의 수단이고, 진리는 모든 존재를 창조하고 우주를 경영하는 것으로서 만상의 있는 그대로의 성품(본성, 본질)을 의미합니다. 따라서 언어 문자는 인위적이나 진리는 본래 항상恒常한 것(본래부터 있던 것)이므로 언어 문자(모든 개념)를 초월한 것입니다. 그러므로 인간이 생각을 어떻게 나타낸다 할지라도 진리 그 자체는 될 수 없습니다. 이것은 마치 코끼리를 본 사람이 한 번도 보지 못한 사람에게 말이나 글로 설명을 했을 때 과연 얼마나 직접 본 것과 똑같이 알아들을 수 있을까와 같습니다.

깨달음의 세계에서 깨달음의 대상(믿음과 경배의 대상)으로 삼는 것은 전지전능하고 절대적이면서 영원불변이며, 보편타당한 것을 말하는데, 이것을 불교에서는 진여眞如 또는 참나(진아眞我)를 비롯해 여러 말로 나타내며, 기독교에서는 하나님(하느님), 이슬람교에서는 알라라고 이름 하는데, 우리가 말하는 조물주, 창조주, 모든 신神들도 이름은 다르나 의미상으로는 다르지 않습니다. 진여와 하나님은 진리의 다른 이름이며, 진리의 당체이기 때문에 같은 의미의 말입니다.

깨달음의 대상인 진여, 하나님, 알라, 진리의 공통점은 누구도 본적이 없다는 사실입니다. 따라서 존재의 유무有無나 이것에 대한 모든 것은 베일에 가려있고, 다만 믿음으로 각자의 마음속에 지니고 있거나 깨달음으로 체득體得(증득證得)하고 있습니다.

우주만상은 진리의 작용(빅뱅)에 의해 창조되었으며, 진리(진여)는 작용할 때 아무렇게나 작용하는 것이 아니라 일정한 법칙(성품)대로 작용하는데, 그 법칙을 저자는 '원리'라고 합니다. 진리는 3차원인 현상계의 개념을 초월해 있기 때문에 진리에 대해서는 정확하게 말하기가 어려우나 진리의 성품(작용)으로 인해 현상계가 드러나 있으므로, 진리의 성품(원리)에 대해서는 명확하게 말할 수 있을 것입니다.

이 책에서는 깨달음의 세계(불교)에서 말하는 공空(아공我空, 법공法空, 연기공緣起空, 무상공無常空)의 원리를 비롯해서 모든 원리를 여러 각도에서 다양하게 재해석함으로써 이해도를 높이고, 특히 실생활에 지혜로 활용할 수 있는 능력을 극대화하기 위해 깨달음의 원리를 통해 삶의 고통을 해결할 수 있는 공식을 제시하고 있습니다. 이렇게 독창성을 계발하기 위해 지금까지 전통적(고정관념)으로 내려오는 가르침의 내용을 의도적으로 다소 다르게 한 부분도 있습니다.

예를 들어서, 공의 원리는 소승과 대승에서 말하는 것도 차이가 있으나, 과학(양자물리학)이 발달한 지금에는 물리적(과학적)으로도 해석해 보면 훨씬 이해도가 높아질 뿐만 아니라 믿는 마음도 높아진다는 사실입니다.

과학이 지금처럼 급속도로 발전한다면 과학성이 없는 것은 아무리 믿음을 바탕으로 하는 종교라 할지라도 많은 사람들로부터 외면당할 것이 자명하기 때문입니다. 이 책에서는 양자물리학의 핵심인 소립자(미립자)의 성품과 깨달음의 세계의 원리를 하나로 회통시켰습니다.

양자물리학이 발달하기 이전에는 깨달음의 세계(형이상학, 종교)에 과학(형이하학)이 접근하는 것을 매우 꺼렸습니다. 그러나 소립자의 성품과 깨달음의 세계의 원리가 너무나 흡사하며, 특히 소립자의 성품이 현상적으로는 나타나고 있으나, 이것을 과학이 정확하게 설명할 수 없었습니다. 그래서 일부 과학자들이 깨달음의 세계와 과학이 함께 자연을 설명하면 보다 더 정확하게 설명할 수 있다는 사실을 알고 종교와 과학을 하나로 결합시키는 것이 세계적인 화두로 떠오르게 된 것입니다.

깨달음의 세계의 원리를 과학적으로 재조명해보는 것은 보는 각도만 다를 뿐 원리 그 자체가 의미하는 내용에는 어긋남이 없습니다. 다만 깨달음의 내용을 지금에 가장 알맞게 독창성을 부여했다는 말입니다.

언어 문자로 되어있는 가르침의 방편(경전 또는 수행 방편)은 어차피 인간에 의해 만들어진 상相(언설상言說相, 명자상名字相, 색色, 개념, 학설, 알음 알이)에 불과해서 그 시대의 흐름에 따라 알맞게 바뀌지 않고 고정불변(전통)으로 그 상에 메이는 것(집착하거나 구속되는 것)은 무상無常(변화)과 연기緣起(상호의존성, 상호관계성)의 원리(무자성無自性)에도 어긋납니다.

원리를 깨닫기 위해서는 내 생각(고정관념, 알음 알이, 아상我相, 지식, 망념, 무명無明)을 내려놓은 상태에서 원리를 더 깊게 알고자 하는 간절하고 순수한 의심이 끊어지지 않고 일어나야 합니다. 이러한 이유로 이 책에서는 서로 어긋나는 방편을 쓰기도 합니다. 이때 '맞다, 틀리다, 엉터리다'라는 자신의 주관적인 판단을 개입시켜 답을 내면 안 됩니다. 믿는 마음으로 '어째서? 왜 그럴까? 이 뭣꼬?'라는 의심을 가지고 이것을 화두로 사용하여야 한다는 말입니다.

인간에 의해 만들어진 상相을 개념(학설)이라 하고, 모든 개념을 깨달음의 세계에서는 번뇌 망상(망념妄念)이라 합니다. 그러나 깨달음은 "번뇌(의심)로서 번뇌(의심)를 끊는 것이다."라는 말과 같이 언어 문자를 의지해야 깨달을 수 있습니다. 원리를 겉으로 어쩔 수 없이 드러낸 것은 비록 언어 문자(상相)이기는 하지만, 원리는 있는 그대로의 것을 나타낸 것이기 때문에 일반적인 개념과는 전혀 다릅니다. 원리는 깨달음으로 체득한 내용을 조금의 가식(인위적)도 없이 진여(진리)의 성품을 말해 놓은 것이므로 진여에 가장 가깝게 다가가 있기 때문입니다.

무엇보다 중요한 것은 언설상言說相, 명자상名字相으로부터도 자유로워져야 비로소 해탈입니다. 이것이 중도中道는 중도에도 머무르지 않는 이유입니다.

- 여해如海 혜산慧山 양철곤楊徹坤 -

▌ 책을 쓰게 된 동기

첫째, 깨달음의 길로 인도하는 문자방편(경전, 가르침)은 몇 가지 중요한 원리(진리)를 사람들의 근기根機(가르침을 받을 수 있는 능력)에 따라 같은 내용을 다르게 말했기 때문에 그 양이 매우 방대해졌습니다. 따라서 중요한 원리만 깨달으면 모든 공부를 끝마치는 것이 됩니다. 그러나 그동안 있는 그대로의 진리(원리)만을 알기 쉽게 하나로 회통시킨 문자방편이 거의 없었습니다. 이제 이 책으로 말미암아 이 문제를 해결하고자 함입니다.

오랜 세월을 거치면서 많은 사람에 의해 나름대로 "진리란? 이러한 것이다."라고 말해온 것이 오히려 진리의 본뜻이 무엇인지를 혼돈스럽게 함으로써 진리가 묻혀버리고 그 양만 방대해졌습니다.

깨달음의 세계에서 가르치는 문자 방편(경전)은 우리가 일반적으로 가지고 있는 개념과는 너무나 달라서 이해하기조차 어렵습니다. 더구나 원본은 한문으로 되어 있어 읽기조차도 어렵고, 경전이나 선어록禪語錄을 한글로 그대로 해석한 것도 이해하기가 쉽지 않았습니다. 그리고 개개인의 견해와 경전의 내용을 접목시킨 것들은 오류가 많았습니다. 특히, 진리의 성품인 공空의 원리(연기, 무상, 무자성, 무아)를 중도의 원리로 승화시키고 업의 순환(윤회)원리와 하나로 회통시키지 못했기 때문에 다른 학문과 소통시킨다는 것은 더욱 어려울 수밖에 없었습니다.

이런 이유로 깨달음의 세계를 정확하고 누구나 쉽게 이해할 수 있게 원리를 요약해서 하나로 만들어 놓은 문자 방편(가르침)이 거의 없는 실정이었습니다.

어쩔 수 없는 인간의 조작(개개인의 생각)으로 인해 오류투성이인 진리 속에서 있는 그대로의 진리(원리)를 찾는다는 것도 쉬운 일은 아닙니다. 그러나 유일한 하나의 방법이 있습니다. 모든 것은 진리로부터 나왔기 때문에 진리는 보편적이고 타당성이 있어야 합니다. 다시 말해서, 많은 공부를 통해서 이것과 저것의 공통점을 찾아내고 그 공통점이 어디에도 막힘이 없으면 그것이 진리(원리)입니다. 진리는 어떠한 것과도 하나로 통하기 때문입니다.

진리를 찾을 때 가장 중요한 것은 내 생각(알음알이, 지식, 고정관념)을 조금이라도 개입시키면 안 됩니다.

둘째, 모든 현상에는 그 현상을 만들어낸 원인이 있으며 원인에 의해 나타나는 현상은 결과입니다. 원인(까닭, 이유)은 원리를 의미하는데, 원리를 알아야 결과가 만들어지는 과정을 명확하게 알 수 있습니다. 따라서 좋은 결과를 얻으려면 원리(원인)를 알아야 합니다. 그러나 우리는 결과를 만들어내는 정보는 수없이 많이 알고 있으나 원리는 거의 알고 있지 못합니다. 이것은 우리들의 잘못이 아니라 그동안 원리를 하나로 모아서 알기 쉽게 밝혀놓은 것이 없었기 때문입니다.

물이 끓지 않게 하려면 불을 빼내야 합니다. 불을 빼내지 않는 이상 아무리 많은 물을 부어도 물을 끓지 않게는 할 수 없습니다. 정보는 불을 빼지 않고 물을 붓는 것과 같습니다.

‘긍정적인 사고방식을 가져라’, ‘범사에 감사하라’, ‘남과 비교하지 마라’와 같은 말은 원리가 아니라 하나의 정보입니다.

이 책은 모든 정보를 만들어내는 원리를 깨달아 얻어지는 ‘완성된 중도의 지혜’라는 단 하나의 무기로 어떠한 일도 근본적으로 다 해결할 수 있게 하고자 함입니다.

셋째, 깨달음의 세계에서 말하는 ‘진여眞如(참나)’는 우주를 운영하는 항상恒常한 것이기 때문에 인간의 어떠한 개념도 초월해 있으므로 오직 깨달음으로 체득하는 방법 외에는 다른 것들의 접근을 꺼려했습니다. 따라서 깨달음의 세계의 핵심사상인 ‘공空 사상’을 체득한다는 것은 매우 희귀한 일이었습니다.

여기서 공空이란? 아무것도 없는 허공(무無)의 개념이 아니라 모든 가능성(전지전능)을 지니고 있는 진여의 작용(성품)을 이르는 말이기 때문에 진여와 공은 같은 말입니다. 그래서 진공眞空은 묘유妙有라 합니다. 공이라고 표현한 것은 인간의 능력은 3차원에 한정되어 있기 때문에 고차원의 진여를 알지 못하므로 공이라는 말을 빌렸을 뿐입니다.

공空 사상을 짧게 잘 표현한 ‘반야심경’에 색불이공色不異空 공불이색空不異色 색즉시공色卽是空 공즉시색空卽是色[물질(색色)이 공空(진여)과 다르지 않고, 공이 물질과 다르지 않아서, 물질이 곧 공이고, 공이 곧 물질이다].”, “시제법공상是諸法空相 불생불멸不生不滅 불구부정不垢不淨 부증불감不增不減(모든 현상이 공한 이 실상은 나는 것도 아니고, 없어지는 것도 아니며, 더러운 것도 아니며, 깨끗한 것도 아니며, 느는 것도 아니고, 줄어드는 것도 아니다).”이라고 한 것을 깨달음으로만 체득할 것이 아니라 양자물리학(현대물리학)의 등장으로 '소립자'라고 하는 만상의 근본물질을 발견한 이 시점에 있어서는 공 사상을 과학적으로도 해석해 볼 필요가 있기 때문입니다.

색色을 물질이라 하고, 공空(진여)의 작용을 에너지, 즉 무한한 가능성(전지전능)을 지닌 소립자라고 하면 '색즉시공 공즉시색'을 과학적으로 해석해도 조금도 어긋나지 않습니다. 이와 같이 해야만 연기법緣起法과 무유정법無有定法과 무상無常의 원리에도 어긋나지 않을 것입니다. 따라서 깨달음의 세계(불교, 형이상학)와 양자물리학(현대물리학, 형이하학)에서 밝혀낸 '불확정성 원리, 자연의 이중성(상보성), 확률파, 중첩'을 중도적인 관점(중도사상)과 하나로 회통시키고 오늘날 세계적인 화두로 떠오르고 있는 자연의 비밀(자연의 이중성, 자연의 수수께끼)을 깨달음의 원리로 설명하고자 함입니다.

인간은 개념을 가지고 있으며, 개념은 과거로부터 지금까지 쌓아온 지식(학문)에 의해 만들어지기 때문에 시대별로 인간의 개념은 늘 바뀌어 왔습니다. 천동설이 지동설로 바뀌었으며, 19세기까지 세상을 지배해 오던 뉴턴역학이 20세기에 들어서면서부터 양자역학으로 바뀌었습니다.

작은 개념의 변화는 금방 받아들일 수 있어서 별다른 문제가 발생하지 않으나 지동설과 양자역학의 경우는 그동안 가지고 있던 개념과 너무나 달라서 그것이 완전하게 받아들여지기 위해서 수많은 학설(가설)이 생기게 되었습니다. 이러한 가설을 입증시켜 정설로 만들기 위해서는 많은 노력을 하기 때문에 학문(과학)은 급속도로 발전하게 되었습니다.

양자물리학은 인간의 육감으로는 알 수 없는 미시세계(아원자 세계, 소립자 세계)를 대상으로 하는 학문이기 때문에 거시세계에서 살고 있는 우리로서는 누구도 직접 경험할 수는 없습니다. 따라서 거시세계에서의 개념(뉴턴역학, 고전물리학)과 상반되는 미시세계의 개념(양자역학, 현대물리학)을 이해한다는 것에 한계를 느낀 과학은 과학적인 논리만으로는 완전하게 미시세계를 설명하기 어렵게 됨으로써 철학이나 종교적인 개념을 동원하게 되었습니다.

인간은 그 시대의 가장 보편적인 개념으로 만상을 분별하고 판단하였습니다. 그러나 양자물리학은 보편적인 개념만으로는 설명되지 않고 논리적으로 상반되는 두 가지의 개념을 상보적(서로 모자란 부분을 보충하는 관계에 있는, 또는 그런 것.)으로 했을 때 보다 더 확실하게 설명할 수 있다는 것입니다. 여기에 가장 적합한 이론이 깨달음의 세계의 중심 사상인 '중도中道사상'입니다.

깨달음의 세계에서는 중도를 정등각正等覺(바르고 원만한 깨달음, 우주의 일체 만상을 두루 아는 지혜)하는 것을 최고의 깨달음이라 하는데, 이것은 개념적으로 분석하고, 연구하는 학문과는 달라서 모든 개념(개개인의 생각)을 떠나고 있는 그대로 보는 것을 말합니다. 있는 그대로 본다는 것은, 모든 분별과 차별을 떠나 있는 그대로 다 받아들인다는 뜻으로서 초월하는 것을 의미합니다. 깨달음은 체험으로 증득證得하는 것이 유일한 방법입니다.

양자물리학을 가장 쉽게 이해할 수 있는 것이 중도사상이라는 사실이 알려지면서 양자물리학과 중도사상(선禪 사상)또는 기독교사상을 하나로 합치려는 시도가 많이 일어나게 되었습니다.

그러나 종교적으로 깨달음을 얻는다는 것이 보편적(일반적)인 일이 아니고 매우 어려운 특별한 일이기 때문에 이해하기도 어려운 양자물리학과 하나로 통하게 만든다는 일은 더욱더 어려울 수밖에 없을 것입니다.

이 강의에서는 진여(진리)의 성품인 '중도의 원리'를 원형을 조금도 훼손하지 않으면서 방대한 가르침을 핵심만 간추려 가장 알기 쉽게 하였으며, 중도의 원리와 양자물리학의 기본 원리를 하나로 회통시켰습니다.

넷째, 전통적인 수행 방편과 오늘날 급속도로 발전된 뇌 과학에서 밝혀진 인간의 마음과 그것에 반응하는 뇌의 작용을 하나로 접목시켜 지금에 가장 알맞은 새로운 수행 방편을 알리고자 함입니다.

양자물리학과 더불어 최근에는 뇌 과학이 급속도로 발전하게 되었고, 신경과학(Neuroscience)과 미세 전자기계 시스템(MEMS, micro-electro mechanical system)의 혁명적 기술은 자기 뜻대로 명상의 최고 상태(peak state, 삼매, 선정禪定)로 들어갈 수 있는 명상가, 예술가, 그리고 특이한 사람들의 두뇌를 관찰하고, 이런 최고 상태에 있는 동안 그들의 두뇌 활동(뇌파)을 측정하였습니다.

그 결과 마인드 머신이 사용자에게 자기 뜻대로 유익하고 생산적인 뇌파상태를 제공해줄 수 있는 능력을 가졌다는 사실을 알게 되면서 짧은 순간에 명상의 상태로 들어갈 수 있다면 마인드 기기들을 사용해볼 가치는 있다고 생각하게 되었습니다. 더욱이 이 기기를 이용해 한번 깊은 명상 상태에 들어갈 줄 알게 되면 기기가 없이도 쉽게 그 상태로 들어가는 것이 가능하다고 하니, 이 기기들에 의존하지 않고 도구로써 사용할 줄 안다면 아주 쓸모가 많을 것입니다.

우리는 두뇌 혁명시대에 살고 있습니다. 인간의 두뇌는 대부분의 사람들이 생각하는 것보다 그 능력에 있어서 훨씬 더 크고 더욱 강력하다는 것입니다. 적당한 형태의 자극을 주면 인간의 두뇌는 초월적인 능력도 발휘할 수 있다는 사실입니다. 그러나 대부분의 경우 이러한 초월적인 능력을 잠재워두고 있는 실정인데, 그 이유는 고정된 내 생각(개념, 고정관념)에 가로막혀 마음의 문을 닫고 있으므로 우주에 잠재해 있는 무한한 가능성을 받아들이지 못하기 때문입니다.

이러한 사실은 양자물리학에서도 입증되고 있습니다. 인간의 생각은 뇌파이며, 뇌파도 소립자로 구성되어 있기 때문에 내 생각에 갇혀 있으면 나의 뇌파와 우주에 퍼져있는 무한한 능력의 소립자 간에 소통이 이루어지지 않으므로 창의적인 능력이 줄어든다는 사실입니다. 세계적인 천재들의 공통점이 생각의 문을 활짝 열어놓고 있다는 것입니다.

인간은 실제로 명상의 최고 상태에 들어가기 위해 다양한 방법을 개발했습니다. 수많은 명상법을 그 한 예로 들 수 있는데, 명상은 그것들을 가능하게는 하지만 명상이 실로 강력하고 안전하게 작용하기까지는 엄청난 양의 훈련과 혹독한 수행이 필요합니다. 명상수행자에 관한 연구들을 보면 대체로 빠르게 자기 뜻대로 깊은 선정禪定(삼매)상태에 들어가기까지는 20년 이상의 명상훈련이 필요하다는 것을 증명하였습니다.

과학자들은 마인드 머신이 '진화의 혁명'을 가져올 수 있을 것이라고 생각했습니다. 머지않은 장래에 이 기기들은 인간이 자신의 두뇌상태를 조정하는 법을 배울 수 있게 해주고 무엇을 하든 가장 적정한 두뇌상태로 TV 채널을 바꾸듯이 당신의 두뇌상태를 변화시킬 수 있을 것이라고 예상하고 있습니다.

초기 명상상태에서 깊은 선정에 들기까지 뇌에서 일어나는 모든 생리적인 현상을 뇌 과학이 너무나 상세하게 밝히고 있으며, 명상에서 말하고 있는 내용과 뇌 과학에서 말하고 있는 내용이 정확하게 일치하고 있다는 점입니다. 그뿐만 아니라 빛, 소리, 색상을 비롯한 주변의 모든 것들이 뇌에 미치는 영향까지 알아내고 이것들을 이용해서 정신적으로 최고의 상태에 들어갈 수 있는 방법까지 알아내고 있으며, 실제로 활용하고 있는 실정입니다.

'마이클 허치슨(Michael Hutchison)'의 저서(박창규, 김현철 옮김) 『메가브레인 파워(Megabrain Power)』에서 이 모든 사실을 상세하게 밝히고 있습니다.

모든 것을 종합해 볼 때, 반드시 명상(선정, 삼매)수행을 해야만 깨달을 수 있다는 것은 아닙니다. 명상은, 번뇌 망상(무명無明, 내 생각, 알음알이, 지식)으로 혼란스러운 마음을 차분하게 가라앉히기 위한 하나의 방편(수단)일 뿐입니다. 다시 말해서, 명상은 원리를 깨치기 위해 내 생각을 죽이기 위한 하나의 수단일 뿐 아무리 선정(삼매)에 들어도 원리를 깨치지 못하면 번뇌(내 생각)가 사라지지 않으므로 지혜와 믿음이 생기지 않기 때문에 해탈(열반)의 경지에 들 수 없다는 말입니다. 그래서 『유식론唯識論』에서는 "번뇌(식識)를 지혜로 바꾼다(전식득지轉識得智)."라고 하였습니다. 다시 말해서, 원리를 깨치면 번뇌는 애쓰지 않아도 저절로 사라지고 그 자리에 지혜가 생긴다는 말입니다. 이것은 기독교에서 말하는 성령이 임한다는 말과 그 의미가 같습니다.

우리가 원리를 깨닫고자 하는 것은 '불퇴전의 믿음'과 '완성된 지혜'를 얻기 위함입니다. 믿음과 지혜가 함께할 때 가장 많은 것을 이익되게 하는 것을 실천할 수 있는 힘이 극대화됩니다. 믿음이 없으면 흔들리기 쉽고, 지혜가 없으면 바로 보지 못하기 때문에 잘 못된 실천(이기적)을 하게 됩니다.

마인드 기기를 통해서 마음을 최고의 상태로 만든다는 것은 그 일을 하기 위한 최적의 기능(조건)을 부여하는 것이기 때문에 이것은 마치 어떤 일을 하기 위해 좋은 연장(도구)을 하나 마련하는 것과 같은 것일 뿐 모든 상황을 종합적으로 판단할 수 있는 지혜는 얻을 수 없으며, 더욱이 불퇴전의 믿음은 조금도 얻을 수 없을 것입니다. 따라서 완성된 지혜와 불퇴전의 믿음은 깊은 사유를 통해서 오직 원리를 깨달았을 때만 얻을 수 있습니다.

이 강의에서 저자가 강력하게 주장하고 있는 것은, 어떠한 것이든 고정시키는 것은, "모든 것은 변한다(무상無常)."라는 무상의 진리를 역행하는 것이기 때문에 수행 방편도 그 시대에 따라(변화에 따라) 알맞게 바꾸어야 된다는 말입니다. 무상의 진리에 어긋나면 '연기의 원리'와 '중도의 원리'에도 어긋나므로 이 문제는 앞으로 자세하게 다룰 것입니다.

유대인의 공부 방법 중에, "왜?"라고 계속 질문하는 것이 있습니다. 이미 정해진 답이 있어도 "왜?"라고 묻는 것입니다. 이유는 자꾸 변하므로 다시 한 번 생각하다 보면 새로운 것을 발견할 수 있기 때문입니다.

전통적인 수행은 왜 그렇게 하였으며, '고타마 싯다르타Gautama Siddhātha'께서 "지나친 고행을 하는 것은 깨달음을 얻는 데 있어 크게 도움이 되지 않으니 지나친 고행은 하지 마라."라고 하신 말씀의 의미를 뇌 과학이 발달한 지금에는 반드시 되새겨보아야 한다는 말입니다.

이 말씀은 '고타마 싯다르타'께서 육 년 고행을 통해 몸소 체험하시고 이러한 수행 방편은 결코 올바르지 않다는 사실을 아시고는 그동안 해오셨던 모든 수행을 청산하시고 보리수나무 밑에서 오직 깊은 사유를 통해 '나'라는 주체가 없다는 사실을 깨우치신 것입니다. 이것은 만상의 원리를 깨달았다는 말입니다. 여기서 확실하게 알 수 있는 것은 결국, 선정禪定(삼매)만 가지고는 생사의 고통에서 벗어날 수 없다는 것과 번뇌(무명無明)를 완전하게 없앨 수 없다는 사실을 알 수 있습니다.

'고타마 싯다르타'께서 깨달으신 내용을 다른 말로 표현한다면 '연기緣起의 원리'입니다. 연기법의 내용에서 "이것이 있기 때문에 저것이 있고 (차유고피유 此有故彼有) 이것이 생기기 때문에 저것이 생긴다(차기고피기 此起故彼起).

이것이 없기 때문에 저것이 없고(차무고피무 此無故彼無), 이것이 사라지기 때문에 저것이 사라진다(차멸고피멸 此滅故彼滅)."라고 하는 것은, "모든 것은 고정불변이 아니라 잠시도 쉬지 않고 변한다."라고 하는 무상無常(항상하지 않다)의 의미와 "모든 것은 변하는 과정에 서로 주고받기 때문에 서로 혼합되어 있다."라고 하는 무아無我의 의미가 있습니다. 여기에서 모든 원리가 나오기 때문에 이 원리를 깨달으면 '완성된 중도의 지혜'를 얻게 되고 이것으로 모든 고통을 소멸시킴으로써 괴로움에서 벗어날 수 있다(해탈)는 지극히 과학적인 이론입니다.

이러한 이유로 이 강의에서는 오직 원리를 깨달을 수 있는 지름길로 여러분을 초대할 것입니다.

▮ 공지사항

* 이 글은 자기를 계발하기 위한 원리를 단계적으로 제시하고 있으므로 반드시 순서대로 읽어야 합니다.

자기를 계발한다는 것은 마음 경영법, 즉 마음 쓰는 법(용심법用心法)을 배우는 것입니다. 마음을 가장 잘 쓴다는 것은 가장 많은 것에 이익을 주는 것을 말하며, 이것은 마음을 지혜롭게 쓰는 것을 의미합니다.

지혜를 얻기 위해서는 반드시 원리를 깨달아야 합니다.

* 마음을 자기 마음대로 경영하기 위해서는 고정된 내 생각을 버려야 가능하기 때문에 글을 읽을 때 있는 그대로 읽고 마음에 심어야 합니다. 내가 배우고 익힌 것과 다르다고 해서 생각의 살림을 따로 차리면 안 됩니다.

마치 갓 태어나서 3살 때까지의 어린아이는 보고 듣는 그대로 각인시키는데 이렇게 해야 된다는 말입니다.

내 생각을 버리고 하나하나에 들어있는 의미를 깊이 새기면서 이 글을 읽으면 그것이 명상이기 때문에 따로 명상을 하지 않아도 됩니다.

* 하나의 습관이 만들어지기 위해서는 3년 정도의 시간이 필요하기 때문에 이 습관을 바꾸려면 반복적인 학습이 필요합니다. 자기를 계발한다는 것은 머리로 아는 지식적인 공부가 아니라 무의식에 자기도 모르게 저장되어 있는 습관(고정관념, 기억, 업)을 바꾸는 일이므로 반복

학습이 절대적입니다. 따라서 중요한 내용은 수없이 반복될 것입니다.

중요한 내용을 반복하기 위해서 강의하는 형식으로 글을 구성하였으며, 한 강의에 똑같은 내용을 다른 언어로 표현하는 경우도 이러한 이유에서입니다. 반복되는 과정에서 조금씩 바뀌다가 깨달음을 얻으면 하나씩 바뀌는 것이 아니라 한꺼번에 다 바뀝니다.

＊ 원리(근본도리, 진리, 진실)의 핵심은 몇 가지에 불과합니다. 다만, 우리가 도道, 선禪, 수행이라는 개념으로 어렵게 생각해서 미리 겁먹고 포기하기 때문에 이루지 못하고 있었을 뿐입니다. 그래서 "처음 먹은 그 마음(발심發心)이 깨달음을 얻은 때이다(초발심시변정각 初發心時便正覺)."라고 하는 것입니다. 다시 말해서, 처음 먹은 그 마음(초심初心)이 끝까지 변하지만 않는다면 기어코 깨달을 수 있다는 말입니다.

원리를 깨치는 공부는 나이와도 상관없고 누구나 하면 되는 공부입니다.

＊ 자기를 계발하는 공부는 있는 그대로 각인시키고 각인된 것에 대한 의심을 품는 의심 공부(이 뭣꼬)입니다. 이렇게 공부하는 사람이 가장 잘하는 사람이며, 의심 가운데 하나씩 깨달음을 얻으면 이것이 영원한 행복으로 가는 지름길입니다.

＊ 어려운 일이 있을 때 내 생각으로 아무리 연구해도 지혜의 문은 열리지 않습니다. 깨닫기 전의 내 생각은 어리석은 생각이기 때문에 늘 주관적(이기심)으로 판단하게 됩니다. 그럴 때마다 주저하시지 말고 이

책에서 해답(지혜)을 찾으십시오. 책에서 하라는 그대로 행하기만 하면 그것이 가장 현실적인 공부가 될 뿐만 아니라 가장 많은 것을 이롭게 합니다. 따라서 어렵고 힘든 일이 있을 때 그것을 수행의 문으로 삼으면 가장 좋은 공부가 됩니다.

※ 이 책은 일반도서와는 달라서 저자만의 독특한 형식으로 구성되어 있기 때문에, 책에서 이끄는 대로 그냥 따라가는 것이 깨달음(자기계발)으로 가는 최선의 길입니다.

책의 앞부분(제1강)에 양자물리학의 등장 과정과 소립자의 성품에 대해 서술하고, 소립자의 성품과 각각의 원리를 간단간단하게 접목시킨 다음 책의 중간 부분(제13강~제18강)에 양자물리학과 깨달음의 원리를 완전하게 융합시킴으로써 전체적인 지견知見이 열리도록 하였습니다.

이렇게 구성한 이유는 의심을 생기게 하고 의심이 조금씩 풀어지게 했기 때문에 한 번 읽고 처음부터 다시 읽으면 많은 의심이 풀리면서 전혀 새로운 의심이 다시 생기게 됩니다. 이것을 반복하다 보면 지견知見이 생기고 지견이 깊어지면 문득 깨닫게 됩니다.

이러한 이유로 이 책은 반드시 정독을 하여야 하며, 깨달음을 얻을 때까지 계속 반복해서 읽어야 합니다. 매번 읽을 때마다 깨달아가는 느낌이 다르기 때문에 읽을수록 재미가 있으며, 재미가 있을 정도만 되어도 자기계발은 공부의 관성에 의해 자기도 모르게 깊어지게 됩니다.

강의의 제목과 의미적으로 같은 내용과 관련이 있는 것으로 구성되어 있습니다. 그러나 이해도가 낮으면 문단과 문단의 뜻이 서로 연결되지 않는 것처럼 느껴질 것입니다. 나만 그런 것이 아니고 거의 모든 사람에게 해당하는 일입니다. 이럴 때는 '저자가 무슨 의도로 이렇게 했을까?'라는 의심을 품고 계속 읽다가 보면 그 의심이 풀어집니다. 그래도 풀어지지 않으면 지나치게 한곳에 머무르지 말고 다음 강의로 넘어가다 보면 풀어집니다. 그래도 또 풀어지지 않으면 책을 다 읽고 난 다음 그 의심이 완전히 다 풀어질 때까지 반복해서 처음부터 다시 읽으십시오. 이 책은 여러 번 읽을수록 그 의미가 더욱더 깊어지고, 실천력도 강해집니다.

　의심이 많이 생기면 처음에는 다소 혼란스럽기는 하나 이 과정이 지나면 의심 자체에 몰입(집중)되면서 의심과 내가 하나가 됩니다. 이것이 화두와 내가 하나 되는 것이며, 이 상태가 지속되면 어느 날 갑자기 깨닫게 됩니다.

　화두는 공부하는 과정에 내가 만들거나 아니면 눈 밝은 스승이 제자의 근기에 맞춰 내려야 합니다. 가장 중요한 것은 어떠한 경우든 의심이 끊어지지 않게 해주어야 합니다.

　* 공지사항을 매 강의 때마다 읽는 것, 그 자체가 공부이므로 매번 읽는 것이 좋습니다.

원리를 깨닫는 것이 가장 중요한 이유

결론부터 말씀드린다면 "원리는 모든 것과 하나로 통한다."입니다.

깨달음의 세계에서는 '우주는 진여眞如의 작용에 의해 창조되었다'고 합니다. '진여'라는 말은 여러 가지로 표현하기도 하나 흔히 '법法'이라고도 하는데, 일반적으로 '진리'와 의미가 같은 말입니다. 진여(진리, 법)가 작용할 때는 그 성품에 따라 작용을 하는데 그 성품이 바로 원리입니다. 따라서 원리란? 어떠한 것에도 똑같이 적용되고(보편성, 공통점), 이치적으로도 딱 들어맞는 것(타당성)을 말하며, 본래부터 있었던 것이기 때문에 무엇으로 인해 만들어진 것이 아닙니다. 따라서 끊임없고, 내내 변함이 없어서 항상恒常한 것(영원불변)입니다. 원리가 모든 것과 하나로 통할 수 있는 것은, 거슬러 올라가면 모든 것은 하나의 점에서 만나기 때문입니다. 이 사실은 『양자물리학과 깨달음의 세계』에서 상세하게 서술할 것입니다.

이러한 이유로 원리는 원인, 까닭, 이유, 본질, 근본을 의미하기 때문에 원리를 알면 학문이든 삶의 문제든 어떠한 것을 하더라도 같은 노력으로 최대의 효과를 거둘 수 있다는 말입니다. 학문을 하는 것은 지식을 쌓는 일이지만 원리를 깨닫는 것은 지혜를 얻는 것이기 때문에 '지식(내 생각, 식識)을 지혜로 바꾼다'는 뜻으로 '전식득지轉識得智'라고 합니다.

지식과 지혜의 차이를 살펴본다면, 지식은 아는 것을 말하고 지혜는 아는 것을 실천하는 것입니다. 다시 말해서, 지식은 실천하지 않아도 되나, 지혜는 반드시 실천을 동반해야 합니다.

지식은 모르는 것을 알기 위한 학문을 뜻하고 지혜는 지식이 숙성되는 과정을 거쳐 현상적으로 나타나는 모든 것에 가장 알맞게(적절하게) 적응하는 능력(작용)입니다. 지식은 학문으로부터 나오고 지혜는 원리로부터 나오기 때문에 학문은 부분적이고, 지혜는 전체를 꿰뚫어 아는 통찰력입니다. 따라서 지식(정보, 해답)으로는 일상에서 일어나는 문제를 부분적(한시적)으로는 해결할 수 있으나, 근본적(전체적)으로는 해결할 수 없습니다. 지혜는 원인을 정확하게 앎으로써 가장 알맞게 근본적인 해결을 이루어냅니다. 지식은 언어 문자로 나타낼 수 있으나, 지혜는 언어 문자를 초월해 있으므로 무엇으로도 단정 지어 말할 수 없습니다. 지혜는 그때그때 벌어진 상황에 가장 알맞게 작용하는 것이므로 정해진 답이 없습니다.

　　지식은 개념이기 때문에 사람마다 배우고 익힌 것이 다 달라서 개념이 똑같은 사람은 없습니다. 개념은 관념이며, 이것을 내 것으로 가지고 있으면 고정관념이 되고, 고정관념에 의해 모든 것을 분별하는 선입견을 가지게 하며, 선입견은 편견이 되어 차별하게 됩니다. 모든 분쟁과 고통은 이렇게 해서 만들어지는 것입니다. 개념에 의해 개개인의 생각이 만들어지므로 사람마다 생각도 다 다릅니다. 생각은 말과 행동으로 나타나고 이것은 반드시 어떤 결과(과보)를 남기게 되는데, 이것을 깨달음의 세계에서는 '업業(삶의 찌꺼기)'이라고 합니다. 업은 또 다른 업을 남기는 것을 끊임없이 반복함(윤회)으로 업은 윤회(순환)의 주체가 됩니다.

　　이와 같이 원리(진리, 진여)는 인간의 어떠한 개념(언어, 문자, 생각)으로도 헤아릴 수 없기 때문에 생각을 초월해 있습니다. 따라서 내 생각(지식, 고정관념, 알음알이, 무명無明, 아상我相)으로 행行한 모든 것은 반드시 업을 남기고 윤회를 하게 됩니다. 그러나 원리를 깨달아 지혜로 행한 모든 것은 행하기는 행하였으나 행한 바가 없는 행이므로, 삶의 찌꺼기(업)를 남기지 않기 때문에 의무적인 윤회는 하지 않습니다. 이것을 '해탈解脫', '열반涅槃'이라고 합니다. 조금의 의심도 없이 원리를 확실하게 깨닫는 것을, '본래의 성품(본성本性)을 보았다'고 해서 '견성見性'이라고 합니다. 본성은 진여(진리, 불성佛性)를 말합니다.

'진여를 본다'는 말은 '내 생각을 완전히 내려놓고 있는 그대로의 모습을 보는 것'을 말합니다. 무엇보다 원리를 깨닫는 것이 가장 중요한 이유로는, 통찰력으로 모든 것을 정확하게 꿰뚫어보는 정견正見이 확립되므로 상황에 따라 가장 지혜롭게 대처할 수 있는 힘(실행하는 힘)이 가장 극대화된다는 데 있습니다. 원리를 깨닫지 못하고 머리로 이해한 지식(정보)은 실천할 수 있는 힘이 미약합니다.

| 차례 |

* 책을 내면서(서문) - 언어言語 문자文字와 진리眞理

* 책을 쓰게 된 동기

* 공지사항

* 원리를 깨닫는 것이 가장 중요한 이유

제 1 강
양자물리학의 등장과 소립자의 성품　　　　　　　　32
　│ 양자물리학의 등장　　　　　　　　　　　　　　32
　│ 소립자(미립자, 아원자)의 성품　　　　　　　　36

제 2 강
공부를 위한 기본 개념　　　　　　　　　　　　　61
　│ 마음을 경영한다는 말의 의미는?　　　　　　　71
　│ 자기계발(마음경영)을 하지 못하는 이유　　　73
　│ 자기계발의 지름길　　　　　　　　　　　　　78
　│ 생활 습관 바꾸기　　　　　　　　　　　　　　80

제 3 강
자기계발은 무엇으로 어떻게 해야 할 것인가?　　90
　│ 자기를 계발하는 공부의 특징과 이 강의의 특징　100

제 4 강

개념 바꾸기   106

　무상공無常空   109

　연기공緣起空   110

제 5 강

마음의 구조와 작용   137

　중간의식(제7말나식)에 들어있는 자아의식이란?   143

제 6 강

깨달음으로 가는 새로운 방편   160

　정념의 성질   160

　원리(진리)를 깨닫는 공부의 지름길   180

제 7 강

본질(체體)과 현상(상相, 용用)의 원리   186

제 8 강

진정한 성공이란?   207

　저는 금이간 항아리입니다.   209

　"해야지."하지 말고 바로 해 버려라   211

　세상에 공짜는 없다.   213

제 9 강

공空, 인연因緣, 연기緣起, 무상無常, 무아無我의 원리　216

| 소승小乘의 공空과 대승大乘의 공空 (소승과 대승의 다른 점)　251

제 10 강

업의 윤회와 자업자득의 원리　257

| 자기계발은 어떻게 하며, 왜 하는가?　277

제 11 강

발심과 자업자득과 업의 윤회　280

| 양자물리학과 업業의 순환 원리　288

제 12 강

중도中道의 원리　294

제 13 강

진리란?(총론)　319

| 진리의 다른 이름　337

제 14 강
기원基源(시작)이 있다는 것의 의미   339

제 15 강
과학과 깨달음   348

제 16 강
소립자(미립자, 아원자)와 신비주의   359

| 양자물리학과 기氣   378

제 17 강
거시의 세계와 미시의 세계   381

제 18 강
자연의 이중성을 깨달음으로 관觀한다면….   390

| 공空   395

| 참나(진여眞如)와 그 작용   397

제 1 강
양자물리학의 등장과 소립자의 성품

이 책의 내용 중에 양자물리학에 대한 지식적인 것은, 김상운 저 『왓칭』, 김성구 교수의 네이버 블로그, 수원 대학교 물리학과 곽영직 교수의 네이버 케스트, 블로그 조선의 존재의 신비, 네이버 블로그 그 사람의 잔기침과 푸념이 엉켜있는 곳, 네이버 블로그 건축 시공 기술사 쉰들러 외 다수의 블로그와 네이버 지식백과의 내용과 많은 강의의 내용을 참고로 하였습니다.

* 양자물리학의 등장 *

빛의 파동설과 입자설은 1621년 '스넬(Willebrord van Roijen Snell, 네덜란드, 1591~1626, 물리학자, 수학자)'에 의해 빛의 굴절屈折에 대한 법칙이 발견되면서 빛을 파동으로 보는 이론 이후 1887년 '헤르츠(Hertz, Heinrich Rodolph 독일의 물리학자, 1857~1894)'의 실험으로 발견된 광전효과光電效果 등 빛의 입자설을 입증하는 여러 현상이 발견됨으로써 빛의 입자설과 파동설에 대한 과학자들 간의 논쟁은 19세기 말까지 해결되지 못한 채로 20세기를 맞게 되었습니다.

양자이론은 1900년 12월 14일 '막스 플랑크(Max Planck, 1858~1947)'라는 독일의 물리학자가 독일 물리학회에 발표한 내용으로 "물체에 의한 빛의 방출放出과 흡수吸收에 관한 종전의 주장(고전물리학, 뉴턴역학)에 반대하는 이론으로서, 물질로부터 에너지가 덩어리로 떨어진 형식으로 방출된다는 가정을 하면 설명된다."라는 가설을 내놓았습니다. 이 가정이 바로 새로운 양자이론(Quantum hypothesis)의 시발점이 되었습니다. '플랑크'는 빛이 가지고 있는 에너지에 대하여 종래의 상식을 깨고 양자量子라고 하는 것을 처음으로 제창하였습니다.

흑체 복사黑體輻射(Black Body Radiation)를 할 때 뜨거운 물체에서 나오는 빛의 스펙트럼(spectrum:무지개와 같이 빛의 파장에 따라서 나타나는 색깔)은 고전물리학(뉴턴역학)으로는 설명이 불가능하였습니다.

플랑크가 주장한 "덩어리로 떨어진다."라는 의미는 연속적으로 이어진 것이 아니라 조금씩 떨어져 나온다는 불연속적이라는 개념이 포함되어 있는데, 불연속적으로 떨어진다면 그 거리가 얼마나 떨어지는 거리인지, 그가 발표한 공식에 의하면 십의 마이너스 이십 승 정도의 미미微微한 거리입니다. 이것은 측정도 불가한 거리이기 때문에 어느 과학자가 보더라도 연속적으로 변한다고 믿을 수밖에 없지만, 마이크로(소립자) 세계(미시세계)의 물리량에서는 물리현상을 생각할 때 이런 미미한 물리량의 불연속도 무시되면 안 된다는 말입니다.

양자가설이 발표된 뒤 1905년 '아인슈타인(Albert Einstein, 1879년 3월 14일~1955년 4월 18일)'은 "빛은 연속적인 파동의 흐름이 아니라 광자(Photon) 또는 광양자(Light Quantum)라고 부르는 불연속적인 에너지의 흐름이며, 광양자가 가지는 에너지는 플랑크상수常數(h)와 진동수振動數의 곱으로 나타난다."라고 주장하고, '막스

아인슈타인

플랑크'가 발표한 양자가설을 물리적으로 실제로 존재하는 것을 입증하고, 광전효과光電效果를 해명하려고 하였습니다.

1923년 '콤프턴(Arthur Holly Compton, 1892.9.10~1962.3.15)'의 실험에 의해 발표되었던 '콤프턴 효과(Compton Effect)'는 물질과 빛이 상호작용할 때 에너지와 함께 운동량도 전달되는 것을 보여주는 현상으로 광자光子가 전자電子를 밀어내는 효과를 관측함으로써 광자의 실체를 확실하게 증명하게 되었습니다. 이로써 아인슈타인의 광양자 가설光量子假說이 콤프턴 효과를 확실하게 설명함으로써 광자는 단순히 현상을 설명하기 위한 이론적 도구가 아니라 에너지와 운동량을 지니고 시·공간을 자유롭게 떠다니는 물리적 실체로서 자리를 잡게 되었습니다.

관측된 이후 과학자들 간에는 빛의 입자설과 파동설이 더욱 첨예하게 대립되었으며, 개념상 입자성과 파동성은 양립될 수가 없는 특성을 가지고 있어서 한 물리적 사물이 파동波動이면서 파동과 상반되는 입자粒子의 성질을 가지는 것은 불합리한 것처럼 보였습니다. 다시 말해, 광양자설을 전적으로 받아들이면 빛의 간섭干涉과 회절回折 현상을 설명할 수 없고, 빛을 파동으로만 생각하면 광전효과와 콤프턴 효과를 설명할 방법이 없었습니다. 이리하여 물리학자들은 점점 빛의 파동과 입자의 이중성二重性을 받아들이는 분위기가 시작되면서 하나의 물리학적 항목이 파동성도 지니고 입자성도 지닐 수 있는지? 논리적으로 양립 불가능한 두 개념이 어떻게 하나로 합쳐질 수 있는가에 대하여 강한 의구심을 가지게 되었습니다.

1925년 6월 '하이젠베르크(Werner Karl Heisenberg, 1901~1976, 독일의 이론 물리학자)'는 물리학적 모형을 도입하지 않고 거의 수학적 이론을 바탕으로 양자에 대한 행렬역학行列力學이라는 새로운 역학을 발표하였는데, 이것은 '슈뢰딩거(Erwin Schrodinger, 1887~1961, 오스트리아)'의 파동역학波動力學과 함께 마이크로 세계의 운동법칙을 기술하는 양자역학의 기본적인 이론이 확립됨으로써 양자역학量子力學이 시작되었습니다.

1927년 '드브로이(De Broglie, 1892년~1987년, 프랑스)'에 의해 밝혀진, 빛이 파동과 입자의 이중성을 가지는 것이 확실하다면 그동안 양립 불가능한 개념으로 인식되었던 것을 바꾸어야 했으며 '아인슈타인'의 상대성이론에 의해 빛과 물질은 모두 에너지의 한 형태이고 서로 다른 형태로 전환될 수 있다는 것입니다. 이 사실이 증명되었다는 점에서 본다면 모든 물질도 입자성과 파동성을 가질 수 있다는 말입니다.

파동은 어떤 한 점에 존재하는 것이 아니라 어느 정도 넓게 퍼져서 존재하는 것이므로 원자 중의 전자의 파동도 원자핵의 주위에 넓게 퍼져서 존재하게 됩니다. 그러나 드브로이는 전자의 정체는 파波로 되어 있으나 보기에는 입자의 성질을 나타내고 있다고 했으며, 원자의 파와 물질의 파가 어떤 모양인지에 대하여는 명확히 서술하지 못했습니다.

'드브로이'의 이와 같은 주장을 같은 해에 '데이비슨(Clinton Joseph Davisson, 1881~1958, 미국의 실험 물리학자)'과 '저머(Lester Germer, 1896~1971, 미국)'가 전자는 파동성을 가지고 있으며 '드브로이'의 식을 만족해 준다고 증명을 해주었으며, 또한 '톰슨(George

Thomson, 1892~1975, 영국)'의 실험을 통하여 전자를 알루미늄박에 입사入射시켜 회절回折 현상을 관찰함으로써 전자의 파동성이 실험으로 재증명됨으로써 물질의 이중성이 받아들여지게 되었습니다.

* 소립자(미립자, 아원자)의 성품 *

소립자(미립자, 아원자)란? 유형무형有形無形의 모든 것을 구성하고 있는 가장 작은 단위를 소립자라고 합니다. 다시 말해서, 눈에 보이는 것, 눈에 보이지 않는 것, 세상에 존재하는 모든 것들을 쪼개고 쪼개서 더이상 쪼갤 수 없을 때까지 쪼개면 아주 작은 알갱이가 되는데, 이것을 소립자라고 합니다. 따라서 소립자의 입장에서 보면 만상은 소립자로 연결된 하나의 '생명공동체'입니다.

다시 말한다면, 만상(모든 것)의 본질이 소립자라는 말인데, 이 말은 소립자는 무한한 가능성(창조)을 지니고 있다는 뜻입니다. 그러므로 소립자가 어떤 성품(성질, 원리)을 지니고 있느냐의 문제는 중요하지 않을 수가 없습니다.

이와 같이 소립자는 모든 것을 구성하고 있는 최소한의 물질이면서, 소립자끼리는 항상 서로 소통하고 있다는 사실입니다.

긍정적인 생각을 하면 현실도 긍정적으로 나타나고, 부정적으로 생각하면 현실도 부정적으로 나타날 확률이 매우 높아진다거나 간절한 마음으로 기도하면 이루어질 가능성이 높아진다거나 사람의 마음에 따라 물의 결정체가 바뀌고, 식물의 성장에 영향력을 미치게 하거나 텔레파시(생각과 생각)가 서로 통하는 등 오늘날 과학은 많은 것을 통해 증명해 보이고 있습니다.

20세기에 접어들면서 발달한 양자물리학에서 이러한 자연(우주)의 진실을 찾아낸 것은 그동안 분리되어 왔던 형이상학(정신계, 종교)과 형이하학(물질계, 과학)을 점점 가까워지게 함으로써, 이제는 종교와 과학을 하나로 묶어 자연을 설명하는 것이 세계적인 화두로 등장하게 되었습니다.

소립자가 모든 것의 근본 물질이기 때문에 소립자의 이중성(상보성)을 받아들임으로써 이제는 자연을 보다 더 명확하게 설명하기 위해서는 상반되는 두 개의 개념을 함께 적용시켜야 한다는 사실입니다.

이것은 종교에서도 예외가 아니어서 종교의 이름과 교리는 다른 것 같으나 본질에 있어서는 같기 때문에 내가 믿는 것만 알아서는 안 되고, 다른 것도 알고, 이것과 저것을 서로 연결해서 알아야 보다 더 확실하게 알 수 있고, 그래야 분별하거나 차별하지 않게 된다는 말입니다.

양자역학의 확립은 '하이젠베르크'의 불확정성 원리不確定性原理 (Uncertainty principle)와 '닐스 보어'의 상보성 원리相補性原理 (Coplementarity principle)가 발표됨으로써 이루어졌습니다.

하이젠베르크

불확정성 원리란? 1927년 '하이젠베르크'에 의해 "입자성과 파동성은 논리적으로는 양립할 수 없지만 실제로 존재하고 있기 때문에 양립성을 받아들여야 한다."라고 주장하였습니다.

고전 물리학에서는 모든 물체의 위치와 운동량을 동시에 정확하게 측정할 수 있었습니다. 그러나 양자차원에서는 사물을 위치의 관점과 운동량의 관점에서 각각 기술하는 것은 가능하지만, 두 관점 모두를 동시에 확정적으로 대상을 기술하는 것은 불가능하다는 것으로, 두 관점을 동시에 기술하려고 하면 하나를 측정하는 동안 다른 하나가 움직이기 때문에 오류를 범한다는 것으로, 이를 '불확정성원리'라 했습니다.

다시 말해서, 어떤 사물의 위치를 알고 있다면 그것이 얼마나 빨리 움직이고 있는지를 알 수 없어지고, 그 물체의 속도를 알고 있다면 그것의 위치를 알지 못하게 된다는 말입니다. 어느 하나에 초점을 맞출수록 다른 하나의 불확정성은 더욱 증가합니다.

미시세계에서는 극히 미미한 사물의 위치나 운동량의 변화도 무시해서는 안 된다는 말입니다. 공간적으로 0.001mm라는 거리와 시간적으로 0.001초라는 시간은 거시세계에서는 아주 짧은 거리나 시간이므로 무시해도 별 상관이 없으나 미시세계에서는 상대적으로 어마어마하게 먼 거리가 되며, 긴 시간이 되기 때문에 결코 무시하면 안 된다는 말입니다.

땅에 떨어져 있는 물체는 거시적인 개념으로는 땅과 물체가 붙어 있는 것이나 미시적인 개념으로는 결코 붙어 있다고 말할 수 없습니다. 모든 것은 있는 그대로 텅 비어있는 공空이기 때문입니다.

입자-파동의 이중성은 1927년 데이비슨-저머의 실험(Davisson-Germer experiment)에 의해 전자 같은 아원자 입자(소립자)는 입자와 파동의 성질을 다 가지고 있다는 사실을 증명함으로써 밝혀진 사실입니다. 입자는 공간에서 특정 위치를 점하는 분리된 고형의 물질이라 할 수 있고, 파동은 위치가 정해져 있지 않고 고체의 성질을 갖지 않으며, 음파나 물결처럼 매질을 통해서 퍼져 나갑니다.

이들은 이중 슬릿(두 개의 구멍) 실험에서 전자와 같은 소립자의 파동성을 관찰하던 중, 소립자는 관찰자가 관찰하면, 특정한 장소를 점하지 않고 '확률의 장'으로 존재하던 파동성이 붕괴하면서 입자로 변해 특정 위치와 시간 속에서 위치를 점하게 됩니다. 그러나 놀랍게도 관찰하지 않으면 다시 파동의 성질로 나타나는 이중성이 있다는 것을 발견하였습니다. 그래서 지금까지는 한꺼번에 많은 입자를 동시에 내보냈으나, 입자를 하나씩 시간 간격을 두고 내보내도 파동의 특징인 간섭 무늬가 나타나는지를 실험하였습니다. 입자를 하나씩 내보내고 몇 시간이 지난 뒤 가보니 역시 간섭 무늬가 나타난 것입니다. 그러나 입자가 어느 구멍으로 통과했는지를 알아보면 반드시 두 개의 구멍 중에 어느 하나의 구멍으로만 통과했다는 한 개로 나타나고, 관찰하지 않으면 두 개의 구멍을 통과했다는 간섭 무늬로 나타나는 것이었습니다. 그렇다고 해서 입자가 둘로 쪼개지는 것은 아닙니다. 구멍을 여러 개로 뚫어 놓아도 마찬가지입니다.

이것은 매우 중요한 사실로 인간이 관찰하면, 즉 정보를 얻으면 자연의 상태는 바뀐다는 말입니다. 관찰대상과 관찰자의 의미는 무엇이며, 관찰자가 관찰대상에 어떤 영향을 미치는가 하는 문제입니다.

이 문제는 '슈뢰딩거의 고양이'라는 사고실험을 놓고 물리학자들이 설전을 벌였으나 아직까지 해결되지 않고 있습니다.

상보성 원리란? 빛이나 전자와 같은 소립자(미립자)는 전 공간에 넓게 파동으로 퍼져 있다가 관찰자가 관찰하면 입자의 성질로 나타나고, 관찰하지 않으면 다시 파동의 성질로 나타나기 때문에 입자나 파동 중 어느 하나의 성질로는 명확하게 설명할 수 없으므로, 두 가지 성질을 함께 지닌다고 말해야 된다는 이론이 상보성 원리입니다. 이것은 하나의 물질이 논리적으로 양립兩立할 수 없는 두 가지 성질을 가지는 것을 말하는데, 이것을 '이중성二重性(Duality)'이라고도 합니다. 이때 입자적 성질과 파동적 성질은 서로 상보적이라고 합니다. 이중성과 상보성은 같은 말이기는 하나, 이중성은 상반되는 이것과 저것의 성질을 경우에 따라 다르게 나타내는 것을 말하고, 상보성은 음양陰陽이 서로 조화(화합)를 이루는 것과 같이 서로 모자란 부분을 보충하는 관계, 즉 공생共生하는 관계에 있는 것을 말합니다. 서로 상보적인 관계를 보다 더 넓은 의미로 말한다면, 상의상관성相依相關性, 즉 연기緣起를 의미합니다.

그렇다고 해서 빛이 동시에 입자의 성질과 파동의 성질을 나타낼 수는 없습니다. 다만, 관찰자가 관찰하면 입자로 나타나고, 관찰하지 않으면 파동으로 나타난다는 말입니다.

'중론中論'에서 사물의 참모습을 8가지로 말하고 있는데, 이것을 '팔불중도八不中道'라 하며, 여기에 '불일역불이不一亦不異'라는 말이 나옵니다. 이것은 사물의 참모습은 같은 것도 아니며, 다른 것도 아니라는 뜻이며,

'같은 것도 아니다(불일不一)'라는 말은 본질(체體)은 같으나, 겉으로 드러난 모습(상相, 용用)으로 보면 서로 다르다는 의미이기 때문에 '불일不一'은 음양陰陽이 서로 다르면서 화합하고 있는 모습과 같으므로 '상보성相補性'을 강조하는 말입니다. 그렇다고 '다른 것도 아니다(불이不異)'라는 말은 입자-파동과 같이 겉으로 드러난 모습은 다르나, 입자의 성질을 가질 때나 파동의 성질을 가질 때나 소립자라는 입장에서는 다르지 않다(같다)이므로 본질에 있어서는 같다는 의미이기 때문에 '불이不異'는 '이중성二重性'을 강조하는 말입니다. 따라서 '불일역불이'는 서로 대립되는(서로 상반되는) 두 가지 개념(상, 용: 현상)이 사실은 하나의 근원(체: 본질)에서 출발했음을 의미하고 있습니다.

　결국, 소립자의 이중성(입자-파동)은 깨달음의 세계에서 말하는 만상의 존재 원리인 무자성無自性을 의미합니다. 무자성의 원리는 여러 가지로 활용되나 우리들의 삶에 응용한다면, "만상은 보는 관점에 따라 다 다르기 때문에 어떠한 것도 내 생각(고정관념)으로 분별해서 판단하고 확정지어 말하면 안 된다."라는 것으로서 일상의 모든 문제를 해결할 수 있는 생활의 지혜로 삼을 수 있기 때문에 매우 중요합니다.

　이중성과 양면성은 사전적으로는 비슷한 말이나 다른 의미로 쓰입니다. 양면성이란? 대립(상반)되는 두 가지 성질을 다 가지고 있다(한 가지 사물에 속하여 있는 서로 맞서는 두 가지의 성질.)는 뜻으로, 이것과 저것을 다 가지고는 있지만, 이것과 저것이 같지는 않다는 뜻으로 쓰이고, 이중성(하나의 사물에 겹쳐 있는 서로 다른 두 가지의 성질.)은 이것과 저것은 있는 그대로 같다는 뜻으로 쓰입니다. 따라서 이중성은 서로 상대적인 것이 '하나다', '같다'는 말이기 때문에 이것과 저것은 다르지 않다(不異), 둘이 아니다(不二), 같다(즉화即化)는 뜻이므로 우리가 얼른 이해하기가 어렵습니다. 그러나 깨달음의 세계에서는 "모든 것은 있는 그대로 불이不二(불이不異, 즉即의 논리)다."라고 하는 것이 가르침의 핵심이기 때문에 "물질(유有)이 허공(무無)과 같으며(색즉시공 色卽是空), 어리석음(무명無 明, 번뇌)이 최상의 깨달음(보리菩提)과 같으며(번뇌즉보리 煩惱卽菩提), 삶과 죽음(생사生死)이 있는 것과 생사를 벗어난 것(열반涅槃)이 같으며(생사즉열반 生死卽涅槃), 깨닫지 못한 어리석은 중생(범부凡夫)과 깨달음을 얻어 최상의 지혜를 갖춘 부처(불佛)가 같다(범부즉부처 凡夫卽佛)."라고 하였습니다.

'범부즉부처'라는 말의 뜻은, 한 사람에게 깨달음의 측면과 어리석음의 측면이 따로 있어서 어리석음의 측면이 나타나면 범부가 되고, 깨달음의 측면이 나타나면 부처라는 뜻이 아닙니다. 깨닫고 보니 내가 본래 부처였다는 의미입니다. 이것은 모든 사람의 본래심을 말합니다. 깨닫기 전에는 누가 아무리 "네가 본래 부처다."라고 말해주어도 그 말을 결코 믿으려 하지 않고 부처를 찾으려고만 합니다.

빛의 이중성에서 보았듯이 상황에 따라 입자의 성질도 되었다가 파동의 성질로도 나타나기 때문에 빛의 입장에서 보면 둘 다 '나'가 됩니다. 예를 들어, 불행과 행복이라는 것도 내가 어디에 기준을 두고 어떻게 생각하느냐에 따라 달라지며, 불행이라는 것이 없다면 행복이라는 것도 있을 수 없듯이 본래 행복도, 불행도 그 자성(스스로의 고정된 성품)이 없습니다. 또한, '나(주관)'가 있기 때문에 '너(객관)'가 생기는 것입니다. 다시 말해서, 행복을 설명하기 위해서는 불행을 설명하지 않을 수 없고, 나(주관)를 설명하기 위해서는 너(객관, 상대, 경계, 대상)를 설명하지 않을 수 없다는 말입니다. 이것이 상보성(이중성)의 의미입니다. 따라서 행복과 불행이 같고 너와 내가 같다는 말이므로, 우리들의 일반적인 개념으로는 받아들일 수 없으므로 앞으로 상세하게 설명할 것이며, 이 강의의 핵심이 될 것입니다.

양자역학의 철학적 토대를 마련한 사람은 덴마크의 물리학자 닐스 보어(Niels Henrick David Bohr, 1885~1962)인데, 상보성 원리는 '닐스 보어'에 의하여 주장된 것으로, 자연의 현상을 과학적으로 설명하기 위해서는 지금까지의 개념(고전물리학)으로는 모자라는 부분이 너무 많다는 점입니다.

양자역학은 원자 속에 있는 전자의 운동을 설명하는 물리학의 한 분야로서 전자가 어떤 상태로 어떤 운동을 하는지 안다면 자연을 정확히 이해하고 새로운 기술도 만들어낼 수 있습니다.

고전물리학에서는 주로 거시세계를 관찰 대상으로 하였으나, 현대물리학(양자물리학, 양자역학)에서는 미시세계(미립자, 소립자)를 관찰 대상으로 하였는데, 빛이나 전자는 논리적으로 양립될 수 없는 파동성波動性(비 물질의 특성)과 입자성粒子性(물질의 특성)의 이중성이라는 사실을 알고 쓰기 시작한 말이 상보성 원리입니다. 다시 말해서, 물질의 이중성은 회절回折이나 간섭干涉과 같은 파동 현상만으로 설명하기도 불가능하고, 광전효과와 같은 입자 현상만으로도 설명이 불가능합니다. 파동 측면과 입자 측면을 동시에 관찰하기는 불가능하지만, 이 두 가지 측면을 합치면 어느 한 가지 입장만을 취하는 경우보다 더욱 완전한 설명을 할 수 있습니다. 위치와 속도는 동시에 측정이 불가능하지만, 운동을 기술하기 위해서는 그 둘이 다 필요합니다. 자연에 대한 더 깊은 이해를 위해서는 서로 보완(상보相補)해주는 반대 개념을 필요로 합니다. 서로 보완해 주는 그 두 개가 한 쌍(세트set)의 물리량입니다. 즉, 자연현상은 하나의 고정된 개념만으로는 결코 기술할 수 없으며, 반드시 이 개념과 짝이 되는 대립되는 개념을 함께 사용해야만 사물을 제대로 기술할 수 있다는 말입니다.

입자란? 콩이나 야구공과 같이 하나씩 똑똑 떨어져 있기 때문에 헤아릴 수 있으며, 일정한 공간에 갇혀있으며, 사물로서 실재하는 것이며, 개별 입자가 여러 개가 있으면 물리량을 합산할 수 있습니다. 그러나 파동은 소리나 물결파와 같이 연속적이기 때문에 하나씩 헤아릴 수 없으며, 전파(전달)되며, 모양이 일정하지 않은 하나의 현상이기 때문에 보강과 소멸하는 것입니다. 달리 말한다면 입자는 '있다(유有, 색色, 물질)'를 의미하고, 파동은 '없다(무無, 공空)'는 뜻이므로 있는 것과 없는 것이 같다는 말입니다. 이것을 깨달음으로 본다면 '색즉시공色卽是空 공즉시색空卽是色(물질이 허공과 같고 허공이 물질과 같다.)'이라는 말입니다. 따라서 엄격하게 보면 물리학적 원리가 아니라, 일종의 사고방식으로 과학과 철학, 윤리학, 종교 등을 포함하여 모든 이론에 적용할 수 있는 원리로 생각할 수 있을 것입니다.

상보성 원리를 깨달음으로 다시 해석한다면, "고정불변의 하나의 개념으로는 물질적인 현상이나 정신적인 현상 어느 것 하나도 정확하게 기술할 수 없다."가 됩니다. 고정된 하나의 개념은 만상의 자성自性을 말하는 것이니 상보성 원리는 제법무아諸法無我, 즉 무자성無自性을 뜻하는 것이며, 이것은 단멸斷滅(단견斷見: 무無)과 상주常住(상견常見: 유有)를 떠난(초월한) 중도中道를 의미합니다. 또한, 상보성 원리는 '색즉시공色卽是空 공즉시색 空卽是色'이기 때문에 왜 '공空'이 미묘한 개념인지를 잘 말해주고 있습니다. 공을 단순하게 아무것도 없는 무無의 개념으로 말하면 안 된다는 말입니다. 모든 것은 그것들의 본질(최소 단위)인 미립자의 상보성, 즉 미립자의 무한한 가능성에 의해서 이루어졌다는 사실입니다. 그래서 '진공眞空은 묘유妙有(참으로 공하다는 것은 만물이 묘하게 존재하고 있다.)'입니다. 그러므로 공空이란? 있는 그대로 모든 존재의 실상을 말하는 것입니다.

우리가 '없다'고 하는 것을 '공空(허공)'이라고 한다면, 이것은 우리들의 눈에 아무것도 보이지 않을 때 하는 말입니다. 양자적으로 볼 때 허공은 아무것도 없는 것이 아니라 무한한 가능성을 내포하고 있는 소립자로 빈틈없이 꽉 차 있는 상태입니다. 이곳에서 살고 있는 인간은 물방울이 떨어지는 것을 보면 물이라는 물체가 있다는 것을 인식하게 됩니다. 그렇다면 물속에서 살아가고 있는 물고기는 물을 어떻게 인식할까요? 우리처럼 물을 물체로 인식할까요? 아닙니다. 인간이 허공을 아무것도 없는 것으로 인식하듯이 물고기도 물을 물체로 인식하지 못하고 아무것도 없는 것으로 인식할 것입니다. 우리와 반대로 공기가 올라가는 것을 보면 그것을 물체로 인식할 것입니다.

양자물리학에서 발견된 '이중성'은 모든 것에 다 해당되기 때문에 '자연의 이중성'이라고도 합니다. 소립자가 입자의 성질과 파동의 성질을 다 가지고 있다는 사실보다 더 중요하고 이해하기 어려운 것은, 소립자는 관찰하면 입자(유有)의 성질로 나타나고 관찰하지 않고 그냥 내버려두면 파동(무無)의 성질로 나타난다는 사실에 있습니다. 다시 말해서, 관찰하면 파동의 성질이 붕괴되고 현실로 나타나기 때문에 관찰행위(인간)가 관찰대상(소립자)에 어떤 식으로든 영향을 미친다는 말입니다. 이 문제가 중요한 것은 인간의 생각은 뇌파를 만들고 뇌파도 소립자로 구성되어 있기 때문에 다른 소립자와 서로 소통한다는 것에 있습니다.

미시적인 양자역학의 세계에서는 소립자와 소립자 사이에서 일어나는 상호작용이기 때문에 관찰자의 관찰행위에서 발생하는 소립자(뇌파)는 다른 소립자에 미치는 영향력이 클 수밖에 없습니다. 다시 말해서, 우리가 살고 있는 거시세계에서는 관찰행위나 실험 도구로 대상을 관찰한다고 해서 그 대상에 영향을 조금도 미치지 않으나, 소립자와 같은 미시세계에서는 아주 미세한 관찰이라 하더라도 대상 그 자체가 무작위로 변화되어 본래의 모습을 잃어버린다(바뀐다)는 사실입니다. 관찰에 의해 바뀔 때는 하나의 사물이 아무리 멀리 떨어진 곳에 있더라도 비국소적으로 관찰하는 그 순간에 나타나며, 관찰된 것은 그 관찰자에게만 객관적인 의미를 가집니다. 다른 관찰자는 다른 결과를 얻을 수 있고, 또 항상 동일한 결과를 얻는 법은 양자론의 세계에서는 결코 없습니다. 이유는 양자의 세계(미시의 세계)는 잠시도 쉬지 않고 변하기 때문(무상無常)입니다.

이와 같이 양자의 세계(미시세계)에서는 모든 것이 하나로 연결되어 분리될 수가 없는데, 이것은 거시의 세계에서도 마찬가지입니다. 다만, 우리가 확실하게 알지 못할 뿐입니다. 그러나 원리를 체득(깨달음)하게 되면 확실하게 알게 됨으로써 불퇴전의 믿음이 생기게 됩니다.

상보성 원리를 처음부터 매우 어려운 깨달음(형이상학)의 원리로 설명하는 이유는, 이 공부는 강력하게 일어나는 의심을 통해서 깨달음을 체득體得(증득證得)하는 공부이기 때문에 이러한 방식을 선택한 것입니다.

확률파란? 1926년 슈뢰딩거에 의해 제창된 물질입자의 운동을 기술하는 양자역학의 이론을 말하며, 물질입자의 입자성粒子性과 파동성波動性이라는 이중적 성격이 이 이론에 의해 비로소 완전한 설명이 가능하게 되었습니다.

1933년 노벨상을 받을 당시의 슈뢰딩거
(출처: Orgullomoore at en.wikipedia.com)

빛(소립자)의 이중성에서 관찰자(관찰기기도 포함)가 관찰하면 입자의 성질로 나타나고 관찰하지 않으면 파동의 성질로 나타나는데, 이때 파동을 현대물리학에서는 확률파確率波라고 해석합니다. 소립자는 모든 것을 구성하고 있는 최소단위이기 때문에 자연의 모든 것을 본질적으로는 입자라고 단정 지어 말할 수도 없고, 파동이라고 단정 지어 말할 수도 없습니다. 따라서 상대적인 이분법(존재-비존재, 선-악 등)으로는 자연을 설명하고 구분하기 어렵다는 말로서 무자성, 즉 공空하다는 것을 의미합니다.

확률파라고 해석할 수밖에 없는 이유는, 입자가 파동처럼 전 공간에 퍼져있는 것이 아니라, 입자가 존재할 확률이 파동의 성질을 가지고 전 공간에 걸쳐 분포되어 있다고 해석하기 때문입니다. 다시 말해서, 관찰하지 않으면 항상 파동의 성질로 있고, 관찰할 때만 입자의 성질로 나타나므로 '측정하기 전에도 입자가 공간상의 어디엔가 존재하고 있을 것이다'라고 생각한다면 그것은 잘못입니다. 입자가 공간상의 어디에 있긴 있지만, 측정하기 전에는 정확히 그 위치를 알 수 없고 존재할 확률만을 알 수 있는데, 존재할 확률을 말해주는 것이 확률파라고 이해하는 것입니다.

입자는 측정과 더불어 나타난 것일 뿐이기 때문에 측정을 하지 않고서 입자의 존재를 말하는 것은 무의미합니다. 측정 전에는 오직 '입자가 존재할 가능성'만 전 공간을 뒤덮고 있을 뿐입니다. 측정하는 순간 파동은 사라지고 입자가 나타나므로 측정 후에야 비로소 입자의 존재가 의미를 가지는 것입니다.

예를 들어서, 태양계에 속해있는 행성은 일정한 궤도로 공전 운동을 하기 때문에 현재의 위치나 속도를 정확하게 알면 그 행성이 장차 어디로 갈 것인지 정확하게 예측할 수 있습니다. 일식이나 월식을 예측할 수 있는 것이 그 좋은 예이며, 이러한 자연관을 '결정론적 자연관'이라 하며, 고전물리학 이론입니다. 그러나 행성과는 달리 원자핵 주위를 도는 전자와 같이 우리가 눈으로 관찰할 수 없는 미시세계를 연구하는 양자론의 세계(현대물리학)는 결정론적인 세계(현실태 現實態)가 아니라 확률적인 세계(가능태 可能態)임을 전제하고, 미시세계의 모든 물리적인 현상을 확률로 해석하고자 하는 것을 '코펜하겐 해석'이라 부르며, 현재 물리학에서 가장 널리 받아들여지고 있습니다.

양자론의 세계에서는 하이젠베르크의 불확정성 원리에 의해 전자의 현재 위치와 속도를 동시에 정확하게 알 수 없기 때문에 전자의 미래 위치도 확률적으로 예측할 수밖에 없습니다.

예를 들어, 지구에 있는 어떤 원자핵 주위에 있는 전자는 실험 도구로 관찰하기 전까지는 핵과 아주 가까운 거리에 있을 확률이 가장 높고, 금성이나 목성과 같이 멀리 떨어진 곳에 있을 확률도 있으며, 심지어 수십억 광년 떨어진 아주 먼 은하계에 존재할 확률도 있습니다.

확률이란 전자의 위치나 이동 경로가 관찰하기 전까지 어느 한 곳에 결정되어 있다는 뜻은 아니므로 하나의 전자는 우주 어느 곳에나 존재할 수 있고, 또한 우주 어느 곳으로나 이동할 수 있는 것입니다. 이것은 우리의 인식이 불완전한 것이기 때문에 전자의 위치나 이동 경로를 정확하게 알 수 없다는 뜻이 아니라, '확률'이라는 개념은 '본래부터(본질적으로) 그러하다'는, 20세기에 등장한 새로운 과학용어입니다.

확률파는 매질媒質이 없고 어떤 정보를 가지고 있는 추상적인 존재로서 누구도 확률파를 직접 볼 수는 없습니다. 어떤 실체를 가진 구체적인 존재가 진동하는 것이 아니기 때문입니다. 가능성은 어디까지나 가능성일 뿐 실제적으로 존재하는 것은 아닙니다.

확률파가 등장함으로써 물리적인 존재(존재, 물질)와 추상적인 존재(비존재, 비물질)와 같이 상대적(대대待對)인 이분법으로 구별하던 모든 개념은 여지없이 무너지고 말았습니다. 그래서 양자 세계의 논리와 깨달음의 세계에서 말하는 불이不二사상이 같다는 말입니다.

확률파는 그림으로 그릴 수도 있고 간섭 무늬를 통해 파동의 성질을 조사할 수도 있기 때문에 '존재하지 않는 것'이라 할 수도 없으며, 그렇다고 관찰할 때만 입자로 나타나는 것을 '존재하는 것'이라고 말할 수도 없습니다.

측정하기 전에는 추상적抽象的인 세계, 또는 가상假想의 세계(가능태 可能態)가 측정이라는 인간의 행위나 측정 기구에 의해 현실적 세계(현실태 現實態)로 바뀌는 것입니다. 따라서 인간의 의식으로부터 독립된 실재(객관적 실재客觀的 實在)란 없습니다. 다만, 우리 눈에 보이는 것은 측정행위에 의해 나타난 것입니다. 이것은 현상계가 본질적으로는 가유假有(가립假立된 존재)임을 뜻합니다. 소립자의 세계인 진공眞空은 모든 것을 가능하게 하는 성품(가능태 可能態)을 지니고 있으며, 그 성품이 관찰자의 관찰 행위에 의해 겉으로 드러나 있는 것(현실태 現實態)이 우리가 살고 있는 세상입니다. 그래서 진공은 묘유이며, 모든 현상의 본성(제법실상 諸法實相)은 있는 것도 아니고 없는 것도 아닙니다(비유비무 非有非無).

전자는 파동성을 지니고 있다는 '드 브로이'의 이론에 근거하여 전자의 파동역학을 완성하는 데 결정적인 역할을 한 '슈뢰딩거'는 자신이 확립한 파동함수wave function, 波動函數 (Ψ Psi)의 수학적인 설명이 전자의 실재성을 나타내는 것이 아니라, 확률을 말하고 있다는 코펜하겐 해석의 주장을 못마땅하게 생각하고, 자기는 결정론이나 실재론을 부정하는 양자역학을 연구한 것에 대하여 몹시 후회한다는 입장을 밝히고는 더 이상 양자역학에 몰두하지 않았습니다.

그 후 1935년 '슈뢰딩거의 고양이'라는 사고실험을 제출하여 코펜하겐 해석의 불합리성을 물리학계에 알리려 하였습니다.

중첩重疊이란? 사전적인 뜻은 거듭 겹치거나 포개어지는 것을 말합니다.

원자나 전자 등 미시세계에서 하나의 물체가 동시에 둘 이상의 상태로 있거나 둘 이상의 위치에 존재하는 독특한 물리적 현상을 '양자중첩(Quantum Superpositon)'이라고 합니다. 다시 말해서, 아원자 입자亞元子 粒子(subatomic particle: 원자보다 작은 입자 혹은 원자를 구성하는 기본 입자)가 파동의 상태에 있을 때 그것이 관찰 후 무엇으로 바뀌며, 어디에 위치할지는 확실하지 않다는 것으로서, 이것은 마치 캄캄한 방에서 동전을 던졌을 때 동전의 앞면이 나올지 뒷면이 나올지 알 수 없으나, 불을 켜는 순간 앞면과 뒷면이 섞여 있는 중첩의 상태가 붕괴하면서 동전의 앞뒤가 결정되는 것과 같습니다. 그래서 일부 물리학자들은 파동波動 (wave)과 입자粒子(particle)를 하나의 말로 합쳐 '파립자波粒子(wavicle)'라고도 합니다.

파동의 크기를 확률로 해석하는 가설은 우리가 생각할 수 있는 가장 그럴듯한 논리이며 이해가 가지 않는 바가 아닌데, 양자역학에서 정말 이상한 가설은 중첩과 측정에 관한 가설입니다. 이해를 돕기 위해 파동의 기본 성질인 중첩에 대해 살펴보기로 하겠습니다.

물질파를 비롯해서 파도같이 우리가 일상생활에서 관찰하는 파동이 되었든 파동의 가장 중요한 성질은 여러 개의 파가 겹쳐질 수 있다는 것으로 빛의 굴절, 간섭, 회절, 반사 등 빛의 모든 성질이 이것으로 설명됩니다.

물질파도 파동의 일종이므로 중첩이 된다고 해도 이상할 것은 없지만, 문제는 이 중첩된 상태는 측정할 때만 붕괴하여 하나로 나타난다는 사실입니다.

1927년 솔베이 회의에 참석한 물리학자들

양자물리학에서 찾아낸 이해할 수 없는 현상들의 원인을 찾기 위해 과학자들은 회의를 하였습니다.

제5차 솔베이 회의는 1927년 10월 24일부터 29일까지 브뤼셀에 있는 솔베이 연구소에서 열렸으며, 이 회의에는 아인슈타인을 비롯한 당시 물리학계의 거물들이 모두 참석했습니다. 이 회의에 코펜하겐에서 온 닐스 보어(Niels Henrik David Bohr, 1885~1962)는 양자 물리학에 대한 새로운 해석에 대해 자세하게 설명했으며, 이 해석이 양자 물리학에 대한 '코펜하겐 해석'으로 양자 물리학의 주류를 이루고 있는 해석입니다.

닐스 보어

코펜하겐 해석에 따르면, '중첩된 상태를 측정하면 고유 상태 중의 하나가 측정되며, 그 상태가 측정될 확률은 각 고유 상태가 섞인 비율에 따라 결정된다'는 것입니다. 이때 각각의 고유 상태는 도대체 어디에 어떤 상태로 있느냐고 물어보면 대답하기가 매우 어렵습니다. 우리가 아는 것은 단지 입자들이 파동성을 지닌다는 사실과 파동은 중첩의 성질이 있다는 사실과 어떤 경우에도 우리가 아는 에너지 값들의 사이 값은 측정되지 않는다는 사실 뿐이며, 이 세 가지 사실을 논리적으로 가장 잘 설명하는 가설을 설정했을 뿐입니다.

이 중첩과 측정의 가설에서 얻을 수 있는 한 가지 결론은, '중첩 상태는 측정 후 고유 상태 중에서 어느 하나로 변화한다'는 것입니다. 이것은 중첩이 없어진다는 뜻인데, 물리학자들은 이것을 '축소' 또는 '붕괴한다'고 표현합니다. 중첩된 상태는 측정 시 어떤 결과가 나올지를 중첩된 비율에 따라 확률적으로만 알 수 있습니다. 그러나 측정하고 나면 그 입자의 상태에 대해 100% 알고 있다는 뜻이므로 측정된 고유 상태와 나머지 상태들의 중첩된 비율이 1 대 0이어야 하므로 측정된 고유 상태 이외의 상태는 붕괴하여 없어졌다는 뜻이 됩니다.

쉽게 말한다면, 모든 것은 관찰하기 때문에 거기에 존재할 뿐 관찰하지 않으면 실재하는 것이 없다는 뜻이므로 인간이 있기 때문에 우주가 있는 것이지 우주가 있기 때문에 인간이 있는 것이 아닌 우스꽝스러운 일이 벌어지고 맙니다. 거시세계에서는 있을 수 없는 일이지만 미시세계에서는 이렇게 말할 수밖에 아직까지는 다른 방도가 없습니다.

양자론에 대한 코펜하겐 해석은 19세기까지 자연과학을 지배해 왔던 고전물리학의 결정론적 자연관이 명백히 잘못되었다는 것을 지적하고 있습니다.

'코펜하겐 해석'이란?

1. 양자계(입자)의 상태는 파동함수(Ψ Psi)로 기술되며, 양자계의 상태는 근본적으로 확률적이다. 파동함수의 제곱은 측정값에 대한 확률밀도이다.

2. 모든 물리량은 관측할 때만 의미를 갖기 때문에 관측하기 전의 물리량은 존재하는 것으로도 말할 수 없다. 따라서 물리적 대상이 가지는 물리량은 관측과 관계없는 객관적인 값이 아니라 관측 작용의 영향을 받는 값이다.

3. 서로 관계를 가지는 물리량들은 하이젠베르크가 제안한 불확정성 원리에 따라 동시에 정확하게 측정하는 것은 불가능하다.

4. 관찰이 파동함수의 붕괴를 일으키며 불연속적인 양자도약을 일으키기 때문에 한 상태에서 다른 상태로 변하기 위해서는 한 상태에서 사라지고 동시에 다른 상태에서 나타나야 한다.

5. 양자계는 근원적으로 비분리성 또는 비국소적 성질을 가진다.

6. 양자계는 파동으로서의 속성과 입자로서의 속성을 상보적으로 가지며, 이러한 상보성은 모든 물리적 대상에서 발견된다.

코펜하겐 해석에서 "양자계의 상태는 근본적으로 확률적이며, 모든 물리량은 관측할 때만 의미를 갖는다."라는 말에서 '확률'이란? 자연은 인과율과 같은 필연성의 법칙에 의해 지배받는 것이 아니라 순전히 우연에 의해서 일어나는 사건이라는 말이며, 모든 물리량은 관측할 때만 그 의미를 가지기 때문에 실상이 아니고 가립 된 허상이라는 말입니다.

여기에 동의하지 못하는 물리학자들이 생겨났으며, 그중에서 대표적인 사람이 아인슈타인과 슈뢰딩거였는데, 아인슈타인은 "신은 주사위 놀이를 하지 않는다."라는 논리로 코펜하겐 해석의 확률론을 받아들이지 않았습니다. 아인슈타인이 말한 '신神'이란 자연과 물리법칙을 말하고 '주사위 놀이'는 확률(파동함수Ψ)을 의미합니다. 그러나 닐스 보어는 아인슈타인을 향해 반박합니다. "신이 주사위 놀이를 하든 말든 당신이 상관할 바가 아니다. 신이 왜 주사위 놀이를 하는지 그것을 먼저 생각해 보라."고 충고를 했다고 합니다.

이 두 사람은 오랫동안 양자 물리학에 대한 의견을 교환한 후, 1935년에 코펜하겐 해석을 반박하는 중요한 사고 실험 두 가지를 제안했는데, 그 하나는 아인슈타인, 포돌스키, 로젠의 이름으로 제안된 것으로, 이들의 이름 머리글자를 따서 'EPR 역설'이라고 부르는 것이었고, 다른 하나는 슈뢰딩거의 이름으로 제안된 '슈뢰딩거의 고양이'였습니다.

이 문제를 해결하기 위해 가장 많이 회자되고 있는 것은 슈뢰딩거가 제시한 고양이의 역설이며, 지금까지 양자물리학자들이 수많은 논쟁을 벌였으나 아직까지 결론을 내리지 못했기 때문에 학문적인 논쟁은 더 이상 하지 않고, 이제는 철학과 종교적으로 그 해답을 찾으려 하고 있는 실정입니다.

'슈뢰딩거의 고양이'라는 사고실험을 살펴본다면,

고양이 한 마리가 밀폐된 상자 안에 갇혀 있고, 상자 안에는 방사선의 강도를 측정해서 방사선을 검출할 수 있는 가이거 계수관과 미량의 방사성 원소가 들어 있습니다. 방사성 원소의 양은 아주 적어서 한 시간 동안에 한 개의 원자가 붕괴할 확률과 한 개도 붕괴하지 않을 확률이 각각 50%입니다. 만약 방사성 원소가 붕괴하면 가이거 계수관이 방사선을 감지하게 되고, 그렇게 되면 스위치가 작동되고 연결된 망치가 작동되어 독가스가 들어있는 병을 깨트려서 고양이에게 치명적인 독가스가 흘러나와 고양이를 죽게 하는 장치입니다. 이 상자를 한 시간 동안 방치해 둔 후에 고양이의 상태에 대해서 어떤 이야기를 할 수 있을까요?

슈뢰딩거 고양이 사고실험

이 실험은 한 시간 동안에 50%의 확률로 붕괴될 수 있는 원자는 미시세계의 상태(가능태可能態)이고 그것의 확률(파동함수ψ)로 인해 같은 공간에 설정으로 존재하고 있는 고양이의 생사는 관찰자의 측정으로 인해 가능태에서 현실태現實態(거시세계의 상태)로 어떻게 변환될 것인가를 묻고 있는 것입니다.

양자물리학은 인간이 인식하지 못하는 아주 작은 세계(미시세계)에서 일어나는 현상들을 다루기 위해 고안한 물리학이기 때문에 우리가 경험할 수 없으므로 이해하기가 매우 혼란스러운 학문입니다. 물리학에서는 자연을 기술할 때 수학을 이용하는데, 이것은 고전물리학에서나 양자물리학에서도 마찬가지입니다. 고전물리학에서는 원인과 결과가 일정한 법칙에 따라서 일어나기 때문에 기술하는 수학에 별도의 해석이 필요치 않았으나, 양자물리학에서는 모든 현상이 불확실(불확정성, 이중성, 확률파, 중첩)하기 때문에 수학 그 자체가 무엇을 뜻하는지를 설명하는 해석이 필요해졌습니다.

양자물리학에 대한 해석으로는 가장 많은 물리학자가 받아들였던 보어를 중심으로 하는 과학자들이 제안한 '코펜하겐 해석'입니다. 코펜하겐 해석을 가장 적극적으로 반대했던 아인슈타인을 위시한 과학자들이 제안했던 '앙상블 해석'과 '숨은 변수 이론', 미국 프린스턴 대학의 교수였던 폰 노이만(John von Neumann, 1903~1957) 등이 제안한 '프린스턴 해석', 1972년에 휴 에버렛(Hugh Everett III, 1930~1982) 등이 제안한 '여러 세계 해석', 머민(N. D. Mermin) 등이 제안한 '이타카 해석'을 비롯해서 많은 해석이 있습니다. 이처럼 다양한 해석이 있기 때문에 슈뢰딩거의 고양이에 대한 해석도 달라질 수밖에 없습니다.
　여기서는 보어와 하이젠베르크가 한편이 되고, 아인슈타인과 슈뢰딩거가 한편이 되어 논쟁한 것을 간단하게 언급하겠습니다.

슈뢰딩거의 고양이(Schrödinger's Katze)는 양자역학이 불완전하다는 것을 알리기 위해 고안한 사고 실험으로 하나의 역설로서 거론됩니다.

코펜하겐 해석에 의하면, 미시의 세계에서 일어나는 사건은 그 사건이 관측되기 전까지는 확률적으로밖에 계산할 수가 없으며, 관측이 시행되는 순간 하나의 상태로 확정되며, 관측되기 전에는 여러 가지 서로 다른 상태가 공존(중첩)하고 있다고 말합니다. 다시 말한다면, 상자가 닫혀 있을 때 고양이의 상태는 반은 죽은 고양이의 상태와 반은 살아 있는 고양이 상태의 중첩으로 나타나지만, 상자를 열어 고양이의 상태를 확인하는 순간 두 가지 상태 중의 하나로 확정된다는 말입니다. 그러나 아직 그 사람의 측정결과를 알지 못하는 또 다른 관측자에게는 아직 고양이는 중첩 상태에 있기 때문에 대상에 대한 관측 행위가 대상의 상태를 결정한다는 것입니다. 이것은 고양이의 상태가 살아있든 죽어있든 결정지어진 객관적 사실이 아니라, 관측자와 상호작용의 결과라는 것을 의미합니다.

이러한 설명은 거시세계에서의 일상 경험을 통해서 알게 되는 우리의 지식(개념)으로는 난해한 이야기입니다. 현상계에서 고양이는 우리가 관측하든 관측하지 않든, 죽어 있거나 살아 있거나 둘 중 하나로 결정되어 있어야 합니다. 그러나 물리학의 언어는 수학이므로 우리가 양자 역학적인 대상을 다룰 때에는 양자론의 수학을 사용해야 합니다. 양자론의 수학에 의하면 죽어 있는 고양이도 있을 수 있고, 살아 있는 고양이도 있을 수 있으며, 심지어 죽어 있으면서 동시에 살아 있는 고양이도 있을 수 있습니다. 현실적으로는 고양이의 삶과 죽음이 동시에 관찰되는 경우는 없지만, 추상적인 수학으로는 이 모든 것이 가능합니다.

코펜하겐 해석을 반대하는 물리학자(고전역학, 결정론적 해석자)들은 "그렇다면 태양과 달이 관측할 때만 존재하고 관측하지 않으면 존재하지 않는다고 말하는 것이 과연 옳은가?"라고 반문했습니다. 관측은 단지 객관적인 사실을 확인할 뿐이라는 것이 우리가 가진 상식입니다. 다시 말해서, 한 시간 후에 일어날 일은 과정에 의해 결정될 것이며, 그것은 관찰과는 무관하다는 입장입니다. 이렇게 우리의 상식과 일치하지 않는 이런 해석을 받아들이지 않은 여러 물리학자들은 새로운 해석을 내놓을 수밖에 없었습니다. 그럼에도, 많은 물리학자가 상식적으로 이해할 수 없는 코펜하겐 해석을 받아들이게 된 이유는, 보어는 물리학자들을 설득할 때 철학적 논쟁은 하지 않고 항상 실험을 통해 증명해 보였습니다. 그는 실험 결과를 설명할 수 있고 새로운 실험 결과를 예측할 수 있으면 그것이 옳은 학문적 이론이라고 주장했습니다. 보어는 과학이론은 실험할 때 어떤 결과가 나오는가를 설명할 수 있으면 충분하다고 생각했기 때문에 실험 사실을 설명하는 이상의 것은 과학이 아닌 형이상학(철학)에 속한다고 말했습니다.

(이 단원은 많은 블로그에 실린 글과 지식백과와 김성구 교수의 글을 참고로 하였습니다.)

* 바람과 이슬 *

바람이 불어도 물이 없으면
파도가 일어나지 않는다.

바람이 불어도 나무가 없으면
나뭇잎이 흔들리지 않는다.
아침 이슬이 있어도
영롱함을 모르는 것은
밝은 태양이 없기 때문이다.

바람에 나뭇잎이 흔들리고
아침 이슬이 영롱하게 빛나도
보는 이가 없으면 있는 것이 아니다.

- 옮긴 글 -

결국, '슈뢰딩거의 고양이'는 고전물리학(뉴턴역학) 시대에서 현대물
리학 시대(양자역학)로 넘어가는 시기에 미시의 세계(양자 세계)에서 일
어나는 사건들을 거시의 세계에 적용하면 어떻게 될 것인가를 역설적
으로 해석하려는 사고실험이었습니다.

제 2 강
공부를 위한 기본 개념

지금까지 우리는 늘 나(주관)를 둘러싸고 있는 대상(너, 객관, 경계)을 바꾸려 했기 때문에 분쟁과 고통 속에서 불행하게 살아왔습니다. 그러나 이 공부는 원리를 깨닫게 함으로써 지금까지의 개념이 잘 못되었음을 확실하게 체험하도록 구성되어 있습니다. 지금까지의 개념과는 반대로, 나(주관)를 바꾸면 세상(객관)은 내가 바라는 대로 저절로 바뀐다는 점입니다. 어떤 문제가 되었든 문제의 해결점을 항상 나를 바꾸는 것으로부터 시작하기 때문에 어떠한 분쟁도 일어나지 않으며, 최고의 소통(화합, 융합)을 이루어 모든 것이 하나로 되는, 즉 최고의 조화를 이루게 됨으로써 모두를 이익되게 합니다.

우주가 생긴 이래로부터 지금까지 우주에 존재하는 모든 것은 아무렇게나 만들어진 것이 아니라 일정한 법칙에 의해서 창조되었으며, 이 법칙을 우리는 진리(원리, 근본 도리, 스스로 그러한 힘)라고 합니다. 만상은 진리(진여)에 의해서 창조되었기 때문에 깊게 살펴보면 이 법칙을 떠나서 존재할 수 있는 것은 단 하나도 없습니다.

따라서 만상은 진리를 공통분모로 해서 진화를 거듭했기 때문에 진리를 역행하면 반드시 부작용을 일으키게 됩니다.

생명체의 설계도인 유전자(DNA)는 살아남기 위해 이기적으로 설계되어 있습니다. 따라서 이기적인 것은 모든 생명체의 본능입니다. 그런데 인간의 뇌는 진화를 거듭하면서 모든 생명체 중에서 가장 잘 발달하였으며, 이기적인 성향은 뇌가 발달한 생명체일수록 강하게 나타납니다.

특히, 인간은 자아의식의 발달로 말미암아 자기와 관련된 것에는 집착이 더욱더 강해져서 끝없이 욕심을 일으키기 때문에 수많은 고통을 만들어내게 됩니다. 자아의식은 모든 것을 자기중심적(이기적)으로 분별해서 차별하므로 있는 그대로의 진리(진실)를 보지 못하고 내 생각으로 만들어 보기 때문에 결국, 진리를 거스르게 되어 많은 부작용을 일으키게 됩니다. 그러나 자아의식은 부작용도 있지만 모든 면에서 발전적인 역할을 해왔기 때문에 긍정적인 측면과 부정적인 측면의 양날을 가지고 있습니다. 따라서 자아의식, 이기심, 욕심, 집착과 같은 것들은 좋은 것도 아니고 나쁜 것도 아니기 때문에 자성이 없는 것(무자성無自性)이므로 그것은 그것일 뿐입니다. 이러한 것들은 넘치거나 부족하면 나쁘게 작용하고, 필요(인연, 조건)에 따라 알맞게 쓰면 가장 지혜로운 것입니다. 이것이 중도입니다. 욕심을 알맞게 쓰면 의욕이 되고, 집착은 집중(몰입)이 되고, 자아의식은 자존감이 되고, 이기심은 이루고자 하는 마음(발심發心)이 되기 때문입니다.

역사적으로 볼 때 인간이 궁극적으로 추구하는 것은 자유입니다. 자유란? 어떠한 것으로부터도 간섭(구속)받지 않는 것을 말합니다. 따라서 인간이 가장 싫어하는 것이 무엇으로부터 간섭받는 일입니다. 이것 역시 유전자가 이기적이기 때문입니다. 이 사실을 확실하게 깨닫는 일은 앞으로 할 공부에 큰 도움이 됩니다.

인간의 본래 마음은 누구나 똑같아서, 티 하나 묻지 않은 깨끗한 것(청정심 淸淨心)입니다. 마음은 생각을 만들어 내는 공장입니다. 생각은 과거로부터 지금까지 내가 배우고 익힌 모든 것에 의해서 만들어지기 때문에 생각이 똑같은 사람은 이 세상에 단 한 사람도 없습니다. 배우고 익힌 모든 것에 의해 개념(관념)이 만들어지고, 이 개념은 생각을 만들게 됩니다.

개념은 현실적으로 나타나 있는 형상(상相)이나 쓰임새(용用)를 인간의 육감(보고: 눈, 듣고: 귀, 냄새 맡고: 코, 맛보고: 혀, 감촉을 느끼고: 몸, 생각하고: 뇌)을 통해서 경험한 것을 바탕으로 만들어지기 때문에 형상이나 쓰임새 속에 공통적으로 깊숙이 감추어져 있는 본질(체體, 진리, 원리, 진실, 근본도리)을 찾아내지 못하게 됩니다. 그래서 인간은 형상이나 쓰임새에 익숙해져 이것을 마치 진실인 것처럼 착각하고 살아가기 때문에 각자의 생각이 다르다는 사실을 인정하기 힘들어하고 자기중심적으로 모든 것을 판단해서 자기 생각과 같으면 옳다 하고, 다르면 그르다고 합니다. 그래서 "모든 것은 마음이 만든다(일체유심조一切唯心造)."라고 합니다. 모든 분쟁과 고통은 이 문제로부터 시작됩니다.

양자물리학(미시세계)이 어렵다고 하는 이유도 바로 여기에 있습니다. 거시세계에 습관 되어있기 때문에 미시세계를 이해하지 못하고, 현상에 젖어 있기 때문에 본질을 알기 어려운 것입니다. 그래서 원리를 깨우치는 것이 무엇보다 우선되어야 한다는 말입니다. 원리를 깨달으면 나머지 것들은 알기가 매우 쉬워집니다.

따라서 각자의 생각, 즉 내 생각을 내려놓으면 본래의 마음자리(청정심淸淨心)로 되돌아가기 때문에 있는 그대로의 진실을 알아차릴 수 있게 되고 이때 갖추어지는 지혜로 세상을 살아가는 것이 가장 잘 살아가는 것입니다. 그래서 내 생각을 조금씩 버리는 것이 이 공부의 시작이고 완전히 다 버리는 것이 이 공부의 끝이 됩니다.

진리(體)는 어디에나 다 들어있어서 보편적이며, 그래서 어디에나 정확하게 들어맞아서 타당하고 변하지 않으므로 항상 일정하게 적용됩니다.

그러나 현실에 드러나 있는 형상(相)이나 쓰임새(用)를 통해서 만들어진 내 생각(개념)은 보편성도 없고 타당성도 없을 뿐 아니라 수시로 변하기 때문에 일정하게 적용될 수 없습니다. 따라서 내 생각은 어떤 문제를 근본적으로 해결할 수 없으므로 번뇌, 망상, 또는 망념이라 하며, 깨달음의 세계에서는 '무명無明'이라고 합니다. 이것은 마치 하늘의 해는 온 세상을 밝게 비추고 있으나(지혜), 구름이 끼면 밝지 못함(어리석음)을 이르는 말입니다.

세상을 살아가는 데 필요한 정보는 무수하게 많습니다. 이러한 정보들은 어떤 이치에서 나왔으며, 이치 또한, 어떤 원리에서 나왔는지를 알아야 실천할 수 있는 힘이 강해집니다. 그러나 지금까지 자기계발에 관한 정보들은 답만 일러주었기 때문에 그 답을 실천할 수 있는 힘이 약해서 조금 해보다가 그만두게 되는 단점이 있었으며, 답으로 제시되고 있는 것을 그대로 실천한다 할지라도 누구에게나 똑같은 결과를 얻어내지 못했습니다(보편적 타당성이 없음). 이러한 이유는 진리(원리, 근본도리, 자연적인 것, 섭리, 순리)를 바탕으로 하지 않고 인간의 개념(인위적인 것, 지식, 학식, 내 생각)을 바탕으로 삼았기 때문입니다.

앞으로 우리가 함께 공부할 내용은 현상(거시세계) 속에 감추어져 있는 진리(원리, 법칙, 미시세계)가 무엇이며, 진리를 어떻게 활용하면 우리들의 모든 문제를 가장 지혜롭게 해결하여 가장 많은 것에 이익을 줄 수 있겠는가입니다.

진리는 본래부터 우주에 존재했었고 이것은 에너지입니다. 진리(원리, 근본도리)를 체험적으로 증득證得함으로써 이루어지는 '완성된 중도의 지혜'라는 단 하나의 도구로서 우리의 삶에서 일어나는 모든 문제를 명쾌하게 해결할 수 있습니다.

우리가 알고 있는 모든 정보는 이치에서 나오고, 이치는 원리를 통해서 나온 것들입니다. 원리를 알 때 실천할 수 있는 힘이 가장 강하고 그 다음 이치를 알 때며, 정보만 알 때가 가장 힘이 약합니다.

정보(답)를 아무리 많이 알아도 하나의 이치를 아는 것만 못하며, 아무리 많은 이치를 알아도 하나의 원리를 아는 것만 못합니다.

원리를 모르고 이치로 문제를 해결하게 되면 많은 노력이 있어야 조금씩 개선되며, 이치도 모르고 정보만 가지고 인생의 문제를 해결하면 노력에 비해 거의 성과를 거두기가 어려울 뿐만 아니라 자칫 문제가 더욱더 복잡해지기 쉽습니다.

　원리는 머리로 아는 것(지식, 학식)이 아니라 깨달음으로 체득體得(경험, 증득證得)하는 것이기 때문에 깨달음을 얻으면 지혜가 완성됨으로써 힘들이지 않고 무슨 일이든 가볍게 이룰 수 있습니다. 이치는 원리를 체득하여 지혜가 완성되지는 못하였으나 원리를 모두 이해하고 있는 상태를 말하며, 정보는 원리를 거의 모르는 상태입니다.

　* 앞으로 여러분에게 펼쳐 보일 글은 학문, 종교, 즉 형이하학적인 것과 형이상학적인 모든 것들의 공통점인 원리(진리)만을 말하고 있을 뿐 결코 저의 개인적인 생각으로 원리에 덧칠하지 않았기 때문에 여러분도 개개인이 자기 것으로 만들어 가지고 있는 고정된 개념(관념, 내 생각, 지식, 알음알이)으로 만들어 의미를 새기면 안 됩니다. 특히, 철학적인 관점이나 신앙적(종교적)인 관점으로 원리에 접근하면 안 됩니다.

　오늘날 과학은 급속도로 발전하고 있기 때문에 이대로라면 형이하학적인 것은 물론 형이상학적인 것도 과학으로 검증되어 형이상학과 하학의 구별이 없어져 하나로 통합되리라 믿고 지금 양자물리학이라는 이름으로 이미 분리되어 있는 모든 것(상대적인 것)들의 경계가 무너지고 있습니다.

　우주에 존재하는 유형무형의 만상은 진여(하나님, 법신法身, 진리, 원리, 근본, 본질, 뿌리, 스스로 그러한 힘)의 작용에 의해서 창조되었기 때문에 진여는 어떠한 경우에도 변하지 않으며(불변성), 모든 것에 다 적용되며(보편성), 어디에나 딱 들어맞습니다(타당성). 그래서 종교에서는 그들이 섬기는 신神을 진리라 부르고 창조주라 합니다. 따라서 창조의 원리대로 삶을 살아가는 것(순리)이 가장 지혜롭게 잘 살아가는 것이므로 모든 것에 이익을 줄 수 있게 되며 이것이 자기계발의 완성입니다. 그러나 우리가 가지고 있는 개념(생각)은 진리에서 나온 것이 아니라 인간의 머리에서 나온 학설, 이념, 사상, 문화, 풍습, 윤리, 도덕, 전통 등으로 만들어진 것이어서 항상 변하기 때문에 보편성도 없고 타당성도 없습니다. 결국, 고정된 내 생각으로 세상을 살아간다는 것은 각자 자기 멋대로 살아가는 것이 되기 때문에 분쟁의 씨앗이 되어 서로에게 고통을 주게 됩니다.

모든 것은 진리(진여)로부터 시작되었으므로 진리는 모든 것을 다 품고 있다는 말이 됩니다. 그래서 진리를 깨닫기 위해서는 내 생각으로 부분만 보면 결코 볼 수가 없으며 내 생각을 내려놓고 있는 그대로 전체를 볼 수 있어야 한다는 말입니다. 따라서 자기계발의 완성은 진리와 내가 하나 되는 것을 뜻합니다. 그렇게 되면 너(객관)와 나(주관)라는 모든 분별심 차별심이 사라져 모든 것은 있는 그대로 둘이 아니며(불이 不二), 다르지도 않게 됩니다(불이不異). 이것이 우리들의 참모습(참나)입니다. 이렇게 되면 모든 것이 있는 그대로 나이기 때문에 나는 있기도 하지만 동시에 없기도 함으로 모든 사람의 가장 큰 고통인 생사로부터도 자유로워지게 됩니다. 그러므로 고정불변의 자아自我는 못 찾는 것이 아니라 본래 없는 것입니다. 이것이 모든 존재의 실상입니다.

이 공부는 과거로부터 지금까지 내가 배우고 익혀 내 것으로 만들어

가지고 있는 기질, 성격, 습관, 지식, 윤리관, 도덕관, 경험 등 내 생각을 만들어 내는 모든 것을 내려놓고 진리를 깨침으로써 갖추어지는 지혜로 세상을 살아가는 데 있습니다.

인간은 누구나 성공하고 행복해지기 위해 세상을 살아갑니다. 성공해서 행복으로 가기 위해서는 이렇게 저렇게 하라는 해결책은 수없이 많습니다. 그러나 그러한 해결책들이 어떠한 원리에서 나온 것인지를 말해주는 경우는 거의 없습니다. 세상의 모든 해결책은 원리, 즉 진리에서 나오는 것입니다. 해결책만 알아서는 실천에 옮길 수 있는 힘이 약해서 몇 번 해보다가 그만두게 되거나 아예 시작도 하지 못하는 경우가 대부분입니다. 다시 말해서, 문제를 풀 수 있는 능력은 갖추지 못하고 답만 알고 있다는 말입니다.

예를 들어, "긍정적인 사고방식을 가지고, 남과 비교하지 않으면 행복해진다."라는 말은 행복해지기 위한 하나의 방편, 즉 답이 될 뿐 왜 긍정적인 사고방식을 가져야 하며, 왜 남과 비교하지 말아야 하며, 어떻게 해야 긍정적인 사고방식을 가질 수 있으며, 어떻게 해야 남과 비교하지 않을 수 있는지에 대한 원리가 설명되어 있지 않기 때문에 결심을 하고 애를 써야 조금 되는 듯하다가 힘이 들면 포기하게 됩니다. 그러나 원리를 깨닫게 되면 확실한 믿음이 생겨 마음을 가볍게 내고 가볍게 행동하기 때문에 힘들이지 않고 지속적으로 하게 되므로 때(시절인연)가 되면 모든 것이 저절로 이루어지게 됩니다. 더욱 중요한 것은 굳게 결심하고 하는 일은 반드시 그 일에 집착하게 되고 욕심으로 하게 되어 이루고 난 다음 자기 것으로 삼기 때문에 나누기가 어려워집니다. 그러나 깨달음을 얻고 믿음으로 가볍게 그냥 한 일은 집착하지 않았기 때문에 욕심이 없어서 성취한 다음에도 가볍게 그냥 나눌 수 있습니다. 이루고 난 다음 이룬 것의 노예가 되지 않는다는 말입니다.

내 생각은 내 것으로 고정되어 있기 때문에 시시각각으로 변하는 현실에 알맞게 대처하지 못할 뿐만 아니라 내 생각과 같으면 옳다 하고 다르면 그르다고 생각해서 분별하고 차별하기 때문에 항상 분쟁을 일으키고 고통이 따르게 됩니다. 인간은 배우고 익힌 것이 사람마다 다르기 때문에 개개인의 개념이 다릅니다. 그러나 진리를 깨달아 체득되는 지혜는 '무엇이다'라고 정해진 개념이 없기 때문에, 이러한 때는 이렇게 하고 저러한 때는 저렇게 할 수 있으므로, 무엇을 어떻게 하든 서로 최고의 소통(최고의 조화, 융합)이 이루어져 모든 것이 하나로 뭉치게 되면서 가장 강력한 힘을 발휘하게 됩니다.

* 이 공부는 내 생각을 버리는 것으로부터 시작되기 때문에 내 생각을 완전히 버리는 것이 공부의 끝입니다. "내 생각을 조금 버리면 조금 얻을 것이요, 다 버리면 다 얻을 것입니다."

내 생각을 버리는 것은 쉽기로 말하면 세수하다 코 만지는 것보다 더 쉬울 수도 있지만, 어렵기로 말하면 세상에 이것보다 더 어려운 일도 없습니다.

지금 저는 여러분을 가르치는 입장이고, 여러분은 저에게 배우는 입장이기 때문에 저는 가르치려 하고, 여러분은 배우려고 합니다. 이것이 우리들의 일반적인 생각입니다. 그러나 이것을 조금 더 깊게 들여다보면 별것 아닌 것에서 많은 문제점이 나타나게 됩니다.

첫째, 가르치는 입장에서 가르치려는 생각을 가지고 가르치면 배우는 사람마다 따라오는 정도가 다르기 때문에 빨리 따라오지 못하는 사람을 보면 자기도 모르게 답답해하거나 화가 나게 되고, 잘하는 사람과 잘 못하는 사람을 차별하게 되며, 집착하게 되고, 욕심이 일어나게 되어 가르침이 오래 지속되지 못하고 끊어지게 될 뿐만 아니라, 모든 사람에게 사랑으로 정성껏 가르치는 것이 불가능하게 됩니다.

둘째, 배우는 입장에서 배워야 되겠다는 생각(결심)을 가지고 배우면 자기도 모르게 빨리 배우려는 마음이 일어나 서두르거나 집착하게 되고 욕심이 생겨 공부하는 것이 재미가 없어지고 힘이 들기 때문에 중간에 포기하거나 계속한다 하더라도 별 성과가 없습니다.

다시 말해서, 가르친다는 생각 없이 가르치고 배운다는 생각 없이 배워야 된다는 말입니다. 그러나 우리는 늘 이러한 생각을 가지고 무엇을 하는 것이 습관화되어 무의식에 이 습관이 저장되어있기 때문에 내 생각을 버리고(무심無心) 무엇을 한다는 것이 얼른 이해되지 않게 됩니다. 그렇다면 어떻게 하라는 말이냐? 라는 의문이 생길 것입니다. 이것을 확실하게 알려면 공부가 조금은 진행되어야 알 수 있을 것이나 미리 말한다면, "그냥 최선을 다할 뿐, 그 결과에는 집착하지 않는 것입니다." 그냥 한다는 말은, 어떤 일을 할 때 목적(목표)을 설정하지 않는 것을 말합니다. 목적을 세우면 집착과 욕심이 일어나기 때문에 이루어진 결과에 만족하지 못하게 되어 이룬 것을 나누지 못하고 자기 것으로 삼게 될 뿐만 아니라, 세워놓은 목적에만 집착하게 되어 전체를 보지 못하고 부분적으로 보기 때문에 얻는 것이 있는 반면에 반드시 잃어버리는 것이 있게 마련입니다. 그래서 우리가 흔히 입버릇처럼 말하는 "마음을 비운다."라는 말의 진정한 의미는 "내 생각을 버린다."라는 뜻입니다.

이와 같이 내 생각(번뇌, 망상, 고정관념, 무명)을 버리고 마음을 쓰면 그냥 최선을 다할 뿐이므로 하나를 얻으면 하나에 만족하고 열을 얻으면 열에 만족하므로 늘 만족하게 되어 행복한 삶을 살게 되고, 내 생각을 버리지 않고 목적의식에 떨어지는 마음을 쓰면 채워도 늘 부족하기 때문에 나누지 못할 뿐만 아니라, 이룬 것의 노예가 되어 고통스러운 삶을 살게 됩니다.

* 마음을 경영한다는 말의 의미는? *

마음이라는 말에는 여러 가지 뜻이 있습니다. 특히, 깨달음의 세계에서는 우주에 존재하는 만상을 마음이라고 하기 때문에 창조의 본질인 진여(진리, 원리)도 마음이라고 합니다. 따라서 어느 것 하나를 꼬집어서 마음이라 말할 수 없어서 마음이라는 것은 말이나 글로서 나타낼 수 없으며(언어도단言語道斷), 마음을 설명하기 위해서 입을 벌리면 바로 그 순간 잘못되는 것입니다(개구즉착開口卽錯). 그러나 일반적으로 '생각을 만들어내는 곳'을 마음이라 하기 때문에 생물학적으로 보면 뇌를 마음이라 할 수 있습니다.

생각은 크게 둘로 나눌 수 있으며, 많은 것들에 이익을 주는 것과 나만을 이익되게 하거나 나와 관련되는 것에만 이익되게 하는 것이 있습니다. 쉽게 표현해서 좋은 생각과 나쁜 생각을 말합니다. 생각에는 좋은 생각과 나쁜 생각이 있지만, 생각을 일으키는 마음에는 좋은 마음과 나쁜 마음이 따로 존재하지 않습니다. 마음은 하나의 마음이나 일어나는 작용만 다를 뿐이기 때문입니다.

인간의 마음은 찰나(약 천이백 분의 일 초)에 약 구백 번 일어났다 가라앉기 때문에 마음의 속성은 끊임없이 움직이는 데 있으며, 마음이 움직이지 않으면 그것은 죽음을 의미합니다.

마음을 경영한다는 것은 나쁜 생각을 다스려 좋은 생각으로 바꾸고 바꾼 그 마음을 쓰는 것을 말하며, 이것은 마음 쓰는 법(용심법用心法)을 깨달아(원리를 깨닫는 것) 일어나는 마음을 자기가 하고 싶은 대로 부릴 줄 아는 것을 뜻합니다. 일어난 마음을 내 의지대로 부린다는 말은, 무엇을 함에 있어서 가장 많은 것에 이익을 줄 수 있는 지혜를 쓴다는 말이기 때문에 자기를 계발한다는 말과 의미가 같습니다.

* 자기계발(마음 경영)을 하지 못하는 이유 *

자기계발(마음 경영)을 하지 못하는 이유는 깨달음을 얻지 못하는 이유와 같고, 우리가 하는 모든 일이 잘 이루어지지 않는 이유와도 같습니다.

결론부터 말씀드린다면, 무슨 일을 하든 바라는 마음 없이 무심無心으로 그냥 하면 되는데 그렇게 하지 못하기 때문입니다.

무심으로 그냥 한다는 말을 확실하게 이해한다는 것도 쉬운 일이 아니므로 실천한다는 것은 더더욱 어려운 일입니다. 우선 무심이라는 말은, 무엇을 바라는 일체의 내 생각을 내려놓고 '그래 한다!'라는 그 마음 하나만 가지고 그냥 최선을 다하는 것을 이르는 말인데, 다른 말로는 원願을 세우고 그 원력願力으로 하는 것을 뜻합니다. 가장 중요하면서 가장 어려운 일이기 때문에 여러 강의에서 다시 언급될 것입니다.

우리는 무엇을 할 때 결심을 하고 목표를 세우고 그 목표에 맞게 계획을 세웁니다. 이것이 잘못되었다는 말은 아닙니다. 이렇게 하되 무엇을 바라는 내 생각을 빼고 하라는 말입니다. 다시 말해서, 성공하기 위해서, 행복해지기 위해서, 만족하기 위해서와 같이 목적의식에 떨어지지 마라는 뜻입니다.

목적의식에 떨어지면 집착하게 되고, 욕심으로 하게 되며, 하는 것이 즐겁지 않고 고통스러우며, 설혹 이룬다 할지라도 이기적으로 이루기 때문에 자칫 남에게 해를 끼치게 되며, 나누기가 어렵고, 이룬 것으로부터 구속을 받게 됩니다. 그러나 원력으로 하는 일은 바라는 것이 없이 그냥 최선을 다한 일이기 때문에 욕심이 없으므로 집착하지 않고,

늘 하는 일이 즐거우며, 모두를 이익되게 하며, 이루어지면 더욱 좋고, 이루어지지 않아도 괴롭지 않으며, 이룬 것으로부터 자유로워집니다.

무엇을 못한다는 것은 한다는 마음(발심)을 내지 않았기 때문이지 안 되는 것은 아닙니다. 한다는 마음을 일으켰으면 '해야지'라는 마음이 일어나기 이전의 마음, 즉 어떠한 일이 있어도 한다는 맨 처음의 마음으로 돌아가서 그냥 해버리는 것입니다. 그냥 해버리고 나면 '해야지'라는 생각이 필요 없습니다. '해야지'라는 생각에는 '하기는 해야 되는데, 하기는 싫다'라는 생각이 깔려 있기 때문에 이것은 번뇌 망상입니다.

인생은 선택입니다. 선택은 각자의 고유권한, 즉 자유며, 헌법에도 보장되어 있습니다. 내가 이 공부(자기계발)를 해서 평생을 만족하면서 영원히 행복하게 사느냐? 그렇지 않으면 지금까지 해왔던 것처럼 내 생각대로 살면서 고통스러운 가운데 잠시 행복을 조금씩 누리느냐입니다. 내가 선택했기 때문에 그 결과에 대한 모든 책임도 나에게 있으므로 선택한 것의 과보를 달게 받아들이면 아무런 문제가 생기지 않습니다. 그러나 우리는 선택은 내가 하고, 그 책임은 남에게 돌리려고 합니다. 그래서 고통스럽습니다. 선택에 대한 어떠한 책임도 내가 진다는 각오를 미리 하고 일을 하면 결과가 어떻게 오더라도 긍정적으로 다 받아들일 수 있기 때문에 최소한 고통은 없습니다. 다시 말해서, 마음이 가벼워져 가볍게 일을 할 수 있으므로 설혹 실패를 하더라도 극복할 수 있는 힘이 강해집니다.

이 사실을 명확하게 알면 일상사의 거의 모든 문제가 해결됩니다. 결혼할 때 신랑은 신부를 선택하고, 신부는 신랑을 선택했기 때문에 결혼

합니다. 결혼할 때는 분명히 조금이라도 사랑했기 때문에 결혼하게 됩니다. 혼인 서약서에 "검은 머리 파 뿌리가 되고 죽음이 갈라놓을 때까지 어떠한 일이 있어도 서로 헤어지지 않고 잘 살겠습니다."라고 굳게 맹세를 합니다. 그러나 살다 보면 별의별 일들로 다투다가 심하면 헤어지게 됩니다. 어떠한 일이 있어도 서로 헤어지지 않겠다고 맹세한 자기 선택에 대한 책임을 질 줄 안다면 서로 헤어지는 일만은 일어나지 않을 것입니다.

선택에 대한 책임을 지고 사십니까? 각자 깊이 생각해 보시기 바랍니다.

인간은 욕심으로 인해 많은 것을 얻으려 하는 생각(욕심)이 무의식에 가득 차 있기 때문에 늘 상반되는 두 가지의 장점을 동시에 얻고자 합니다. 예를 들어, 담배가 몸에 해롭다고 하면 담배를 끊어야 하나, 담배를 피우면서 몸이 건강해지는 무엇을 찾으려 한다는 말입니다. 시골에 가면 도회지가 그립고 도회지에 오면 시골이 그리운 것도 시골 생활의 장점과 도시 생활의 장점을 동시에 다 가지려 하기 때문에 어디에 있어도 만족하지 못하게 됩니다. 그래서 우리는 늘 고통에서 벗어나기 힘들고 불행한 삶을 살게 됩니다.

시골에서 살 것인지, 도시에서 살 것인지 우선 둘 중의 하나를 선택하고 시골에서 사는 것을 선택했다면 도시 생활의 장점은 포기하고 시골 생활을 즐기면 되고, 도시를 선택했다면 시골 생활의 장점을 포기하면 어디에서 살든 아무 상관이 없습니다. 도시는 도시라서 좋고, 시골은 시골이라서 좋아집니다. 결혼도 마찬가지여서, 혼자 살면 외롭기는 하나 자유로워서 좋고, 둘이 살면 외롭지는 않으나 서로 간섭하기 때문에 맞추면서 살아야 합니다. 이것을 모르고 외롭지도 않으면서 자유로 워지기를 바라기 때문에 평생을 불행하게 사는 것입니다.

많은 사람에게 "자기계발(마음공부, 수행)을 해보지 않겠느냐?"라고 권하면, 거의 모든 사람들이 이렇게 말합니다.

첫째, "자기를 바꾼다는 것은 불가능하다(성격은 바뀌지 않는다)."

둘째, "그런 것(도道 닦는 일)은 아무나 하는 일이 아니야. 그 어려운 일을 어떻게 해? 나는 지금이 제일 좋아, 이대로 살래."

셋째, "공부라면 지겹다. 이 나이에 공부는 무슨 공부?"

이렇게 말하는 것은 해보기도 전에 미리 포기해 버리는 것이어서 모든 가능성의 문을 스스로 닫아버리는 것입니다. 이것은 모두가 부정적인 생각 으로서 부정적인 생각은 그 결과도 부정적으로 나타날 수밖에 없습니다.

양자물리학에서 말했듯이 부정적인 생각은 부정적인 뇌파(소립자)를 내보냄으로써 다른 소립자와 부정적으로 소통하기 때문에 모든 일이 부정적인 결과를 만들어낼 가능성이 매우 높아진다는 말입니다.

일본의 '에모토 마사루' 박사가 실험한 의식에 반응하는 물 결정 사진 은 이러한 사실을 과학적으로 증명해주는 너무나도 확실한 증거입니다. 그의 실험에 의하면, 컵에 물을 담아놓고 "사랑해!"라는 좋은 말과 "미 워!"라는 나쁜 말을 하거나 그 말을 글로 써서 붙여놓으면 좋은 말의 물은 결정체가 매우 아름답고, 나쁜 말의 물은 결정체가 흐트러진 흉한 모습으로 나타나는 것이었습니다. 이 두 가지의 물을 화초에 주면 좋은 말의 물은 화초를 잘 자라게 하나, 나쁜 말의 물은 화초를 잘 자라지 않게 하였습니다.

흔히 가수들이 노래하는 가사 말대로 되는 경우가 많다는 것도 이러한 까닭이며, 배우들이 맡는 역할에 따라 그 배역이 끝난 다음 몸에서 일어나는 반응(건강)이 다른 것도 이러한 이유에서입니다. 특히, 거짓말로 웃어도 건강이 좋아지는 것은 이러한 소립자끼리 소통의 문제 때문입니다.

의식(생각)이 물에 이런 영향을 준다면 그러한 생각들이 우리 자신에게 어떤 영향을 줄 것인가를 한번 상상해 보십시오. 우리 몸의 70~80%가 물입니다.

꼭 기억해 두십시오, "세상에 공짜는 없습니다(자업자득, 자작자수)." 이 말보다 더 과학적인 것은 없습니다.

"콩 심은 데 콩 나고 팥 심은 데 팥 난다(종두득두 種豆得豆)."

"심은 대로 거둔다."

우리는 공부는 하지 않고 좋은 대학가기를 바라는 것과 같은 일을 자신도 모르게 수 없이 반복하면서 살아가고 있습니다. 노력하지 않고 이루어지는 일은 결코 없습니다. 이유는 자업자득의 원리에 어긋나기 때문입니다.

[심지 않고 거두려 하지 마라.

행하지 않고 이루려 하지 마라.

스스로 노력하라.

그대의 운명은 그대 스스로 짓고 받는다.]

＊ 자기계발의 지름길 ＊

자기계발을 하지 못하는 이유는 위에서 보았듯이

1) 무심으로 그냥 하지 않고 목적의식에 떨어지는 것.
2) 현실에 안주해 버리거나, 어렵다고 생각해서 스스로 포기하거나, 잘못된 부정적인 개념.
3) 노력하는 것보다 많은 것을 이루려고 하는 욕심.
4) 선택에 대한 책임회피 때문입니다.

무슨 일이든 어렵다고 생각하는 것은 이미 부정적인 마음으로 시작하는 것이 되어 될 일도 되지 않는 경우가 대부분입니다. 긍정적인 마음을 내면 가볍게 시작하기 때문에 결과에 큰 부담이 없게 되어 늘 편안하며 이루어질 가능성도 높아집니다.

자기를 계발하는 공부를 종교적인 도道, 선禪, 수행이라는 개념에서 벗어나 지금까지 일상적으로 해오던 나쁜 습관을 바로 잡아나간다는 개념으로 바꾸십시오. 이러한 노력은 누구나 평상시에 나름대로 다 하고 있었던 일입니다. 이렇게 가볍게 생각하면 구태여 굳은 결심을 하지 않아도 됩니다.

어린아이는 화장실에서도 만화책을 열심히 보는데 이것은 특별히 어떤 결심을 하고 하는 일은 아닙니다. 그러나 집중도는 매우 높습니다.

그동안 자기를 계발하는 방법으로 많은 정보가 제시되었으나 그 성과가 미흡하였고, 종교적인 수행방법은 확실하기는 하나 지금에 맞지 않고, 너무나 어렵고 일반적이지 못해 극소수의 사람만이 할 수 있었습니다. 그러나 이 강의에서는 종교적인 수행방법의 원리를 가장 이해하기 쉽게 하였을 뿐만 아니라 누구나 쉽게 실천할 수 있는 방법으로 말하고 있습니다.

내 생각을 내려놓고 이 공부를 한다는 의미는 이 강의에서 하라는 그대로 하면 된다는 뜻입니다. 마치 어린아이가 어른들이 하는 것을 그대로 따라 하는 것처럼 말입니다.

이렇게 따라하다 보면 화장실에서 만화책을 보는 것이 어린아이의 즐거움이듯이 자기계발을 하는 이 공부보다 더 재미있는 공부는 없습니다. 이유는 내가 행복해지고 내 주변이 모두 행복해지기 때문입니다. 다시 말해서, 나를 비롯한 모두에게 가장 큰 이익이 돌아온다는 말입니다.

자기를 계발하는 일은 우리의 일상생활의 모든 것과 연관되지 않는 것은 하나도 없습니다. 도道, 선禪, 수행, 깨달음은 일상을 잘해서 행복해지기 위한 하나의 수단(방편)이므로 지금 여기에 있는 자신의 일을 공부의 방편으로 삼으면 별도의 시간과 특별한 장소가 필요치 않으며 그 과정에 하나씩 깨닫게 되고 그 결과로 지혜(좋은 경험)를 얻게 됩니다. 이 수행법의 장점은 깨달음의 지혜를 실천할 수 있는 힘이 매우 강력하다는 것입니다.

지금까지는 수행하기 위해서 일상을 떠난 다음 조용한 곳에서 방대하고 어려운 경전을 오랜 시간에 걸쳐 공부하고 익히면서(참선수행) 깨달음을 이루고(원리를 깨달음) 다시 일상으로 돌아와 얻은 지혜로 생활을 하였습니다. 이러한 수행법은 조용한 곳에 있을 때는 잘되는 듯하다가 다시 시끄러운 곳(일상)에 오면 잘되지 않는 단점이 있었습니다. 이것은 멀리 돌아가는 것이었습니다. 그러나 이 강의에서는 방대한 원리를 하나로 회통시켰기 때문에 이해하기가 쉽습니다.

원리를 깨닫는 첫걸음은 원리를 이해하는 데 있으며, 이해하는 가운데 의심이 일어나야 합니다. 따라서 원리를 깨닫고 지혜를 체득하는 공부와 함께 아주 작은 일상의 습관을 바꾸는 일을 동시에 실행함으로써 멀리 돌아서 가던 길을 지름길로 곧바로 가게 하였습니다. 이것은 마치 생산자와 소비자를 연결시키기 위해 중간역할을 하던 중간상인을 없애고 생산자와 소비자를 직접 연결시키는 것과 같습니다.

＊ 생활습관 바꾸기 ＊

(1) TV를 볼 때 시비 분별하지 말고 있는 그대로 보기.

대개 TV를 볼 때 객관적으로 보지 않고, 즉 있는 그대로 그냥 보지 않고 자기 생각을 중심으로 보기 때문에 좋아하고 싫어하고의 두 가지 마음으로 보게 되어 말을 많이 하게 되고, 가끔은 가족 간에 의견이 맞지 않아 다투기까지 합니다.

이것은 각자의 생각이 달라서 나타나는 현상이므로, 내 생각을 내려놓는 공부에 탁월한 효과가 있으며, 내 생각을 내려놓고 방송을 보거나 들으면 분별심이 일어나지 않게 되어 제작자의 마음을 그대로 읽을 수 있기 때문에 프로그램을 버리거나 취하는 것이 없어져 모든 방송이 재미있어집니다. 이렇게 되면 보고 듣는 것에서 많은 지식과 지혜를 얻게 되어 TV는 바보상자가 아니라 지혜의 상자가 됩니다. 이와 같이 무엇이든 잘 쓰면 좋은 것이 되고 잘 못쓰면 나쁜 것이 될 뿐 본래 좋고 나쁨은 없는 것입니다.

분별하지 않고 있는 그대로 보는 것을 TV를 통해 평상시에 연습을 해두면 마음이 늘 편안해지며, 앞으로 공부할 원리를 터득하는 데 있어 많은 도움이 됩니다.

(2) 무슨 일을 판단할 때 주관적(이기적, 자기중심)으로 판단하여 부분만 보지 말고, 내 생각을 내려놓고 전체(이타적, 객관적)를 보고 판단할 것.

첫 번째 방법과 연결되는 공부로서, 인간의 뇌는 동시에 두 가지 일에 집중할 수 없는 구조로 되어있기 때문에 내 생각에 사로잡혀 그것에 집착하면 모든 것이 내 생각에 구속되어 다른 것을 생각할 수 없게 되므로 어리석은 짓을 하게 됩니다. 마치 우물 안에 갇힌 개구리와 같이 된다는 말입니다.

내 생각은 주관적(자기중심적)이어서 내 생각과 다르다고 생각하면 분별하기 때문에 객관(대상, 경계)을 만들게 됩니다. 그러므로 객관은 본래 없는 것이나 주관이 있으므로 생기는 것입니다. 따라서 주관을 없애면 객관은 저절로 없어져 모든 것은 하나로 되며 이 하나를 보는 것은 전체를 다 보는 것이 됩니다.

내 생각은 개념이 고정되어 있기 때문에 전체를 보지 못하고 부분만 봄으로써 모든 일의 답을 자신도 모르게 미리 예측하고 정해버립니다. 그래서 어떤 문제를 해결하기 위해서 상담을 할 때도 자기가 미리 정해놓고 기대하는 답이 나오지 않으면 여러 곳을 찾아다니게 되며, 때로는 상대방에게 화를 내기도 합니다.

우리가 기도할 때, 바라는 바를 정해놓고 하는 기도는 자신이 정해놓은 그 부분이 이루어지기를 소원하기 때문에 결국, 그 부분만 바라보게 되어 사실은 이기적인 기도가 됩니다. 다시 말해서, 기도의 답을 미리 자기 마음대로 결정했기 때문에 소원이 이루어지지 않으면 시험에 들게 되고 종교적인 방황을 하게 되는 것도 이러한 이유입니다.

기도는 다만, 할 뿐 그 결과에는 집착하지 않고 다 받아들여야 합니다. 돈을 많이 벌게 해달라고 간절한 마음으로 기도했음에도, 그 소원이 이루어지지 않으면 받아들이기 힘듭니다. 그러나 그렇지 않습니다. 돈으로 인해 일어날 수 있는 재앙은 무수히 많습니다. 지금 돈을 많이 벌게 해주면 그 돈으로 인해서 재앙이 올 것을 그 분(신불神佛)께서는 미리 아시고 돈을 주시지 않는 것입니다. 그래서 기도의 결과는 늘 감사한 마음으로 다 받아들여야 합니다. 이것이 진정한 기도고 믿음입니다.

원리를 공부할 때도 마찬가지여서 내 생각(알음알이, 지식)을 내려놓지 않고 따로 살림을 차리면 자기가 가지고 있던 개념과 원리를 섞어서 또 다른 개념(번뇌, 망상)이 만들어지게 되고 이것을 새로운 자기 것(고정관념, 아상)으로 삼게 됩니다. 이렇게 되면 '왜 그럴까?', '어째서?', '까닭이 무엇일까?'라는 철저하게 원리를 믿는 순수한 의심(이 뭣꼬)이 일어나지 않기 때문에 공부에 진전이 없으며, 더 이상 공부를 하기가 어려워집니다. 이 공부는 각인시키고, 그 결과로 인해 생기는 믿음에 대한 알 수 없는 말(화두話頭, 의미를 모르는 말)로 의심을 불러일으켜 그 의심을 깊게 파고드는 의심공부(내 생각을 내려놓은 순수한 의심)이기 때문입니다. 그래서 공부에 의심(간절함)을 일으키는 습관을 만드는 일과 무슨 일이 생겼을 때 상대방의 마음으로 들어가서 천천히 헤아려보는 데도 많은 도움이 되는 공부입니다. 내 생각을 내려놓지 않으면 상대방의 마음으로 들어가기도 어렵겠지만, 설혹 들어갔다고 할지라도 지혜로운 결과를 얻기는 어렵습니다.

(3) 자동차를 운전할 때 교통법규를 잘 지키고 양보운전을 할 것.

살아남기 위해 자기도 모르게 헐떡거리는 마음(시간에 쫓기는 일)을 가라앉히고, 정해진 것은 반드시 지키게 하고 상대방을 배려하는 습관을 만들고, 좁아진 마음을 넓게 하는 공부입니다.

흔히 "아무리 점잖은 사람도 운전하다 보면 욕하지 않는 사람은 없다."라고 말합니다. 따라서 화를 다스리는 공부에 그 효과가 탁월합니다.

아무도 없는 밤길에 신호등을 지키는 것은 좋은 습관을 만드는 것에 매우 좋습니다.

양보한다는 것은, 내가 유리한 입장에 있을 때 상대방을 배려한다거나 가지고 있는 것을 이웃과 나누는 것을 말합니다.

(4) 억울한 일을 당했을 때 용서해 줄 수 있고, 미운 사람을 떠올렸을 때도 미워하지 않고, 내가 지금 당장 죽음을 맞이한다고 해도 가벼운 마음으로 받아들일 수 있겠는지 수시로 상상하여 평상시에 마음의 정리를 해둘 것.

삶을 살아가다 보면 언제 무슨 일이 닥칠지 모르기 때문에 미리 생각으로 연습해 두는 것입니다. 처음에는 마음이 몹시 불편하고 실지상황이 아님에도 불구하고 마음으로 받아들이기가 힘듭니다. 그러나 자주 연습하다 보면 마음에도 근육이 생기고 뼈가 생겨 실제로 부딪혔을 때 마음이 움직이지 않게 되어 용서해줄 줄 알고, 미워하지 않게 되고 받아들일 수 있게 됩니다.

육체를 단련시키기 위해서 운동을 하듯이 마음도 이렇게 상상법으로 운동하면 건강해집니다.

인간의 뇌는 상상하는 것과 실지로 부딪히는 일을 분간하지 못하고 같은 것으로 반응합니다. 어느 운동선수가 심한 부상을 당해 일 년이라는 긴 시간 동안 입원을 하게 되었습니다. 그는 병상에서 마음으로 평상시에 연습하던 것을 상상하였으며 시합에서 늘 우승해서 기뻐하는 모습을 상상하였습니다. 퇴원 후 얼마 있다 시합에 참가한 그는 우승하였습니다. 이것은 실지로 있었던 일입니다.

이것을 '마인드 콘트롤(mind control:자기최면)'이라 하며 오늘날 많은 분야에 이용되고 있습니다.

이 방편은 명상할 때 마음의 움직임을 알아차리는 데 가장 효율적인 방편이며, 이때 떠올리는 생각은 공부의 방편으로 하는 것이므로 망념(번뇌, 망상)이 아닙니다.

(5) 하기 싫은 일(역경계逆境界)을 수행의 문門(방편, 스승)으로 생각하고
    할 것.

하기 싫다는 것은 하기는 해야 하는 일입니다. 아예 상관없는 일이라면 싫을 것도 좋을 것도 없습니다. 어차피 해야 할 일이면 즐기면서 하자는 말입니다.

수행하는 종교인들을 보십시오. 자기를 계발하기 위해서 온갖 고통을 참으면서 학습합니다. 이것에 비교하면 일상사를 대상으로 공부하는 것은 아무 일도 아닙니다. 그러나 효과 면에서는 별 차이가 나지 않을 뿐 아니라 오히려 일상사를 공부의 대상으로 했을 때가 더 나을 수도 많습니다. 까닭은 어차피 어떤 수행을 하던 궁극에는 일상사를 잘하기 위한 일이기 때문입니다. 다시 말하면, 여러 단계를 거치지 않고 바로 들어가는 것입니다.

내가 하기 싫은 것은 남도 하기 싫어하므로 이것을 내가 했을 때, 나

만 바뀌는 것이 아니라 남도 바뀌게 됩니다. 이 공부는 참을성을 길러 주고 고정관념을 바뀌게 합니다.

대부분의 남자는 아내와 시장이나 백화점 가는 일을 불편해합니다.

여기에는 여러 가지 이유가 있겠지만 대체로 남자와 여자의 본능적인 성향이 달라서 그렇거나, 아니면 과거의 개념에 젖어 남녀가 하는 일을 구분하기 때문입니다. 그러나 지금은 남녀가 평등해지면서 이러한 구분이 없어졌습니다. 특히, 남녀의 본능적인 성향이 점차로 없어져 개념이 바뀌게 됩니다.

이렇게 일상에서 하기 싫어하던 일들을 하나씩 수행의 문으로 삼고 실천하면 어떠한 수행 방편보다 공부에 효과가 클 뿐만 아니라 부부 사이가 좋아지고 가정이 화목해 집니다.

(6) 명상이나 기도를 하라.

명상이나 기도는 마음을 차분하게 가라앉게 함으로써 한 가지에 집중하는 능력을 길러줄 뿐만 아니라 우리 몸에 쌓인 긴장과 피로를 풀어 줍니다. 명상할 때는 평상시에 하던 모든 생각(번뇌)을 내려놓음으로써 일상에서 인식하지 않고 하던 호흡이나 천천히 걷기 등을 하면서 몸에 있는 긴장을 풀어내고 몸의 존재에 주의를 집중시켜 떨어져 있는 몸과 마음을 일치시키고 존재 그 자체에서 경이로움을 발견합니다. 내가 여전히 살아있다는 것보다 더 기적적인 일은 없습니다. 우리들의 일상사 모든 것이 수행의 대상이 되듯이 명상의 대상도 삶 전체로 확대되어야 합니다. 명상이라고 하면 마음을 조용하게 가라앉히는 것으로만 생각하면 안 됩니다. 지금 여기에 있는 나의 일에 집중(몰입)하면 무엇이 되었든 그것은 명상입니다.

기도는 마음에 오직 한 가지의 간절함만을 일어나게 하여 그것을 이루려는 것이기 때문에 명상과 같은 결과를 얻을 수 있습니다.

(7) 생각의 95%인 번뇌 망상을 자기계발의 시간으로 활용하라.

우리가 하는 생각의 95% 이상이 번뇌, 망상(쓸데없는 생각)입니다. 지나간 과거의 추억에 끌려다니고 아직 다가오지도 않은 미래를 걱정하는 것은 이익이 거의 없습니다. 그러나 우리는 95%라는 대부분의 생각을 여기에 소모합니다. 이러한 까닭에 공부하는 시간을 별도로 만들 필요가 없으며, 해봐야 아무 쓸데 없는 95%의 생각을 '어떻게 하면 나를 계발할 수 있을까?'로 생각을 모으고 실천하는 것으로 이용하자는 말입니다.

우리는 늘 과거의 경험(기억)을 바탕으로 현재와 미래를 생각합니다. 그러나 과거의 경험은 내 생각으로 만들어진 것이어서 보편타당성이 없기 때문에 이것을 기준으로 판단하는 것은 모든 것이 불확실합니다. 그래서 '이렇게 하면 좋을까? 저렇게 하면 좋을까?' 망설이며 많은 생각을 하게 되고, 여기에 많은 시간을 뺏기게 됩니다. 이렇게 소모하는 생각이

95%라는 말이고, 불확실한 생각이기 때문에 번뇌 망상인 것입니다.

이 시간을 이용해서 자기를 계발하면 원리를 깨닫게 되고, 지혜를 얻게 됩니다. 지혜는 보편타당성(자명함)이 있기 때문에 문제를 판단하는 데 망설임이 없이(망념을 일으키지 않고) 즉각적으로 가장 정확한 해답(정견)을 제시함으로써 시간을 절약하는 효과가 있을 뿐만 아니라, 강력한 힘으로 실천에 옮길 수 있게 합니다.

번뇌 망상은 없애려고 하면 더욱더 세차게 일어나는 특성이 있습니다. 다만, 번뇌와 싸우지 말고 일어났음을 알아차리기만 하고 그냥 내버려두면 일어나고 사라지는 마음의 속성에 의해 잠시 후 저절로 사라집니다.

원리를 깨닫고 나면 깨달음의 단계에 따라 정비례해서 번뇌가 일어나지 않게 됩니다. 따라서 완전한 깨달음을 얻게 되면 번뇌를 일으키는 업종자業種子가 무의식에서 모두 사라지기 때문에 어떠한 경우에도 아예 번뇌가 없습니다. 알아차려야 될 일 자체가 없어지는 것입니다.

* 일곱 가지 방법을 다하는 것도 좋지만, 자신에게 알맞은 한두 가지 방법을 선택해서 하는 것도 괜찮습니다.

* 이 강의에 참여하시는 독자 여러분! 내 생각을 내려놓고 이 공부를 한 사람 중에서 자기계발이 되지 않은 사람은 세계 역사상 단 한 사람도 없었다는 사실을 꼭 기억해 두십시오.

이 글은 많이 읽고(문聞), 깊이 새기고(사思), 실천에 옮겨야(수修) 내 것이 됩니다. 실천에 옮기지 않으면 철학이나 하나의 사상(개념)이 되어 버립니다.

진리(원리)는 모든 것과 하나로 통하기 때문에 내가 가장 이해하기 쉬운 원리를 깊이 사유해서 확실하게 깨우치면 궁극에는 다른 원리도 함께 통하게 됩니다.

내 생각을 내려놓는다는 것은 믿음을 의미하며, 믿음은 인간만의 특권입니다. 종교마다 그들이 섬기는 신神의 문제와 찬양의 문제, 순종하는 문제는 있다-없다, 옳다-그르다 등 우리들의 알음알이로 분별하는 문제가 아니라 믿음의 문제입니다. 이 글도 읽고 믿지 않으면 실천에 옮길 수 있는 힘이 약해서 별 효과가 없습니다. 간절한 마음은 간절할수록 믿는 마음을 최고로 상승시키고 이때 기적은 일어납니다. 이것이 소립자의 소통입니다. 따라서 자기를 계발하는 공부는 간절하게 펼쳐 보이는 저의 마음과 간절하게 받아들이는 여러분의 마음이 서로 화합(소통)할 때 깨달음을 얻게 되며, 지혜가 생기게 됩니다. 이때 실천할 수 있는 힘이 가장 강하게 되며, 이러한 상태에서 이루어지는 모든 일은 기적이 됩니다. 이것이 정신적(영적)인 성장입니다.

오늘날 과학은 많은 것을 증명해 보이고 있습니다. 그러나 아직 믿음의 문제만은 숙제로 남겨놓고 있습니다.

제 3 강
자기계발은 무엇으로 어떻게 해야 할 것인가?

['나'를 계발한다는 것은 '나'를 배우는 것이요, '나'를 배운다는 것은 '나'를 아는 것이요, '나'를 안다는 것은 '나'를 버리는 것이요, '나'를 버린다는 것은 '나'를 죽이는 것이다.]

윗글에서 배우고, 알고, 버리고, 죽이는 것은 고정관념이 만들어 내는 '내 생각'을 가리키는 말입니다. 여기서 '나'라는 말 대신에 '내 생각'이라는 말로 바꾸어 보면, '나를 계발한다는 것은 내 생각에 대해서 배우는 것이요, 내 생각을 배운다는 것은 내 생각이 어떻게 만들어지는 것인지를 아는 것이요, 내 생각을 안다는 것은 내 생각이 잘못된 개념에 의해서 만들어진 것이기 때문에 버려야 한다는 사실을 알았음이요, 내 생각을 버린다는 것은 내 생각을 하나도 남기지 않고 모두 죽임으로써 자기계발이 완성된다'라는 뜻이 됩니다.

이렇게 내 생각과 나를 같은 것으로 보는 까닭은 다음과 같습니다. 인간이 하는 말과 행동은 그 사람의 모든 것을 결정짓게 됩니다. 말과 행동은 그 사람의 생각에 따라서 만들어지고, 생각은 개념에 의해서 만들어지며, 모든 개념은 그 사람이 과거로부터 지금까지 배우고 익힌 모든 것으로부터 만들어집니다. 따라서 어떤 개념(관념)으로 세상을 살아가느냐의 문제는 매우 중요합니다.

개념에 의해서 믿음이 만들어지고 믿음은 고정관념으로 굳어지게 되며, 고정관념은 습관화되어 무의식에 저장되고, 이것은 그 사람의 기질, 개성, 특징으로 나타나기 때문에 그 사람 자체로 인식되어 내 생각이 곧 내가 되는 것입니다. 생각은 사람마다 배우고 익힌 것이 달라서 같은 것을 보고서도 서로 다르게 느끼게 하는 원인이 됩니다. 좋아하고 싫어하는 것이 서로 다르고 무엇을 보고 판단하는 것도 다 다릅니다. 그래서 '모든 것은 오직 생각이 만든다(일체유심조 一切唯心造)'라고 합니다. 이 사실을 확실하게 깨닫게 되면 너와 내가 다른 것은 당연한 것이기 때문에 옳다, 그르다라는 시비가 일어나지 않고, 서로 다르다는 사실을 이해하게 되고 인정함으로써 거의 모든 분쟁이 사라지게 됩니다.

지나간 시간(과거)에 배우고 익힌 모든 것이 무의식에 저장된 것을 우리는 기억과 경험이라 하고, 이것은 지금 내가 하는 일에 절대적인 영향력을 발휘하기 때문에 미래를 결정짓게 됩니다. 특히, 깨달음의 세계에서는 인간이 하는 모든 행위의 결과를 업業이라 하고, 이것은 무의식에 종자로 저장되어 지금의 일에 영향을 미치게 되고, 다시 새로운 업을 만들기 때문에 윤회의 주체가 된다고 합니다. 업에 대한 것은 원리 강의 때 상세하게 말씀드리겠습니다.

무엇을 보고 그것을 어떻게 인식(생각)하느냐에 따라서 행동이 달라지고 결과도 달라집니다. 예를 들어, '컵에 물이 반밖에 남지 않았네!'라고 부정적으로 생각하는 사람과 '컵에 물이 반씩이나 남아 있네!'라고 긍정적으로 생각하는 사람은 똑같은 상황을 보고 인식하는 것의 차이입니다. 부정적인 생각을 하면 좌절하고 절망하는 삶을 살게 되고, 긍정적인 생각을 하면 의욕적이고 희망적인 삶을 살게 됩니다.

이 글을 읽고 이해가 잘되지 않는다는 생각은 지금의 내 생각(개념)과 다르기 때문에 그럴 수도 있으나, 어렵다고 생각하면 부정적인 생각이 되어 의욕이 사라져 공부를 진행하기가 어렵게 됩니다. 이럴 때는 아직은 잘 모르기는 하나 계속 읽다 보면 나도 언젠가는 알게 될 날이 오겠지? 라고 긍정적으로 생각하고 공부가 끊어지지 않으면 차츰 알게 되고 어느 날 문득 깨닫게 됩니다. 이와 같이 작은 생각의 차이가 결과에 있어서는 커다란 차이를 만들게 됩니다.

결국, 개념이 생각을 만들고 그렇게 만들어진 생각에 의해서 말이나 행동으로 나타나기 때문에 '인생의 합계는 재물이나 명예의 합계가 아니라 생각의 합계다'라고 합니다. 따라서 어떤 개념으로 인생을 살아가느냐의 문제가 삶을 결정짓게 됩니다. 그러면 잘못된 개념으로 만들어진 내 생각을 버리고 그 자리를 무엇으로 대신하여야 할 것인가를 생각하지 않을 수 없습니다.

이 문제를 해결하려면 세상에 드러나 있는 존재의 실상을 알아야 합니다. 세상에 존재하는 모든 것은 크게 둘로 나눌 수 있으며, 그 하나는 인간에 의해서 만들어진 것, 즉 인위적인 것과 또 다른 하나는 스스로 그러한 힘에 의해서 저절로 생긴 것, 즉 본래부터 있었던 자연적인 것입니다. 자연적인 것은 다른 말로 진리, 진실, 원리 등으로 표현하고, 깨달음의 세계(종교)에서는 창조주, 신神, 법法, 근본도리, 진여眞如, 원각圓覺, 여여如如, 참나(진아眞我), 한 마음(일심一心) 등 여러 가지로 표현합니다.

자연적인 것은, 어떤 특정한 것을 위해서 특정한 것에 의해서 만들어진 것이 아니라 저절로 생긴 것(스스로 그러한 것)이기 때문에 존재하는 모든 것과 서로 화합하여 상생의 관계를 최대한 유지시켜 줄 뿐만 아니라, 이것이 변하면 저것도 이것의 변화에 따라 가장 알맞게 변하기 때문에 조금의 부작용도 일어나지 않습니다. 그러나 인위적인 것은 인간의 뇌 발달로 말미암아 다른 생명체에는 거의 없는 자아의식의 발달로 인해서 인간 중심주의 또는 자기 중심주의로 모든 것을 분별하고 차별하기 때문에 그들 자신에게 이익되지 않는다고 강한 느낌을 받아야만 비로소 다른 것들과 화합하려고 합니다. 이러한 이유로 인위적인 것은 상생하기 위해 서로 연결되어 있는 연결고리(연기의 원리)를 끊어버리는 결과를 가져옵니다.

인위적인 것은 개념적인 것이어서 계속 새로운 개념이 만들어지기 때문에 보편적이거나 타당성이 없습니다. 그러나 자연적인 것은 어떤 것에나 똑같이 적용되어 보편적이며, 모든 것에 딱 들어맞기 때문에 타당한 것이며, 우주가 생긴 이후로부터 지금까지 단 한 번도 바뀐 적이 없습니다. 인위적인 것은 너와 나를 분별하기 때문에 이기적이나, 자연적인 것은 모든 것을 분별하지 않으므로 아무런 조건 없이 그냥 서로 주고받을 뿐입니다.

장마 뒤에 주변의 다른 것들과의 상관관계를 무시하고 인간 편의를 위주로 복구하여 매년 똑같은 피해를 당하는 경우를 생각하면 이해가 빠릅니다. 강이 구부러져 내려가는 것은 공연히 그렇게 되는 것이 아닙니다. 우리는 그 이유를 알아야 합니다. 이러한 예는 물질문명의 발달로, 인간 상호 간에도 치열하게 나타납니다. 물질문명의 발달은 풍요로워지기는 하였으나 극단적인 이기주의로 치닫게 되었고 인간성 상실로 인하여 각 가정마저 해체될 위기에 처해있으며 고통은 날로 늘어나고 세상은 점점 더 복잡해지고 삶은 풍요로워 졌으나 행복지수는 자꾸 떨어지고 있습니다.

우리가 일반적으로 가지고 있는 개념은, 인간에 의해서 현실에서 그때그때 가장 알맞다고 생각해서 만들어낸 것입니다. 그러한 알음알이(지식, 학문, 풍습, 문화, 윤리, 도덕, 예절)로서 개개인의 개념은 만들어지고 있습니다. 이러한 개념은 이기적이기 때문에 전체를 보지 못하고 부분만을 보게 되므로 다른 것들과 조화를 이루지 못하는 단점이 있습니다.

그러므로 자기계발을 하려면 학습의 대상을 바꾸어야 합니다. 일상적 사고(내 생각)로 만들어낸 것은 분별하고 차별하기 때문에 잘못된 개념(인위적인 것)이므로 이것을 학습의 대상으로 하던 것을 버리고, 분별하지 않으며 차별하지도 않아서 서로 주고받는 상생의 개념(자연적인 것,

진리, 원리)으로 학습의 대상을 바꾸는 것입니다. 학습의 대상이 바뀌면 개념이 바뀌고, 개념이 바뀌면 생각이 바뀌게 되어 말과 행동이 이기적인 것에서 이타적(상생)인 것으로 바뀌게 되는데 이것이 자기계발입니다.

진리를 학습의 대상으로 바꾸는 일은 어렵지 않으나 진리를 확실하게 깨닫는다는 것은 간단하지 않습니다. 현실적으로 지금까지 배우고 익혀 우리 몸 전체에 젖어있어 이미 굳어져 있기 때문에 이렇게 만들어진 개념을 바꾼다는 것은 쉽지 않다는 말입니다. 따라서 굳어진 개념(고정관념, 내 생각)은 생각을 좁게 만들게 되므로 무엇이든 있는 그대로를 보지 못하고 자기방식으로 만들어 보기 때문에 있는 그대로의 진리(원리)를 보지 못하게 하는 원인이 됩니다.

고정관념으로 만들어지는 내 생각을 없애는 일이 우리가 진리를 깨닫는 데 있어서 가장 중요합니다. 이제 내 생각을 없애는 일이 진리를 깨닫게 하는 근본이 된다는 사실이 분명해졌습니다. 그러나 생각은 결코 까닭 없이 그냥 바뀌지는 않습니다. 원리를 통해서 그 원리가 옳다는 생각이 들었을 때 강력한 믿음이 생겨야 비로소 바뀌게 됩니다.

여기서 중요한 문제점이 생깁니다. 원리를 깨달아야 믿음이 생기고, 믿음이 있어야 깨달음을 얻을 수 있기 때문입니다.

깨달음이란? 모르고 믿는 믿음으로 시작해서 확실하게 알고 믿는 믿음으로 끝나는 것입니다. 내 생각을 버리는 일도 이와 같아서 내 생각을 버려야 깨달을 수 있고, 깨달아야 내 생각을 버릴 수 있기 때문에 내 생각을 버리는 것에서 시작해서 내 생각을 완전히 버리는 것으로 끝이 납니다. 따라서 내 생각을 버려야 믿는 마음이 생긴다는 결론을 얻을 수 있습니다. 믿는 마음이 없으면 알고자 하는 순수한 의심이 일어나지 않기 때문에 깨달음을 얻을 수 없으므로 자기계발은 불가능합니다.

이 강의에서 하는 말은 저자의 개념(내 생각)에서 나온 말이 아니라 있는 그대로의 원리(진리)를 말하고 있기 때문에 개개인의 생각(내 생각)을 내려놓고 우선 믿어야 한다는 것을 다시 강조합니다.

진리란? 보편타당한 것이어서 바뀌지 않을 뿐만 아니라 인간의 모든 개념을 벗어나기 때문에 말이나 글로서 완벽하게 나타낼 수 없습니다. 진리는 수행(자기계발)이라는 체험을 통한 '체득體得' 또는 '증득證得'하지 않고는 달리 알 길이 없습니다. 이것은 마치 아름다운 꽃을 보았다든가, 맛있는 음식을 먹었을 때 얼마나 아름답고 맛이 있는지를 글이나 말로서 제아무리 잘 표현한다고 하더라도 직접 눈으로 보고, 혀로 맛보는 것과 같지 않다는 것입니다. 인간에 의해서 만들어진 학설이나 개념 같은 것들은 불확실한 것이므로 진실(진리)이 밝혀질 때까지 계속 연구해서 발전시켜야 하기 때문에 연구의 대상은 되지만 믿음의 대상은 아닙니다. 그러나 진리는 어떠한 경우에도 변하지 않는 것이어서 연구의 대상이 아니라 믿음의 대상이기 때문에 비록 아직까지 깨닫지 못해 모르고 있었더라도 우선 믿고 시작하라는 뜻입니다. 다시 말해서, 믿음이란 내 생각(알음알이)으로 헤아리는 것이 아니라 내 생각을 내려놓는 것입니다.

성령聖靈이 나에게 임臨하시는 것은, 내 생각을 비운 만큼(믿는 만큼) 그 자리에 임하시게 됩니다. 그래서 "주여! 주여! 한다고 해서 다 구원받는 것은 아니다."라고 말씀하신 것입니다.

이 글을 읽을 때는 내 생각을 내려놓고 믿는 마음으로 읽어야 한다는 사실을 한 번 더 강조합니다. 내 생각을 내려놓는다는 것은 자기를 계발하는 데 있어서 무엇보다도 중요하고, 우리의 삶의 모든 문제를 해결해 주는 열쇠와 같은 것이어서 아무리 강조해도 지나치지 않습니다.

자기를 계발하는 공부는 첫째, 무엇보다 발심(원을 세우는 것)이 중요하고 반복적인 학습을 할 것, 둘째, 내 생각을 버리고 할 것, 셋째, 진리를 학습의 대상으로 하고, 목표를 세운다면 '최선을 다하겠다'는 것을 목표로 하고, 가장 좋은 것은 처음부터 그냥(무심無心) 하는 것입니다.

'나도 한번 해 봐야지!'라고 하는 마음을 일으키는 것(발심, 원願을 세우는 것)은 모든 일의 시작이기 때문에 가장 중요하다는 것은 말할 필요도 없습니다. 그래서 "처음 먹은 그 마음이 최고의 깨달음(자기계발)을 얻은 것과 같다(초발심시변정각初發心時便正覺).", "시작이 반이다." 라고 합니다.

나를 조금만 바꾸면 세상은 많이 바뀝니다. 많이 바꾸려 하지 말고 조금만 바꾸어 보십시오. 많이 바꾸는 것보다 더 어려운 것이 조금 바꾸는 것입니다. 조금만 바꾸면 바뀌는 관성에 의해서 많이 바꿀 수 있기 때문입니다.

이 공부는 습관을 바꾸는 일이므로 끊임없이 반복해서 생활화하지 않으면 조금 되는 듯하다가 다시 본래의 습관으로 되돌아갑니다. 인간의 기억도 마찬가지여서 낮에 있었던 여러 가지 일들이 잠을 잘 때 기억으로 저장되는 데, 특히 여러 차례 반복된 일이나 매우 충격적이었거나 감동적이었던 일들이 잘 저장되고 기억에 오래 남게 됩니다.

우리는 목표를 세울 때 높게 설정을 합니다. 그러나 대개 설정한 대로 이루어지지 않습니다. 목표를 높게 설정하게 되면 그 목표를 달성하기 위해서 열정적으로 하게 되고, 그 일에 생각을 빼앗기게 되어 다른 것은 잊어버리게 되므로 전체를 보지 못하고 부분만 보게 되며, 지나치게 집착하게 되고, 집착은 욕심을 일으켜 무리하게 되고 무리하다 보면 일에 대한 즐거움이 없어집니다. 이렇게 해서 목표를 이룬다고 할지라도 지나친 집착으로 인해 전체를 보지 못하게 되므로 얻는 대신에 반드시 잃어버리는 것이 생깁니다. 이때 가장 많이 잃어버리는 것이 건강입니다.

인간의 뇌는 두 가지 생각을 동시에 집중하지 못하는 구조로 되어 있기 때문에 한 가지 생각에 집착하면 다른 것은 잊어버리게 됩니다. 자동차 운전할 때 빨리 가야 한다는 생각에 집착하다 보면, 잘못되면 죽을 수도 있다는 생각은 잊어버리게 되고 순간 자기도 모르게 과속을 합니다. 그러므로 일의 목표를 세울 때는 그 일을 성취하는 성과에 목표를 두지 말고 이 일을 함에 있어 어떻게 할 것인가, 즉 '최선을 다하겠다'라는 데 목표를 두어야 합니다. 이 말은 '그냥 열심히 하는 것(무심無心)'을 의미합니다. 이때는 집착과 욕심이 없으므로 일에 대한 즐거움이 있고, 생각이 늘 깨어 있어서 부분을 보지 않고 전체를 봄으로 결코 무리하는 일이 없습니다.

자기계발은 수행, 공부, 학습이라는 말과 뜻이 같습니다. 우리가 운동하는 데에도 건강을 위해서, 또는 선수가 되기 위해서 등 여러 가지 목적이 있습니다. 운동선수가 되고자 운동을 하는 것보다 더 중요한 것은 모든 사람에게 해당하는 건강을 위해서 하는 운동이 더 절실합니다. 선수가 되려면 매우 전문적인 공부가 필요하겠지만, 건강을 위한 운동은 지극히 단순해서 걷고 달리고, 맨손으로 체조하는 것만으로도 충분하다는 말입니다. 이와 마찬가지로 자기계발도 궁극의 단계까지 도달하려면 많은 수행을 하여야 하나, 우리에게 필요한 것은 우선 내가 편안해지고 내 가정이 행복해지는 일입니다. 이것이 실현되면 사회와 국가 더 나아가서는 세상이 더불어 편안해질 것입니다.

걷고 뛰는 것이 모든 운동의 근본이듯이 수행의 근본은 '나'라고 생각하는 자아의식, 즉 '내 생각'을 버리는 일입니다. 내 생각을 버린다는 의미는 '남을 바꾸려 하지 않고 나를 바꾼다'는 의미의 말입니다. 그러나 우리는 서로 상대방이 바뀌기를 바라기 때문에 내가 상대방을 바꾸려고 합니다.

수행은 무엇을 얻는 공부가 아니라 오히려 그동안 배우고 익힌 나의 잘못된 모든 개념(지식, 내 생각)을 비움으로써 체득되는 '완성된 지혜'로 되돌아가는 것이므로 '무학無學'이라고 합니다. 여기서 '되돌아간다'라는 말은 그 의미가 매우 깊기 때문에 다음에 다시 설명하겠습니다.

모든 운동을 마음먹은 대로 하려면 걷기와 뛸 수 있는 능력을 우선적으로 갖추어야 하듯이 자기계발을 하려면 내 생각을 버리는 능력을 갖추지 않고서는 결코 이룰 수 없습니다. 내 생각은 의식적으로 버린다고 해서 버려지는 것이 아니라 원리를 깨달으면 자기도 모르게 없어집니다.

내 생각을 조금씩 버리기 시작해서 완전하게 버리면 자기계발(수행)이 끝난다고 하는 말은, 걷고 달리고 맨손 체조하는 것에는 그렇게 많은 방편이 필요하지 않다는 말과 같아서, 자기계발을 하기 위해서는 원리만 확실하게 깨닫고 깨달음을 실천하면 된다는 말입니다. 이러한 수행의 방편을 모르면 팔만 사천 가지 수행의 방편을 다 공부할 수밖에 없고, 조용한 곳을 찾아 명상을 하는 데 시간을 다 소비해야만 합니다.

이 강의에서는 모든 수행의 방편에 공통적으로 들어가 있는 몇 가지의 원리를 하나로 회통시키고, 이것을 양자물리학과 다시 회통시킴으로써 깨달음의 세계와 과학이 다르지 않다는 것도 함께 밝히고 있습니다. 우리는 지금 전통을 바탕으로 한 새로운 수행 방편으로 자기계발을 하려는 것입니다.

진리는 하나로 통하기 때문에 핵심적인 원리를 깨달으면 다른 것들을 알기는 매우 쉬워집니다. 다른 것들은 나와 인연 되지 않았을 뿐, 인연 되는 즉시 알 수 있으므로 내가 이미 다 알고 있는 것과 같습니다.

* 자기를 계발하는 공부의 특징과 이 강의의 특징 *

1) 이 공부는 원리를 깨달아 체득되는 지혜로 세상을 살아감으로써 늘 만족하고 영원한 행복을 누리며, 많은 것에 이익을 주는 데 있습니

다. 원리를 모르고 믿는 것은 자칫 맹신이 되기 쉬워서 믿음이 흔들리기 쉽고, 원리를 알고 믿으면 확신이 되어 어떠한 경우에도 믿음이 흔들리지 않게 됩니다(불퇴전의 믿음).

진리는 말이나 글로서 정확하게 나타낼 수 없기 때문에 언어 문자를 떠나있다(초월) 하여 언어도단言語道斷 또는 개구즉착開口即錯이라 하였습니다. 그러나 언어 문자를 떠나 달리 어떻게 전할 방법이 없어 어쩔 수 없이 이 강의에서도 언어 문자를 사용하였기 때문에 이 강의 내용 전체는 하나의 문자로 된 방편일 뿐 진리 그 자체는 아닙니다.

강을 건너기 위해서는 무엇인가 있어야 할 것입니다. 뗏목, 배 또는 수영하는 방법을 알아야 할 것입니다. 이러한 것들은 강을 건너기 위한 수단이므로 일단 강을 건너고 나면 필요치 않습니다. 문자 방편은 마치 이와 같아서 원리를 깨닫고 나면 이것도 버려야 합니다. 이것을 계속 자기 것(내 생각, 고정관념, 아상)으로 지니고 있으면 이것(진리) 아닌 것을 분별하고 차별하여 또 다른 분쟁의 씨앗이 되기 때문입니다. 이것은 깨달음을 체득하는 데 있어서 매우 중요한 사실로 앞으로 계속 공부하도록 하겠습니다.

이 말을 다르게 표현한다면, 강을 건너기 전의 상태는 깨달음을 체득하지 못한, 즉 자기계발이 되기 전의 상태를 말하며, 강을 건넜다는 것은 진리를 깨달은 상태, 즉 자기계발이 완성된 상태를 의미합니다.

깨닫고 나면 내가 깨달았다는 그 생각을 버려야 합니다. 그렇지 않으면 깨닫지 못한 사람과 깨달은 사람을 분별하고 차별하게 되어 분쟁을 일으켜 또 다른 고통을 만들기 때문에 깨닫기 전의 상태로 되돌아가게 됩니다.

이처럼 자기를 계발하는 공부는 내 생각으로 가지고 있던 모든 개념을 버리는 것으로부터 시작해서 진리를 체득하고 나면 그 진리마저도 버리는 공부이기 때문에 무학無學이라고 합니다. 그래서 "중도는 중도에도 머무르지 않는다."라고 하는 것입니다.

내 생각(번뇌, 망상)으로 가득 차 있는 마음은 진리를 체득하지 못한 중생의 마음(무명無明)을 말하고, 내 생각을 완전히 버림으로써 진리를 깨달은 마음은 깨끗한 마음(청정심淸淨心, 참나)을 의미합니다. 결국, 내 생각을 일으키지 않으면 그 마음이 바로 청정심이기 때문에 청정심은 어디에 따로 존재하는 것이 아니라 누구에게나 본래 갖추어져 있는 본래심本來心입니다.

따라서 자기를 계발한다는 것은 갈고 닦고 애쓰는 것이 아니라 내 생각으로 가득했던 중생의 마음에서 본래 누구에게나 다 갖추어져 있는 깨끗한 마음으로 되돌아갈 뿐이므로 이 또한, 무학입니다.

마음은 중생의 마음과 청정한 마음이 다르지 않아서(불이不二, 불이 不異) 하나의 마음(일심一心: 한마음)뿐입니다. 다만, 그 작용이 다릅니다.

무슨 일이 있을 때 친절을 베푸는 마음은 청정한 마음(이타심)이고, 친절을 베풀지 않는 것은 중생의 마음(이기심)입니다. 이것은 마치 파도와 바닷물이 다르지 않은 것과 같아서, 바람(내 생각, 번뇌, 망상, 중생심)만 불지 않으면 파도는 일어날 일이 본래 없습니다.

우리는 강을 건너기 위한 수단인 뗏목(문자 방편)을 천 년도 넘게 사용하던 낡은 것을 아직도 버리지 못하고 그대로 사용함으로써 강을 건너는 데 있어서(자기계발) 많은 불편을 겪고 있었습니다. 이 일은 모든 것은 변한다는 무상無常의 원리와 이것과 저것은 서로 연결되어 존재한다는 연기緣起의 원리에 어긋나는 일입니다. 다시 말해서, 수행의 방편도 그 시대에 가장 알맞게 바뀌어야 무상과 연기의 원리에 어긋나지 않는다는 말입니다. 발달한 지금의 과학과 연기시키고, 달라진 지금의 생활 형태에 맞아야 한다는 뜻입니다.

진리를 깨달았다는 것은, 만상의 본래의 성품(원리)을 보았다고 해서 견성見性이라고 합니다. 견성을 하고 나면 문자 방편을 펼치는 데 있어서 자기만의 독창성(새로운 뗏목)이 있어야 합니다. 독창성이 없으면 과거의 방편(낡은 뗏목)에서 벗어나지 못해 항상 변화하는 지금에 맞지 않아서 공부(수행)하는 수행자들이 어려움을 겪게 됩니다. 무엇보다 중요한 것은 독창성이 없으면 확실하게 깨닫지 못했다는 가장 확실한 증거가 됩니다. 옛것에 머물러 독창성이 없는 수행 방편은 원숭이나 앵무새가 인간을 흉내 내는 것과 같습니다.

이 강의에서는 오늘날 발달한 여러 분야의 과학과 접목함으로써 공부에 신뢰감을 높이고, 지금의 생활 형태에 가장 알맞은 새로운 뗏목으로 강을 건너게 함으로써 가장 짧은 시간에 최고의 성과를 이루게 하였습니다.

2) 문자 방편을 통해서 진리(법)가 끊어지지 않게 이어가는 것은 마치

하나의 횃불에 많은 사람이 불을 붙여가는 것과 같아서 불의 모양은 다르나 불의 본래의 성품은 조금도 다르지 않다는 사실을 알아야 합니다. 그래서 이 강의에서 지금에 가장 알맞은 새로운 문자 방편(뗏목)으로 원리(법, 진리)를 펼쳐 보이는 것은 본질에 있어서 지난날의(전통적인 것) 문자 방편과 조금도 다르지 않습니다. 다만, 배우고 익히는 것을 발전적으로 하였을 뿐입니다. 뿌리는 과거에 두고 미래를 향해 나아간다는 말입니다.

3) 자전거 타는 것을 배울 때 한 번도 넘어지지 않고 타는 사람은 거의 없을 것입니다. 만약에 최소한 열 번을 넘어져야 탈 수 있다면, 지금 넘어지고 있다는 사실은 타지고 있다는 말이 됩니다. 포기하지 않으면 결국, 탈 수 있다는 뜻입니다. 물론 배우는 사람의 능력에 따라서 약간의 차이는 있을 것입니다.

이 공부는 이와 같아서 내 생각을 내려놓고 포기하지 않으면 공부의 관성에 의해서 자기도 모르게 조금씩 바뀌게 되고, 내가 바뀜으로 해서 주변도 바뀌게 됩니다. 이렇게 되면 이 공부보다 더 즐거운 일은 없게 됩니다. 한 가지 조심해야 할 것은 사람마다 공부를 할 수 있는 근기(능력)가 다르기 때문에 다른 사람이 공부하는 것과 자기가 공부하는 것을 비교할 필요가 없습니다. 다른 공부처럼 성적을 매기거나 등수를 따질 필요가 없기 때문입니다.

4) 자기를 계발하는 것은 누구도 대신해 줄 수 없기 때문에 자기 스스로 하지 않으면 안 됩니다. 따라서 어떠한 이유로든 억압이나 강요에

의해서 마음에 없이 마지못해 하는 것은 차라리 하지 않는 것만 못할 경우가 많습니다. 스스로 사무치고 스스로 깨달아야 합니다.

지금까지 설명한 것은, 자기계발을 할 때 학습의 대상으로 인위적인 개념을 중심으로 하던 것을 바꾸어서 본질(진리)을 학습의 대상으로 하고, 진리를 깨닫기 위해서는 내 생각을 버리고 믿는 마음으로 하라는 것이었습니다. 이제부터는 내 생각을 버리려면 어떠한 원리를 공부하여 어떠한 개념으로 바꾸고, 진리를 깨닫기 위해서는 어떠한 수행을 해야 하는지를 설명하겠습니다.

진리(원리)를 깨닫게 하기 위해서 많은 문자 방편이 있습니다마는, 이 강의에서는 깨달음의 세계에서 말하는 현상(상相, 용用)과 본질(진리, 체體), 인연법因緣法, 연기법緣起法, 업業, 윤회법輪廻法, 공의 원리(공사상 空思想), 중도의 원리(중도사상 中道思想), 유식론唯識論 등 진리의 핵심을 서로 연결하여 하나로 회통시켰기 때문에 다른 모든 문자 방편을 특별히 공부하지 않아도 모두 하나로 통하게 하였습니다. 그뿐만 아니라 깨달음의 과학성을 높이기 위해 양자물리학과 하나로 회통시켰습니다.

수행방법도 언제 어디에서나 할 수 있는 명상수행과 원리(진리)에 대해 의심을 해 들어가는 의심법(참구법, 간화선)을 중심으로 말하고자 합니다.

원리를 이해하기 어려운 까닭은 개념이 다르기 때문이므로 먼저 개념을 바꾸는 방법을 설명하면서, 이해도를 더욱 높이기 위해 일상에서 원리를 활용하는 방법을 예로 들었습니다.

제 4 강

개념 바꾸기

지금부터 공부할 개념 바꾸기는 원리에 대한 기초공부이며, 원리란? 만상의 존재의 원리를 의미합니다.

우리는 지금까지 나를 중심으로 모든 것을 판단하였기 때문에 매우 이기적이었으며, 이렇게 살아가는 것이 습관으로 굳어져 있었습니다. 자기를 계발하기 위해서는 이 습관을 바꾸어야 하며, 바꾸기 위해서는 자기를 중심으로 보았기 때문에 전체를 보지 못하고 항상 자기도 모르게 부분만 보던 습관을 바꾸어야 합니다. 전체를 보기 위해서는 만상의 본질(공통점, 근본, 원리, 진리, 보편타당성)을 알아야 하고, 본질과 나와의 관계를 명확하게 알아야 합니다. 이것을 알면 나의 본질인 참나(진아眞我)를 찾게 되며 이것을 견성 또는 깨달음이라 합니다. 따라서 수행자는 늘 원리(진리)의 입장에서 전체를 보아야 합니다. 다시 말해서, 진리(법法)와 내가 둘이 아닌 하나 되는 것을 말합니다.

이 내용을 과학적으로 본다면, 모든 것을 독립된 실체로 보는 것은 고전물리학(뉴턴역학)입니다. 여기서는 모든 것은 서로 분리되어있기 때문에 주관과 객관으로 나누어져 있으며, 분별과 차별이 있습니다. 우리는 이러한 세상에서 살아왔으며 지금도 여기에서 살아가고 있으며, 앞으로도 여기에서 살아갈 것은 분명한 사실입니다. 그래서 우리들의 개념은 서로 분리되어 존재하는 것에 익숙해져 있기 때문에 이기적으로 진화할 수밖에 없었습니다.

그러나 양자물리학(현대물리학, 양자역학)이 등장하면서 자연의 본질(체體, 소립자)이 드러나고 그동안 독립된 실체(상相, 용用)로 존재하는 것으로 알고 있던 존재의 실상이 양자적(소립자)으로 서로 얽혀있기 때문에 떼려도 뗄 수 없는 하나의 생명공동체라는 사실이 밝혀짐으로써 그동안 상반되는 모든 개념(흑백논리)이 한꺼번에 다 무너지게 되었습니다.

이 원리는 체體, 상相, 용用의 원리에서 상세하게 설명하기로 하겠습니다.

원리 강의로 바로 들어가면 우리가 가지고 있는 개념과 너무나 달라 이해하기 어려우므로 간단하게 개념과 원리를 비교 설명하고, 원리가 실생활에 어떻게 적용되는지를 함께 살펴보도록 하겠습니다.

개념을 바꾼다는 것은 생각을 바꾸는 것이고, 생각을 바꾼다는 것은 말과 모든 행동이 바뀌는 것이므로 내가 바뀌는 것이며, 내가 바뀌는 것이 나를 계발하는 것입니다. 개념을 바꾸기 위해서는 현상(현실, 내 생각, 무명無明)에 집착하기 때문에 그것에 가려서 알지 못하던 본질(본성, 진실, 원리)을 찾아야 하고, 본질을 찾기 위해서는 진실에 접근하는 데 필요한 몇 가지 중요한 개념을 먼저 이해해야 합니다.

Ⅰ. 만상이 실체로서 존재하고 있는 것처럼 착각하고 있는 우리들의 일반적인 개념을 원리(진여, 소립자, 체體)의 입장에서 보면, 실체로서 존재할 수 있는 것은 우주 공간에 단 하나도 없다는 개념으로 바꾸어야 합니다. 우리가 실체라고 생각하는 모든 것들은 인연(조건, 여건) 따라 소립자가 모이고 흩어지는 자연의 현상일 뿐이기 때문입니다.

이것은 매우 중요한 개념 바꾸기이면서 가장 이해하기 어려운 문제이므로 상세하게 설명하겠습니다.

'독립된 실체로 스스로 존재할 수 있는 것은 없다'는 존재의 원리에는 두 가지 이유가 있습니다. 첫째, 모든 것은 매 순간 변하므로 영원한 것이 없기 때문인데 이것을 무상공無常空이라 하고, 둘째, 이것은 저것이 있어야 존재할 수 있고, 저것은 이것이 있어야 존재할 수 있으므로 서로 상관관계로 의지하면서 존재하기 때문인데, 이것을 연기공緣起空이라 합니다.

이때의 공空의 의미는 '스스로의 성품이 없다(무자성無自性)', 즉 '확실하게 이것이다', 또는 '확실하게 저것이다'라고 할 만한 그 무엇이 없다는 말입니다.

★ 무상공無常空 ★

인간의 생각과 모든 존재는 생기고(생성, 생生), 잠시 머무르고(발전, 주住), 변화하고(쇠망, 이異), 소멸(퇴락, 흩어짐, 멸滅)하기 때문에 고정되어있는 실체로 존재하는 것이 아니라 매 순간 바뀌고 있습니다. 이것을 다른 말로 하면 '모든 것은 항상(영원) 하지 않다'라고 하여 '무상無常'이라고 합니다. 정치, 경제, 사회, 문화, 학설, 풍습, 윤리, 도덕, 모든 물질 등 어느 것 하나 변하지 않고 그대로 있는 것은 없습니다.

여기에 하나의 컵이 있습니다. 우리의 눈에는 어제도 오늘도 똑같은 모양으로 보이겠지만, 물리적으로는 매 순간 미세하게 화학 반응이 일어나고 있기 때문에 매 순간 변하고 있습니다. 다만, 우리가 인식하지 못하고 있을 뿐 고정불변은 아닙니다. 따라서 지금 보고 있는 컵은 과거(조금 전)에 보고 뇌에 인식된(기억) 컵을 보고 있을 뿐, 컵을 형성하고 있는 소립자의 작용에 의해서 매 순간 미세하게 변하고 있는 지금의 컵은 아니기 때문에 인간의 눈으로는 그 실상을 볼 수가 없습니다. 그러나 원리를 통해서 마음의 눈으로는 볼 수 있습니다. 따라서 우리의 눈에 보이는 모든 것은 실상이 아닌 허상(가립된 존재)을 보는 것이 됩니다.

이와 같이 존재하는 모든 것들은 매 순간 변화하고 있다는 사실을 마음으로 꿰뚫어 보아 언젠가는 사라진다는 사실을 명확하게 보는 것을 '공空을 보았다'고 합니다. 이것은 '모든 존재는 변하기 때문에 항상

하지 않다(영원하지 않다). 그래서 공하다'라는 의미의 공이므로 '무상
공無常空'이라 합니다.

　만상은 고정불변의 실체로 존재하는 것이 아니라 잠시도 쉬지 않고
변하고 있다는 것이 존재의 원리이기 때문에 무상無常을 보면 진리를 본
다, 즉 진리를 체득한다는 뜻이 됩니다.

　물체를 고정된 실체로 볼 때는 그것에 집착하게 되고 집착은 욕심을
일으켜 가지려는 마음이 일어나게 됩니다. 그러나 무상의 원리를 깨닫
게 되면 잠시 존재하다가 곧 사라진다는 사실을 알기 때문에 어떠한 것
에도 집착하지 않으므로 가지려 하는 욕심이 일어나지 않습니다. 욕심
이 일어나지 않으면 거의 모든 고통은 저절로 사라집니다. 이것은 바라
는 마음이 없어지기 때문입니다.

★ 연기공緣起空 ★

　인간을 포함한 모든 것은 서로 주고받는 상호의존의 관계로써 존재
가 가능하므로 혼자 독립되어 스스로 존재할 수 있는 고정불변의 실체
는 없습니다. 예를 들어, 꽃을 해체해서 보면 이것과 저것이 모여 하나
의 꽃이라고 하는 형태를 갖추고 있을 뿐, 꽃을 구성하고 있는 어느 것
하나도 꽃이라고 할 만한 것은 없으며, 한 송이 꽃을 피우기까지는 씨

앗, 흙, 비, 태양등과 같은 무수히 많은 것들을 필요로 합니다.

이와 같이 한 가지 조건(성분)만으로는 존재 자체가 불가능하고, 존재하기 위해서는 반드시 직접적인 원인(인因: 씨앗)과 간접적인 원인(연緣: 흙, 비, 인간, 태양 등)의 화합이 있어야만 됩니다(인연생기 因緣生起). 인간의 몸을 구성하고 있는 수많은 물질이 인연 따라 모이면 살아 있는 것이고 흩어지면 죽는 것입니다.

우리 몸의 70%는 물입니다. 물을 먹으면 먹은 물은 내 몸의 구성 요소가 되어 내가 되는 것이기 때문에 물은 밖에 있는 또 다른 '나'입니다. 따라서 모든 것이 '나' 아닌 것이 없습니다.

결국, 모든 존재는 서로 연결되어 하나로서 존재하는 '생명공동체'라는 말입니다. 이 원리는 앞으로 공사상, 인연법, 연기법, 본질과 현상, 중도사상에서 자세하게 설명하겠습니다.

만약에 고정불변의 실체가 있다면 어떠한 경우에도 변하지 않아서 어떤 물리적인 힘을 가해도 부서지지 않아야 하고 없어지지 않아야 합니다. 따라서 오늘날 물리학에서는 '물체는 물체가 아니라 하나의 사건 (event)이다'라고도 합니다. 이 말은 소립자의 작용을 하나의 사건으로 보고 그 작용에 의해서 물체가 생기기도 하고 없어지기도 한다는 뜻입니다.

하나의 사건이라는 말은 '모든 존재는 이것과 저것이 서로 상관관계로 영향력을 주고받음으로써 서로 연결되어 생겨나고(모이는 것, 생生) 없어진다(흩어지는 것, 멸滅)'라는 뜻으로서 '모든 것은 전체로서 하나이기 때문에 공하다'라는 의미의 공이므로 '연기공緣起空'이라고 합니다.

무상공과 연기공의 원리로 보면 '만상은 있는 그대로 공하다'라는 의미이기 때문에 있는 것을 없애고 없음을 보는 것이 아니라 있음(유有)에서 없음(무無)을 보는 것이므로 '공하다'는 의미는 존재의 실상을 뜻하는 말입니다.

연기공의 원리로 보면, 만물을 구성하고 있는 성분은 우주가 탄생(Big Bang)하면서부터 지금까지 만들어진 모든 것들이며, 이것들이 모였다 흩어지는 것을 반복(윤회輪廻)하는 과정에 이것은 저것에 들어있고, 저것은 이것에 들어 있기 때문에 모든 존재는,

1) (새롭게)생겨나지도 않으며, (완전히)소멸하지도 않습니다.
2) 상주하는 것도 아니며, (깨끗이)단멸하는 것도 아닙니다.
3) 같지도 않고, 다르지도 않습니다.
4) (어디선가)오는 것도 아니고, (어디론가)가는 것도 아닙니다.

따라서 나라는 존재도 이와 같아서,

1) 나는 있기도 하고 없기도 하며,
2) 죽는 가운데 죽지 않기도 하며,
3) 모든 것이 나와 같기도 하고 다르기도 하고,
4) (어디선가)오는 것도 아니고, (어디론가)가는 것도 아닙니다.

소립자는 온 우주에 에너지라는 형태로 조금의 빈틈도 없이 꽉 차있기 때문입니다.

우리는 지금까지 나라는 존재를 다른 것들과 분리되어 존재하는 것

으로 착각하고 살았습니다. 그래서 늘 주관(나)과 객관(나 외의 모든 것)으로 나누어지기 때문에 내 것과 남의 것이 만들어져 서로 많이 가지려는 욕심이 일어나 화를 자초했습니다.

이제 우리는 나라는 존재와 다른 것들과의 관계를 확실하게 알았을 것입니다. 따라서 분별하고 차별하고 배척하는 일은 결코 해서는 안 되며 조건 없이 서로 나누지 않으면 상생의 관계가 끊어져 결국, 자멸의 길로 간다는 사실을 명확하게 알게 되었습니다.

"만상은 영원하지 않고 변하기 때문에 공空한 것(무상공)이고, 서로 상관관계로서 의지하면서 존재하고 있기 때문에 공한 것(연기공)이다." 이 말을 다르게 표현하면, "모든 것(제법諸法)은 있는 그대로 공空하다. 따라서 만상은 스스로의 성품이 없으므로(무자성無自性) '나'라고 할 만한 영구불변의 실체는 없다(무아無我)."라는 말이 됩니다.

무자성의 원리는 빛(광양자)의 이중성(입자-파동)이 양자물리학에서 밝혀짐으로써 더욱 확실해 졌습니다. 깨달음의 세계에서 말하는 즉卽(같다)의 논리와 불이不二(不異) 사상이 그것입니다.

무자성이라는 말은 다른 말로 '나라고 할 만한 고정불변의 것은 없다'는 뜻이어서 이 말은 '무아無我'라는 뜻이 되고, 무아는 '나라는 존재가 있기는 하나, 나라고 꼬집어 말할 수 있는 것은 없다. 즉, 나 아닌 다른 요소(오온五蘊: 색수상행식)가 모여 나라는 존재로 있다(가립된 존재, 허상)'라는 의미이기 때문에 '비아非我'가 됩니다.

이렇게 되면 나라는 존재는 모든 것과 함께하고 있는 '생명공동체'의 구성원이기 때문에 나는 있기도 하지만, 없기도 하므로 모든 것을 하나로 보게 되어 분별심, 차별심이 저절로 없어지게 됨으로써 항상 전체를 보는 지혜가 생깁니다.

내가 독립되어 따로 존재할 수 없으니 나만을 위해서 필요한 것은 더 이상 없습니다. 그래서 깨닫고 나면 생명활동을 하기 위한 최소한의 것만 필요하게 되어 늘 한가하게 지내며, 오직 나누는 일에만 충실하게 됩니다. 이것이 무소유의 삶이며, 무소유의 삶보다 더 좋은 삶은 있을 수 없습니다. 최고의 자유, 최고의 행복, 최고의 만족이기 때문입니다.

연기공과 무상공의 원리를 확실하게 깨닫게 되면 자기계발이 거의 끝났다고 보아도 지나친 말이 아닙니다. 따라서 무자성의 원리는 자기를 계발하는 원리의 핵심 중의 핵심입니다. 그래서 이 원리를 명확하게 알고 생활에 잘 활용하면 거의 모든 고통을 해결할 수 있습니다.

"모든 것에는 자성이 없다."라는 원리를 우리들의 생활에 활용하기 위해 여러 각도에서 다시 살펴본다면…,

(1) 매일 술을 먹고 늦게 들어오거나 때로는 외박도 하고, 그 일로 인해 경제적으로도 넉넉지 못하고 이 일로 자주 다투기도 한다면 이 문제를 어떻게 해결해야 할까요?

이런 남편을 좋다고 말할 사람은 아무도 없을 것입니다. 그러나 근본 도리(원리)의 입장에서 전체적으로 보면 이 사람은 좋은 사람도 아니고 나쁜 사람도 아니기 때문에 이 남편은 자성自性이 없습니다(무자성無自性).

같이 살고 있는 부인의 입장에서 보면 나쁜 사람인 것이 분명하나, 이 사람에게 매일 술을 팔아서 생활을 이어가는 술집 여주인의 입장에서 본다면 너무나 좋은 사람입니다.

술에 대한 개념도 이와 같아서 부인의 입장에서 본다면 술은 나쁜 것이나 술을 좋아하는 남편의 입장에서 보면 술은 나쁜 것이 아닙니다.

사랑도 마찬가지여서 누가 무엇을 어떻게 사랑하느냐에 따라서 달라집니다. 술집 여주인과 이 남편이 사랑을 나눈다면 이 사랑은 좋은 것일까요, 나쁜 것일까요? 여러 가지의 경우를 놓고 생각해 보시기 바랍니다.

이와 같이 나의 입장에서 주관적으로 부분만 보는 것이 아니라 내 생각을 버리고 객관적으로 전체를 보고 명확하게 아는 것이 늘 깨어있는 알아차림입니다. 알아차림은 지혜를 만들어냅니다.

이러한 상황에 처해있는 부인의 입장에서 이 문제를 어떻게 해결해야 이 고통으로부터 해방되고 행복해질 수 있을까요?

이 경우 사느냐, 헤어지느냐의 문제는 각자 선택의 문제이기 때문에 누구도 간섭할 수 없습니다. 다만, 선택의 결과를 미리 각오하고 받아들이면 행복해질 것이고, 받아들이지 못하면 또다시 불행해집니다.

무엇보다 중요한 것은 헤어지든 함께 살든 어떻게 해야 내가 행복해질 수 있느냐의 문제입니다.

헤어지는 것은 가장 간단한 일이므로 여기서 더 이상 얘기할 필요는 없습니다. 그러나 우리는 헤어지는 일이 쉬울 것 같지만, 이런저런 이유로 헤어지지 못하는 경우가 훨씬 더 많습니다. 내가 직접 남편을 고친다는 것은 불가능하기 때문에 기왕에 살려면 어떻게 살아야 가장 잘 사는 것일까의 문제를 풀어 보고자 합니다.

우리는 누구나 이러한 경우에 내 남편이 술을 조금만 먹거나 먹지 않게 되기를 바라기 때문에 여기에 대한 묘책을 찾게 됩니다. 그래서 여기저기 용하다는 곳을 찾아 물어보러 다니거나 기도를 하거나, 아무튼 남편을 고치려고 합니다. 남편 술 못 먹게 하려고 잔소리해서 고친 사람이 과연 얼마나 될까요? 고쳐지지도 않을뿐더러 오히려 더욱더 심하게 다투게 되고 이것을 보고 자란 아이들은 또 어떻게 되겠습니까?

이것은 원리를 모르는 어리석음(내 생각, 무명, 지식, 알음알이, 아상) 때문입니다. 남편을 직접 고칠 방법은 이 세상 어디에도 없습니다. 이유는 원리에 어긋나기 때문입니다. 이 문제를 해결하는 방법은 오직 한 가지, '내 남편은 나쁜 사람이다'라고 하는 내 생각을 바꾸는 일뿐입니다.

"원수를 사랑하라." 술 먹는 남편은 나의(아내) 입장에서 보면 분명히 평생 원수입니다. 이것은 원리를 모르는 나의 어리석은 내 생각일 뿐 다른 사람의 입장에서 객관적으로 보면 원수가 아닙니다. 따라서 내 생각을 내려놓으면 남편이 아무리 술을 먹어도 미워하지 않게 됩니다. 옆집에 사는 남의 남편이 술 먹는다고 이것 때문에 고통스러워하는 사람은 거의 없습니다. 내 남편이기 때문에, 사랑하기 때문에 생기는 일입니다. 내 남편이기 때문에 술을 먹지 않기를 바라는 마음이 내 마음속 깊숙이 자리 잡고 있으므로 집착하게 되고, 뜻대로 되지 않으면 미워지게 됩니다. 우리가 자기계발을 함에 있어서 내 생각을 죽이는 것, 즉 나를 죽이는 까닭이 여기에 있습니다. 내 남편, 남의 남편으로 구별하고 차별하는 그 마음이 이 모든 일을 고통스럽게 만드는 직접적 원인인 것입니다. 그래서 혼인 서약서에 맹세했던 "어떠한 일이 있어도 헤어지지 않겠다."라는 그 약속을 지키려면 내 생각을 죽여야만 가능한 일입니다.

내 남편에게 있어서 '술은 보약이다'라는 마음이 일어날 정도가 되어야 비로소 남편을 감동시킬 수 있는 지혜가 생기고, 이 지혜로 말미암아 서로 소통하게 되고 조화를 이루게 되어 남편 스스로 고칠 수 있는 길이 열리게 됩니다. 이때 지혜는 이렇게 하라고 시킵니다.

남편이 보약을 조금 먹고 들어오거나 먹지 않고 들어오면 술상을 차려 대접하라고 시킵니다. 이렇게 내가 바뀌면 남편은 이 일에 감동되어 스스로 바뀐다는 말입니다. 이 일은 남편이 바뀔 때까지 계속해야 합니다. 그래서 나는 그냥 할 뿐 남편이 바뀌고 바뀌지 않고의 결과에는 집착하지 말아야 합니다. 이것이 마음을 경영하는 것(자기계발)입니다.

이렇게 마음을 경영할 줄 알면 가정은 물론, 직장에서 사회에서 어디에서든 주인공의 삶을 살게 됩니다.

이렇게 말하면 그것은 현실적으로 맞지 않는 환상이 아니냐? 영화나 연속극에서나 있는 일이라고 생각할 수 있습니다. 그러나 그렇지 않다는 것을 앞으로 공부하면서 절실하게 느낄 것입니다. 아직 업業의 윤회와 자업자득의 원리를 강의하지 않아서 이해하기 어려운 것입니다.

이 문제를 해결하기 위해서 미리 이 부분만 조금 말씀드린다면, 지금 남편이 나에게 하고 있는 모습은 과거(전생)의 내 모습입니다. 따라서 지금 나에게 잘 대해주는 사람도 과거의 나의 모습이요, 지금 나에게 고통을 주는 사람도 과거의 나의 모습입니다. 다만, 내가 모르고 있을 뿐입니다. 공부를 하면 통찰력으로 다 알 수 있게 됩니다. 그래서 모든 것은 다 내 탓인 것입니다. 통찰력(숙명통 宿命通)으로 이 사실을 알게 되면 술 먹고 나에게 고통을 주는 남편은 자기도 모르게 과거에 내가 그를 괴롭혔던 일에 대한 인과(과보)를 되돌려받게 하는 것(자업자득)이기 때문에 남편에 대한 미운 마음 대신에 측은한 마음으로 바뀌게 됩니다. 이것이 진정한 용서입니다. 이때 자업자득으로 되돌려받는 것을 운명론이나 숙명론으로 의미를 새기면 안 됩니다.

수행자는 어떠한 경우(무슨 일이 벌어져도)에도 마음이 조용해야 합니다. 이유는 내 마음이 조용해서(알아차림, 늘 깨어있음) 어떠한 일(경계, 대상, 객관)에도 끌려가지 않아야(물들지 않음, 생각이 머무르지 않음) 비로소 그 문제를 해결할 수 있는 지혜(법력法力, 통찰력)가 생기기 때문입니다.

(2) 내 아이가 성추행(성폭행)을 당했을 때 어떻게 해야 고통이 최소화될 수 있을까요?

우선 성행위를 원리적인 측면(근본도리)에서 본다면 하나의 물리적인 현상이고, 생물학적으로는 종족을 보존하기 위한 모든 생명체의 본능입니다. 성행위도 역시 좋은 것도 아니고 나쁜 것도 아니며, 좋은 것일 수도 있고 나쁜 것일 수도 있기 때문에 자성이 없습니다. 다만, 누구와 어디에서 어떻게 하느냐에 따라서 달라지며, 이것은 인간에게만 있는 윤리 도덕의 문제입니다.

인간에게만 있다는 뜻은 인간에 의해서 만들어졌다는 사실입니다. 따라서 인간의 개념이므로 성에 대한 윤리 도덕의 문제(가치관)는 시대에 따라서 국가에 따라서 다 다릅니다. 원리가 아니기 때문에 보편타당성이 없습니다. 원리(진리)는 개념이 아니기 때문에 개념을 뛰어넘는, 즉 개념을 초월하는 것입니다. 다시 말해서, 원리를 공부하는 수행자는 윤리 도덕에도 걸림이 없어야 지혜를 자유자재하게 활용할 수 있게 됩니다.

이 문제는 이러한 원리를 깨달아야만 지혜롭게 해결할 수 있다는 말입니다. 우리가 가지고 있는 윤리적 도덕적인 가치관에 얽매여 있는 한 결코 이 고통에서 헤어날 수 없습니다. 이유는 윤리 도덕관에 집착하게 되면 이 일로 말미암아 부모의 마음에도 아이의 마음에도 이미 깊은 상처를 남겼기 때문에 마음이 편안하지 못하고 고통스러워 해결할 수 있는 지혜가 나오지 않기 때문입니다.

그러나 원리를 깨달은 사람은 이 문제를 해결하기 위해서는 성추행이라는 것을 하나의 물리적인 현상으로 가볍게 볼 뿐만 아니라 이미 지나간 일이기 때문에 어떠한 일이 있어도 본래대로 다시 되돌릴 수 없다는 사실도 함께 알아차림으로써 마음이 가벼워집니다. 마음이 가벼워지니 자연적으로 나무라거나 야단치지 않고 아이를 따뜻하게 감싸 안아 주기 때문에 부모의 역할을 다할 수 있게 되고, 그것으로 인해 아이와 소통이 이루어짐으로써 가장 원만하게 해결할 수 있다는 말입니다. 이것이 지혜입니다.

지금은 조선 시대도 아닙니다. 오늘날은 자기의 존재를 나타내기 위해서, 관심을 끌기 위해서, 인기를 얻기 위해서 오히려 성적인 도덕성을 다 벗어던지고 별의별 짓을 다 하고도 떳떳하게 잘 살아가고 있는 사람들이 있는 세상입니다. 자기가 좋아서 하는 경우도 매우 많다는 말입니다. 어떤 목적을 가지고 성적인 윤리 도덕을 다 무시하고 의도적으로 하는 사람이 아무렇지도 않게 잘 살아가듯이 이러한 일을 당했을 때는 그렇게 마음을 다스리는 것이 지혜롭다는 뜻입니다. 이미 돌이킬 수 없는 일을 당했을 때 윤리 도덕관에 걸려 내 인생은 물론 가족들의 인생까지 다 망치는 어리석음을 또다시 짓지 말아야 할 것입니다.

이런 말을 하면 어떤 사람은 잘못 알아듣고, 그렇다면 무슨 짓이든 다 해도 되고 내 마음 편할 대로 생각하면 된다는 식의 자기를 합리화하는 데 쓰려고 합니다. 이러한 생각은 결코 해서는 안 됩니다.

이런 경우를 당했을 때 이 문제를 해결하기 위해 마음을 다스리고, 지혜를 얻기 위한 하나의 방편으로서 사용해야 합니다.

- 법륜스님 즉문즉설 참고 -

(3) 바람도 여름에 불면 시원해서 좋으나 겨울에 불면 추워서 싫고, 인간 위주로 보면 태풍은 나쁜 것이나 바다를 건강하게 만드니 이때는

좋은 것입니다. 물도 마찬가지입니다.

 바늘, 연필, 칼, 젓가락, 망치와 같은 여러 가지 도구들도 용도에 맞게 쓰면 좋은 것이나 잘 못 쓰면 무기가 되고 맙니다.

 주어진 환경(여건)도 좋은 것이 있고 나쁜 것이 있다고 생각하기 쉬우나 이것 역시 좋고 나쁨이 없습니다. 부잣집에 태어나거나 가난한 집에 태어나거나 둘 다 극복해야 할 일이 있습니다. 부유한 환경에 빠지면 타락하거나 의타심이 생겨 홀로서기가 어려워짐으로 이것을 극복해야 하고, 가난을 극복하지 못하면 좌절하게 되고, 극복하게 되면 자립할 수 있는 능력이 생겨서 오히려 가난이 복이 됩니다. 그래서 같은 환경에서 여러 형제가 자라도 잘되는 사람이 있고 잘못되는 사람이 있는 것입니다.

 이와 같이 100% 장점으로 된 것도 없으며, 100% 단점으로 된 것도 없습니다. 장단점이 함께하고 있을 뿐입니다.

 한 사람을 놓고 살펴볼 때, 단점이 그 사람의 전부가 아니듯이 장점도 그 사람의 일부분입니다. 단점을 미워하지 않는 것이 진정으로 사랑하는 것이며, 이렇게 되면 단점은 보이지 않고 장점만 보이게 되는데 이것이 긍정적인 마음입니다. 그래서 좋아하는 것을 해주는 것도 사랑이지만 진정으로 사랑한다면 싫어하는 것을 하지 않는 것입니다.

 일반적으로 수행자는 시끄러운 곳을 피하고 TV나 컴퓨터와 같은 것들을 멀리하는 것이 좋다고 합니다. 이것은 부분적으로는 맞는 말이기도 하지만, 궁극적인 가르침으로 볼 때는 맞지 않는 말입니다. 시끄러운 곳에 있어도 내 마음이 조용하면 조용한 곳이 되는 것이고, 반대로 조용한 곳에 있어도 내 마음이 시끄러우면 시끄러운 곳이 되기 때문에 시끄럽고 조용한 곳이 어디에 따로 있는 것은 아닙니다. TV나 컴퓨터도 자성이 없기 때문에 좋은 것도 아니며 나쁜 것도 아닙니다. 쓰는 사람이 어떻게 쓰느냐에 따라 달라지기 때문입니다.

실패하는 것은 나쁜 것이고 성공하는 것은 좋은 것이며, 고통은 나쁜 것이고 즐거움은 좋은 것이라고 생각하는 것이 우리들의 일반적인 개념(생각)입니다. 실패-성공, 고통-즐거움도 자성이 없습니다. 좋은 것도 아니며 나쁜 것도 아닙니다. '실패하는 것은 반드시 나쁜 일이다'라는 자성이 있다면 한번 실패하면 두 번 다시 성공할 수 없어야 되고, 반대로 '성공하는 것은 반드시 좋은 일이다'라는 자성이 있다면 성공하고 나면 어떠한 경우에도 실패는 없어야 합니다. 그러나 그렇지 않습니다. 실패는 성공의 어머니며, 성공하고 자만하면 다시 실패하기 때문입니다. 고통을 극복하지 못하고 그것에 빠지면 실패를 맛볼 것이고, 즐거움에 빠지면 타락할 것입니다. 무엇을 극복해 보지 못한 인생보다 더 값어치 없는 인생은 없습니다.

고통스러운 일, 고통을 주는 사람, 고통스러운 모든 것이 없다면 수행(자기계발, 마음경영)을 해야 할 필요가 있을까요? 없습니다. 회사에서나 가정에서 하기 싫은 일이나 나에게 고통을 주는 사람을 수행(공부)의 문(대상, 스승)으로 삼으면 그 일과 그 사람은 나에게 참으로 고마운 일이고 고마운 사람이 됩니다. 까닭은 그 일과 그 사람이 없었다면 나를 계발해야 할 일도 없었을 테니까요. 이렇게 보면 술 먹는 남편은 평생 원수가 아니라 나를 깨우치게 해주는 참으로 고마운 사람(스승)이 될 것입니다. 따라서 내 생각을 내려놓는 일은 하심下心을 의미하며, 진정한 하심은 나를 낮추는 것이 아니라 남을 존중해 주는 일입니다. 이때 모든 것에서 배울 수 있기 때문에 스승 아닌 것이 없습니다. 또한, 이렇게 하는 일이 진정한 용서이기도 합니다.

이것이 개념을 바꾸는 것이며, 개념을 바꾸는 것이 자기를 계발하는 일이며, 마음을 경영하는 일입니다.

요즘 이런 말이 있습니다. '심심한 천국, 재미있는 지옥.' 술이나 여자가 나쁜 것이라면 아마도 천국에는 술집이나 기생집은 없을 것입니다. 그렇다면 술을 좋아하거나 여자를 좋아하는 사람은 지옥에 가고 싶어할까요, 천국에 가고 싶어할까요? .

만상은 자성이 없기 때문에 모든 것은 그냥 그것일 뿐입니다. 내 마음대로 분별해서 차별하지 말고 늘 전체를 보십시오. 이 세상에 존재하고 있는 모든 것들을 부분적으로 보지 말고 전체적으로 보면 반드시 필요하기 때문에 생기는 것이 존재의 원리입니다. 이것이 연기의 법칙입니다.

연기의 법칙을 가장 잘 표현한 말은, "이것이 있으므로 저것이 있고, 이것이 없으면 저것도 없다. 이것이 일어나므로 저것이 일어나고, 이것이 사라지면 저것도 사라진다."입니다.

그러나 인간은 자아의식에 사로잡혀 이것과 저것의 관계를 모르는 어리석음 때문에 늘 인간 위주(인간 중심주의)로 세상을 바라보고 판단함으로써 많은 문제점을 일으키고 있습니다.

우주가 탄생한 지 137억 년, 지구가 태어난 지 45억 년이라는 긴 시간이 지나면서 처음부터 지금까지 그때그때 존재했던 모든 것들이 잘못 구성되었던 경우는 단 한 번도 없었기 때문에 그때마다 가장 완벽했다는 사실을 깨달아야 합니다.

원시시대 때는 그때대로 가장 완벽했으며, 지금은 지금대로 가장 완벽한 세상입니다. 지금과 원시시대를 비교해서 생각하면 지금이 더 완전하다고 생각할지는 모르겠지만, 연기의 원리로 보면 생겨나고 없어지는 것은 상호관계성(연기법)에서 비롯되기 때문에 비교한다는 것 자체가 잘못된 일입니다.

연기의 원리를 다시 한 번 정리한다면, 연기는 상호의존성, 상호관계성, 상호결합(화합)성이기 때문에 연기를 벗어나서 홀로 독립되어 스스로의 성품을 지니면서 존재할 수 있는 것(절대자, 신神)은 현상계(3차원의 세계)에는 없습니다. 그러나 인간의 믿음 속에는 존재하십니다. 믿음이란? 모든 것을 떠나있기 때문입니다.

서로 의존하고, 관계를 맺고, 결합(화합)한다는 말은 서로 조건 없이 나누고 소통한다는 뜻입니다. 이것이 우주의 원리고 원리에 순응하는 것이 모두를 이익되게 하는 것입니다. 순응하지 않으면 연기의 관계가 서서히 파괴되면서 결국에는 종말을 맞게 됩니다. 이 종말도 부분적인 종말(끝)일 뿐 전체적으로 보면 또 다른 시작입니다.

소립자는 우주 전체를 하나로 묶어 서로 소통하고 있다는 사실을 잊지 마십시오. 모든 과학자의 꿈인 '대통일장이론'을 완성시키고자 하는 이유는 바로 이러한 사실을 보다 더 명확하게 밝히기 위한 인류의 노력입니다.

생기는 것이나 없어지는 것이나 연기의 원리에 의한 것이므로 어떠한 힘으로도 막을 수는 없습니다. 이 원리를 모르기 때문에 인간은 어리석어서 그들의 생각(인간중심주의)으로 분별하고 차별해서 이익된다고 생각하면 한없이 발전시키려 하고, 이익되지 않는다고 생각되면 없애려 합니다. 이러한 일은 인간을 중심으로 또는 개인을 중심으로 하는 생각이기 때문에 전체를 보지 못하고 부분을 보는 것이므로 소통의 고리를 끊어버리게 됩니다. 컴퓨터, 스마트 폰 등으로 인해서 일어나는 여러 가지 문제점을 생각하면 이해가 빠를 것입니다.

인간중심주의는 극단적인 개인주의로 변화되어 가정을 비롯한 모든 것을 분열시키고 모두를 고통 속으로 몰아넣고 있습니다.

인간의 병을 치료하는 약을 자연에서 채취해서 만들어 낼 수 있는 것도 모든 것이 연기로 존재하기 때문에 가능한 일입니다.

과거는 현재에 영향을 미치고 현재는 미래에 영향을 미치는 것도 시간의 연기입니다. 이것은 업業의 연기이기도 해서 과거에 형성된 업은 현재의 모든 일에 간섭하고 현재에 만들어지는 업은 다가올 미래의 일에 영향력을 미치게 됩니다. 이것이 시간과 업의 윤회입니다.

만상이 생주이멸 하는 것도 윤회를 말합니다. 따라서 흥망성쇠도 윤회하는 것이기 때문에 흥하는 것도 순리이며, 망하는 것도 순리입니다. 그러나 우리는 일이 잘될 때는 순리대로 된다고 말하나, 일이 잘되지 않을 때는 순리대로 되지 않는다고 합니다. 이것은 잘 못 알고 있는 것입니다.

따라서 일이 잘될 때는 안 될 것에 미리 대비해야 하며, 안 되고 있을 때는 실망할 필요가 없습니다. 흥하고 망하는 것은 돌고 도는 것이니까요.

연기緣起라는 말의 뜻은 위에서 말했듯이 자연계에 존재하는 만물의 실상을 의미하기도 하지만, 또 하나의 뜻으로는 이것과 저것의 상호관계성(연결됨)의 의미도 있기 때문에 원리에서 이치가 나오고 이치에서 정보가 나오며, 모든 학문도 논리적으로 서로 연결되어 하나로 통하기 때문에(회통會通) 원리를 깨달으면 모든 것이 한꺼번에 해결되는 것입니다.

무자성의 원리는 많은 경우에 활용되며, 업의 윤회와 자업자득의 원리를 무자성의 원리와 하나로 연결시키면 지금 현실에서 나에게 일어나고 있는 모든 일의 원인을 알게 되므로 모든 고통이 다 해결될 수 있습니다. 자세한 내용은 앞으로 공부하도록 하겠습니다.

Ⅱ. 생生과 멸滅(사死)에 대한 개념

우리는 생사의 개념을 없던 것이 생겨나고 있던 것이 없어진다고 생각합니다. 이런 이유는 있다는 것은 내 눈에 보이기 때문이고 없다는 것은 보이지 않기 때문입니다. 그러나 실제로는 생긴다는 것은 여러 가지 물질이 조건(인연)에 따라서 때(시절 인연)가 되면 모이는 것이고 멸한다는 것은 조건에 따라서 모였던 여러 가지의 물질이 때가 되면 본래의 모습으로 흩어진다(되돌아간다)는 뜻입니다. 이것은 마치 한 조각 구름이 생기고 흩어지는 것과 같습니다. 물이 더워지면 수증기가 되어 올라가고 이것이 모이면 구름이 되고 구름이 모이면 다시 비가 되어 내려오기를 반복하는 것입니다. 따라서 아무것도 없는 것에서 무엇이 생긴다는 것은 물리적으로 불가능한 일입니다.

이러한 현상은 한두 번으로 끝나는 것이 아니라 끊임없이 반복되고 있으나, 우리의 눈으로 확인할 수 없기 때문에 생사가 있다고 생각합니다. 인간의 경우 모이고 흩어지는 과정에 있어서 변하지 않고 주체적인 역할을 하는 것은 생전生前(과거)에 지은 모든 행위의 결과(업業)입니다.

업을 설명하기 위해서는 윤회輪廻를 알아야 하며, 윤회의 주체는 업입니다. 인간은 어떤 실체가 따로 있는 것이 아니라 오온五蘊, 즉 정신적인 요소(수受, 상想, 행行, 식識)와 물질적인 요소(색色: 몸)가 화합해서 이루어진 것인데, 이 다섯 가지의 요소를 하나하나 떼어서 보더라도 자성이 없기 때문에 거짓(일시적)으로 화합된 것입니다. 이 정신과 물질을 결합시키는 힘이 곧 업이라는 하나의 세력(에너지, 소립자)입니다. 이 업業으로 말미암아 생멸이 연속되는 것입니다. 우리의 육체(물질)적인 요소와 정신적인 요소는 없어지더라도 살아있는 동안에 내가 지은 모든 행위의 결과(업)는 없어지지 않고 더욱 새로운 생을 일으키고 꺼지면서 영원히 계속되는 것이니 이것이 곧 우리들의 생사윤회의 원리입니다.

양자물리학이 발전하면서 새롭게 등장한 학설로 지구가 속해있는 우주 하나만 있는 것이 아니라 이런 우주가 여러 개 있을 것이라는 '다중 우주론'이 등장하게 되었습니다. 우주가 하나만 있든 여러 개가 있든 우주를 형성하고 있는 것은 에너지이며, 이 에너지는 소립자들의 모임입니다. 이 에너지(소립자)의 작용에 의해서 모든 것은 가능한 것이기 때문에 생멸이란 에너지가 인연 따라 모이고(生) 흩어지는(滅) 현상(사건)입니다. 따라서 부분적으로 보면 생멸이 있지만, 전체적으로 보면 본래 생도 없고 멸도 없습니다. 다만, 모였다 흩어지는 작용(현상)만 있을 뿐이므로 윤회라는 말도 부분의 문제일 뿐 전체로 보면 본래 윤회라는 것도 없습니다. 윤회라는 말은 개별적으로 볼 때, 시작과 끝이 반복되는 것으로서 이 말도 인간이 한 생각 일으켜 만든 개념에 불과합니다.

우리의 몸은 업業이 입고 있는 옷과 같은 것이어서, 죽을 때는 입고 있던 헌 옷을 벗어 던지는 것이고 태어날 때는 새로운 옷으로 갈아입는 것입니다. 이 사실을 확실하게 체득하여 조금의 의심도 없는 믿음이 생기면 필연적으로 죽는 가운데서 죽지 않는 원리(묘법)를 깨닫게 되는데 이것이 생사를 초월하는 것입니다. 이렇게 본다면 생사가 있는 가운데 그대로 생사가 없는 것이 됩니다. 그래서 '생사열반상공화生死涅槃常共和'라고 합니다. 이 문제는 앞으로 말할 모든 원리와 연결되므로 특히 중요합니다.

Ⅲ. '백 년이라는 시간은 길고, 하루라는 시간은 짧다. 처음과 시작이 있다' 이렇게 한정 지어 생각하는 시간의 개념과, '눈에 보이면 있다, 보

이지 않으면 없다. 공간을 서로 비교해서 넓다, 좁다'라고 한정 지어 주관적으로 보던 개념을 무한대의 개념으로 바꾸어야 합니다.

인간의 주관적인 판단은 어떠한 것을 막론하고 다 내 생각(망념)입니다.

1분은 60초, 1시간은 60분, 1달은 30일, 1년은 365일과 같이 시간에 대한 개념이나, 지나간 시간은 과거, 지금은 현재, 다가올 시간은 미래라고 이름 한 것도 인간이 편의상 시간을 나누어 놓은 것입니다. 시간은 물 흐르는 것과 같아서 한 선상에 연결되어 있을 뿐 시작과 끝을 말하기는 어렵습니다. 아무리 긴 시간이라 할지라도 무한대의 시간과 상대적으로 비교해 보면 찰나(순간)에 불과합니다. 가령 유리로 만든 컵의 수명이 천 년을 간다고 할지라도 무한대의 시간 개념으로 비교해 보면 컵은 순간적으로 나타났다가 바로 사라지는 것이 되어 실질적인 존재의 의미가 없어져 버릴 것입니다. 이렇게 무상을 통해서 공空을 보게 되면(깨닫게 되면) 어떠한 것에도 집착하거나 생각이 머무르지 않기 때문에 가지려 하는 욕심이 일어나지 않습니다.

무상無常(변화, 영원하지 않다)을 보기 위해서는 시간에 대한 개념을 반드시 무한대의 개념으로 바꾸어야 가능하며, 이것은 우리들의 육안肉眼(눈)으로 보는 것이 아니라 심안心眼(마음의 눈)으로 보는 것입니다.

심안으로는 무엇이든 다 볼 수 있기 때문에 소립자도 심안으로는 볼 수 있습니다. 장작에서 재를 보고 재에서 장작을 봅니다. 얼음, 구름, 수증기는 모두 물이 변한 모습입니다. 얼음에서 물을 보고 물에서 얼음을 볼 수 있다면, 한 잔의 차를 마시면서 구름을 마시는 경이로움을 맛

볼 수 있을 것입니다.

공간에 대한 개념 또한, 내 눈에 보이면 '있다' 하고, 보이지 않으면 '없다'라고 합니다. 보이지 않는 곳에 있는 것을 진실로 있다는 것으로 개념을 바꾸는 것은 참으로 중요합니다. 이 모든 것은 심안으로 보는 것입니다. 우리가 죽는다고 하는 것은 '눈에 보이지 않는다'는 주관적인 판단 때문인데, 죽는다는 것은 없어진 것이 아니라 흩어지는 것이므로 우리의 눈에 보이지 않는다고 착각하여 없다고 하기 때문에 죽는다고 하는 것입니다. 같은 공간에 있는 물건도 앞에 있으면 있다고 하나 뒤에 있어 보이지 않으면 없다고 합니다. 물을 끓일 때 수증기가 올라가는 것은 눈에 보이기 때문에 있다고 하나, 공기 중에 흩어지면 없다고 합니다. 그러나 물방울은 잠시 모여 있다가 흩어졌을 뿐 없어진 것은 아닙니다. 결국, 있다는 것과 없다는 것은 주관적으로 판단해서 생기는 말입니다. 공간에 대한 개념도 무한대로 늘려서 우주 전체의 입장에서 보면, 지구 정도의 크기는 미세한 점에 불과합니다.

Ⅳ. 우리는 눈에 보이는 모든 것(물질)은 겉으로 드러난 모양(상相)과 각각의 쓰임새(용用)가 다 다르다는 개념을 가지고 있습니다. 그러나 본질적(체體)으로 보면 모든 것은 다르지 않다(불이不異), 둘이 아니다(불이不二), 같다(즉화卽化)는 개념으로 바꾸어야 합니다.

양자 물리학적으로 보면, 거시세계의 개념으로 볼 때는 각각으로 분별되어 있지만, 거시세계를 구성하고 있는 미시세계의 개념으로 볼 때는 모든 것의 체體(본질)는 소립자이기 때문에 모든 것은 있는 그대로 같다는 개념으로 바꾸어야 원리를 깨달을 수 있다는 말입니다.

우주 만물 중에 겉으로 드러난 모양(상相)과 그 작용(쓰임새, 용用)으로 보면 똑같은 것으로 존재하는 것은 단 하나도 없습니다. 아무것도 없는 무無에서 유有를 창조해 낸다는 것은 원리에 어긋납니다. 따라서 물질을 구성하는 구성요소를 분석해 보면 우주공간에 흩어져 있는 수많은 물질이 모여서 하나의 새로운 개체가 만들어졌다는 사실입니다.

그 하나하나의 구성요소들을 계속 추적해 올라가 보면 최초에 하나의 같은 그 무엇으로부터 시작되었다는 것을 알 수 있습니다. 이렇게 최초의 그 무엇의 입장에서 본다면, 현재 우주에 나타나 있는 어떠한 것도 최초의 그 무엇을 벗어날 수는 없습니다. 최초의 그 무엇은 모든 것을 구성하는 근본이기 때문에 '체體'라 하고 체를 바탕으로 현실에 드러난 것들은 '상相'또는 '용用'이라고 합니다.

다시 말해서, 개미, 인간, 소를 비롯한 모든 동물과 식물뿐만이 아니라 모든 무생물까지도 우주를 구성하고 있는 성분이 다 똑같이 들어 있다는 말입니다. 어떤 하나의 성분이 여기에도 들어 있고 저기에도 들어 있다는 의미입니다. 모든 생명체에는 물이 공통적으로 다 들어 있다는 사실을 생각하면 이해가 빠를 것입니다. 이 사실은 본질(체)과 현실(상, 용)에서 상세하게 설명하겠습니다.

하나하나의 입장(상, 용)에서 보면 모든 것이 서로 다르다고 생각하는 일반적인 개념(현실)을 '다르지 않다(불이不異)', '둘이 아니다(불이不二)', '같다(즉화卽化)'는 진실(진여, 체)의 개념으로 바꾸는 것이 나를 바꾸는 공부의 핵심 중의 핵심입니다. 이기적인 마음은 너와 나를 둘로 분리시키는 마음에서 일어나고, 모든 분쟁과 고통과 불행의 원인도 바로 분별하는 것으로부터 시작됩니다.

　서로 다른 것들이 같게 보이면 그것이 깨달음입니다. 그 이유는 모든 것이 내(아我)가 되기 때문에 내가 있기도 하고 없기도 합니다. 다시 말해서, 어느 것 하나를 꼬집어서 나라고 할 수 없다는 뜻이므로 '나라고 할 만한 스스로의 성품이 없다(무자성無自性)'라는 의미로 '무아無我(비아非我)'라 합니다.

　V. 위에서 말한 내용과 같은 것으로서, 내 생각(고정된 개념)으로 모든 것을 분별해서 상대적으로 보던 습관을 내 생각을 내려놓고 분별하지 않고 있는 그대로 보는 습관으로 바꾸어야 합니다.

　인간은 자기중심적인 의식이 발달하여 무엇이든 판단할 때 내 생각과 같으면 '옳다'하고 다르면 '그르다'라고 하나, 본래는 옳고 그릇된 것은 없습니다. 시대에 따라서 나라에 따라서 옳고 그릇된 것은 달라집니다.

　예를 들어, 불과 이삼십 년 전에는 아이를 많이 낳지 말라고 권장하였으나 지금은 될 수 있으면 많이 낳으라고 권장하고 있지 않습니까? 우리가 옳다-그르다, 같다-다르다라고 하는 것은, 개개인이 과거로부터 배우고 익힌 것(업業, 아상我相, 자기 생각, 고정관념, 알음알이)이 서로 다르기 때문입니다. 이것은 마치 사람마다 서로 다른 색안경을 끼고 세상을 보는 것과 같아서, 빨간색 안경을 쓰면 빨갛게 보이고, 노란색 안경을 쓰면 노랗게 보이는 것과 같습니다.

　자기 색깔의 안경(업, 아상, 내 생각)을 벗고 보아야 있는 그대로의 세상(진리, 본질)을 볼 수 있습니다. 그러나 자기가 쓰고 있는 색안경을 벗는다는 것이 그리 간단하지가 않습니다. 색안경은 각자에게 고정된 습관(성격)을 말하는 것이기 때문에 자기를 계발(바꾸는 것)하는 공부를 하여야만 비로소 색안경으로부터 벗어날 수 있습니다. 색안경(내 생각)을 벗지 않는 이상 성공하는 좋은 방법(정보)을 아무리 많이 알고 있다 할지라도 그 방법을 실행할 수 있는 능력이 부족하여 바라는 바를 이루지 못하게 됩니다.

이렇게 개념(습관)을 바꾸고 나면, 모든 것이 영원하지 않고, 홀로 존재할 수 없다는 사실을 알게 됨으로써 존재하는 모든 것은 있는 그대로 공空하다는 진실을 알게 되어 많이 가지려고 하는 욕심이 헛된 것을 알게 되며, 죽는다는 것은 없어지는 것이 아니라 흩어지는 것이기 때문에 알맞은 여건(인연)이 주어지면 다시 나타난다는 사실을 알게 되어 생사가 있는 가운데에서도 죽지 않는다는 원리를 깨닫게 되어 죽음을 두려워하지 않게 됩니다. 그뿐만 아니라 모든 것은 있는 그대로 둘이 아니라는 사실을 알고, 나라는 존재는 다른 것들의 도움 없이는 존재 자체가 불가능하다는 사실을 깨달아 이기적인 마음이 줄어들어 나누는 것을 생활화하게 됩니다.

Ⅵ. 우리는 일반적으로 모든 것은 실체가 있는 것으로 알고 있으나 위에서 보았듯이 자성은 없습니다. 다만, 서로에게 영향을 미치게 하는 작용만 있을 뿐입니다.

앞에서 말한, I. 만물은 시시각각 변하고 있으므로 실체로서 존재하는 것은 아니다. III. 시간과 공간을 무한대의 개념으로 보면 존재한다는 것이 별 의미가 없어진다. 찰나 생하고 찰나 멸할 뿐이다. IV. 만물은 서로 다르게 생겼으며 그 작용 또한, 다르다. 그러나 본질로 보면 같다. 다만, 서로 주고받는 상호의존의 관계에서만이 존재할 수 있다. 이세 가지의 이유로 모든 것은 독립된 스스로의 성품(자성自性)은 없고, 다만 서로에게 영향을 주는 작용만 있을 뿐입니다(무자성無自性).

예를 들어서 독毒이라고 하면, 독이라고 하는 고정된 성품이 있다면 조금 먹든 많이 먹든 해를 끼쳐야 합니다. 그러나 독도 잘 쓰면 약이 되고 잘 못 쓰면 독이 되는 것이기 때문에 본래 독이라고 할 만한 것은 없습니다. 잘 쓰면 약이 되고 잘못 쓰면 독이 된다는 말의 뜻은, 어떠한 경우든 그것이 독으로 작용하든 약으로 작용하든 작용은 한다는 의미입니다.

우리들의 마음도 좋은 마음과 나쁜 마음이 따로 있는 것이 아니라 좋게 쓰면 좋은 것이고 나쁘게 쓰면 나쁜 것일 뿐, 본래 좋고 나쁜 마음이 따로 있는 것은 아닙니다. 본래는 하나의 같은 마음이나 쓰이는 작용에 따라서 달라지는 것입니다.

길을 가다가 어린아이가 넘어진 것을 보고 일으켜 세워주는 마음과 그냥 지나치는 마음은 두 마음이 아니라 하나의 같은 마음이나 그 작용이 다를 뿐입니다.

＊ 존재의 원리를 깨닫게 되면 모든 것을 저절로 알게 됩니다. 까닭은 존재의 원리는 만상(상相, 용用)을 구성하고 있는 공통분모(체體, 근본,

뿌리, 보편타당성)이기 때문입니다.

만상은 조건 없이 서로 주고받는 상관관계(연기緣起)이며, 매 순간 변하고 있기 때문에 영원할 수 없는(무상無常), 즉 언젠가는 사라진다는 사실입니다. 이 존재의 원리는 공空(진여眞如, 참나)에서 나오고, 모든 것이 공(법공法空)하기 때문에 만상은 스스로의 성품이 없어져(무자성無自性) '나'라고 하는 존재는 나 아닌 것으로 구성되어 있으므로(비아非我), 나는 있기도 하면서 또한, 없기도 해서(무아無我, 아공我空) 죽는 가운데 죽지 않는 것입니다. 이것이 업業의 윤회輪廻이며, 업이 윤회할 때는 자기가 한 행동의 결과는 반드시 자신에게 되돌아온다(자업자득自業自得)는 말입니다.

* 이 원리들을 하나로 회통시킨 가장 멋있는 말이 바로 '중도中道'입니다.

따라서 존재의 원리와 마음의 구조, 명상하는 방법, 유식론唯識論, 업의 윤회, 화두참구 법을 알면 거의 모든 공부는 끝납니다. 이 강의에서 이 공부를 다할 것이며, 공부한 것을 실생활에 적용시켜 모든 고통에서 벗어나 최고의 행복으로 갈 수 있도록 할 것입니다.

모든 고통에서 벗어난 가장 완전한 행복을 '열반涅槃'이라 하고, 모든 속박에서 벗어난, 가장 완전한 자유를 '해탈解脫'이라 합니다.

이것이 자기계발(마음경영)의 완성입니다.

"진리는 세상을 거스른다(역행한다)."라는 말이 있습니다. 저는 이렇게 생각합니다. 진리가 세상을 거스르는 것이 아니라 세상이 진리를 거스르는 것이라고. 더 구체적으로 말한다면 사람들이 진리를 거스르는 것이겠지요. 가장 행복하게 살 수 있는 방법은 진리대로 살아갈 때 이루어집니다.

개념을 바꾸는 일은 자기를 바꾸는 일입니다. 이것이 쉬운 일이라면 누구나 행복하게 살아갈 수 있을 것입니다.

지금쯤 이 강의가 현실에 맞지 않는다는 생각을 하는 사람이 있을 수 있습니다. 이렇게 하면 나만 손해 보는 것 같은 생각이 들기 때문입니다. 공부하는 과정에 저도 이런 생각이 열두 번도 더 들었습니다. 이 과정을 잘 극복해 나가야 합니다. 아직 공부가 짧아서 나타나는 현상이니 염려하지 말고 꾸준히 하십시오. 두드리면 반드시 열릴 것입니다.

제 5 강
마음의 구조와 작용

　개념 바꾸기에서 이미 기초적이고 핵심적인 원리공부는 했기 때문에 보다 더 상세한 원리 공부는 마음의 구조와 작용부터 먼저하고 공부하도록 하겠습니다. 전통적인 수행의 방편은 마음의 구조와 작용에 맞추어 그 체계가 확립되었으며, 선정禪定의 상태인 '정定'과 사물의 본질을 파악하는 지혜인 '혜慧'를 함께 닦아 수행해야 함을 강조하였습니다. 이것을 '정혜쌍수定慧雙修' 또는 '지관쌍수止觀雙修'라고 합니다. 그러나 이 강의에서는 전통적인 방편의 본질을 응용해서 오늘날에 맞는 수행의 방편으로 새롭게 제시하고 있기 때문에 전통적인 방편은 참고로 하시기 바랍니다.

　전문적인 용어가 많이 있으나 그것을 다 암기할 필요는 없습니다. 다만, 마음이 어떤 구조로 되어있으며, 그 작용은 어떻게 하는 것인지를 이해하면 됩니다.

　마음의 구조와 작용을 정확하게 알아야 생각이 만들어지는 원인을 찾아 망념(번뇌, 망상)이 일어나지 않게 하고, 청정심에서 발현되는 지혜를 나의 삶에 자유자재하게 쓸 수 있습니다.

마음이란? 사전적인 의미로는 "사리나 말의 내용을 깨닫는 재주, 또는 사리를 밝게 다스리는 재능(지智)과 느낌으로서 일어나는 마음(정情)과 인식의 작용(의意)의 움직임을 말하며, 또는 그 움직이는 근원을 뜻합니다." 쉽게 말해서 일어나는 모든 생각과 생각이 일어나는 곳을 마음이라 합니다.

옛날에는 가슴 속에 마음이 있다고 하였습니다만 이것은 상징적인 의미일 뿐입니다.

우리는 눈을 통해서 보고, 귀를 통해서 듣고, 뇌를 통해서 생각할 수는 있으나 눈이 스스로 보고, 귀가 스스로 듣고, 뇌가 스스로 생각하는 것은 아닙니다. 이때 어디에서 생각이 비롯되어 작용하는지를 관찰해야 합니다. 눈을 통해서 보게 하는 그놈이 무엇이며, 귀를 통해 들을 수 있게 하는 그놈이 무엇이며, 뇌를 통해 이 모든 것을 생각할 수 있게 하는 그 녀석이 무엇인가를 내면으로 돌이켜 보는 것이 정신통일(명상)이고 이것을 '회광반조回光返照'라 합니다. 지금까지 밖(대상, 경계, 객관)에 집착하거나 끌려다니는 것에서 자신의 내면(영성靈性)으로 돌리는 것을 의미합니다.

이 몸을 끌고 다니는 것이 무엇일까? 생각은 어디에서 비롯되어 일어나는 것일까?

오늘날 뇌 과학의 발달로 우리의 생각은 뇌의 작용으로 밝혀지고 있습니다. 그렇다고 해서 마음이 뇌에 있는 것은 아닙니다. 그렇다면 마음의 실체는 무엇이며, 마음은 어디에 있는 것일까요? 마음은 오고 감이 없다고 하는데 이 말은 도대체 무엇을 의미하는 것일까요? 이 문제는 '깨달음으로 가는 새로운 수행 방편(11, 12강)'에서 자세하게 설명하겠습니다.

마음이라고 하면 일반적으로 의식을 그냥 마음의 전부라고 생각하였습니다. 그러나 오스트리아의 정신분석학자, 심리학자, 의사였던 '지그문트 프로이트(Sigmund Freud. 1856~1939)'에 의해서 '무의식'이라는 것이 발견되었습니다. 프로이트는 유아기와 유년기에 벌어진 사건이 사람의 평생을 좌우한다고 주장하였으며, 그 덕분에 인간은 자신의 내면을 보다 솔직하게 들여다볼 수 있는 계기를 얻을 수 있었습니다. 우리의 내면에는 '자아'라는 단단하고 확고한 실체 대신 그 깊이를 알 수 없는 깊은 연못과 같은 것이 있다는 사실을 프로이트는 처음으로 폭로하여 인간의 시야를 더 넓혀주었습니다.

마음은 표층의식, 중간의식(잠재의식), 무의식의 셋으로 나눕니다.
표층의식은 말과 행동을 밖으로 나타내는 의식으로서 색깔, 모양, 좋다, 나쁘다, 옳다, 그르다 등과 같이 단순하게 분별하고 구별 짓는 역할만 하기 때문에 깊은 생각(사유思惟)은 하지 않습니다.

중간의식은 깊은 생각을 하기 때문에 표층의식에서 분별한 것을 종합적으로 판단하여 모든 결정을 내리는 역할을 합니다. 결정을 내릴 때는 개개인이 가진 알음알이(지식, 개념, 고정관념, 습관)를 총동원해서 하기 때문에 사람마다 같은 상황을 보거나, 듣거나 하여도 겉으로 하는 말이나 행동이 다르게 나타나는 것입니다. 특히, 중간의식에는 '나다'라고 하는 '자아의식'이 있어서 모든 판단의 기준을 자기중심적으로 하려는 본능이 있기 때문에 마음에 들면 가지려 하고 그렇지 않으면 버리려 하는 선택을 합니다. 또한, 자아의식은 남과 나를 비교하여 열등감, 우월감, 동등감을 만들기도 합니다. 겉으로 나타나는 것은 표층의식이나 깊이 생각하는 것은 대부분이 중간의식에서 합니다.

중간의식에는 예지능력과 같은 여러 가지의 좋은 기능이 있으나 자아의식의 힘이 워낙 강해서 이것에 집착함으로 좋은 능력은 거의 쓰지 못하게 합니다.

중간의식에서 만들어진 생각은 말과 행동으로 나타나고 나타난 말과 행동은 반드시 그 과보(업業)를 낳게 되어 무의식 속에 종자로서 저장되며, 저장된 종자는 다음에 어떠한 상황에 부딪히면 기억과 경험이라는 것으로 작용하여 다시 중간의식에 절대적인 영향을 주어서 판단을 하게 되고 그 판단은 표층의식에서 다시 밖으로 나타나게 됩니다.

다시 말해서, 어떤 물건을 보았을 때 좋다, 나쁘다, 아름답다, 밉다와 같이 단순한 판단은 표층의식에서 일어나고 동시에 잠재의식에 있는 자아의식이 경험과 기억을 통해서 자기에게 유리한 쪽으로 세밀하게(깊게) 판단해서 나에게 이익이 되면 가지려 하고 그렇지 않으면 버리려 하는 선택을 하게 됩니다. 이렇게 결정되어 선택한 결과가 현실에 나타난 것은 반드시 새로운 과보를 남기게 되고 그 과보는 또다시 무의식에 종자로서 저장되며, 이것은 습관으로 고착화되고, 이러한 일은 끊임없이 일어나기 때문에 윤회한다고 합니다. 윤회의 힘은 습관화되어있는 그 방향으로만 몰리게 되어 계속 그렇게 하는 것입니다. 이런 현상이 오래 지속되면 중독되었다고도 하고 넓은 의미에서는 최면에 걸렸다고도 합니다.

누구나 자기가 가지고 있는 생각(개념)이 옳다고 생각하기 때문에 "제 잘난 맛에 사는 것이 인생이다."라는 말이 있을 정도이나 이 말은 매우 잘못된 의미의 말입니다. 우리가 가진 개념은 현상에만 치우쳐 있기 때문에 본질을 보지 못하므로 허상을 실상으로 착각하게 되어 자칫하면 제 잘난 맛에 사는 것이 아니라 제멋대로 사는 것이 되고 맙니다. 오늘날 우리들의 가치관이 오로지 물질 만능주의에 빠져있어서 쾌락에 빠지거나 인간성이 상실되고 있는 것은 이러한 것들이 원인입니다.

사람의 마음처럼 오묘하고 불가사의한 것은 없습니다. 우주 만물을 있는 모습을 그대로 보지 못하고 각자 자기의 마음(생각)으로 헤아려 보기 때문에 마음이 만들었다(일체유심조 一切唯心造)고 하며, 이것은 같은 것을 보고도 인식하는 것이 모두 다르기 때문입니다. 이렇게 다르게 인식하는 것은 모든 사람이 가진 지식(알음알이), 습관 등 과거로부터 배워 온 것이 모두 다르기 때문이며, 이것을 깨달음의 세계에서는 '업식業識 (업의 작용)'이라고 합니다.

마음에 대해서는 현대 심리학과 철학에서도 자세하게 다루고 있으나 자기를 계발하는 방법(마음경영법)으로는 깨달음의 세계의 '유식론唯識論'에 근본적으로 보다 더 자세하게 언급되어 있기 때문에 이것을 간단하게 요약해서 설명하겠습니다.

유식이란? 정신과 물질 등 내외의 모든 것은 오직 마음의 작용(심식心識)에 의해서 창조되며, 심식(마음작용)을 떠나서 존재할 수 없다는 사실을 밝힌 '삼계유심설三界唯心說'에서 기인한 말로써 유식은 '마음'을 뜻합니다. 이것은 인식작용이 가장 잘 발달한 인간에게만 해당하는 문제입니다. 유식론은 선업善業에 의해서 증진될 수도 있고 악업惡業에 의해서 퇴보될 수도 있는 인간의 미묘한 마음자리, 곧 '심소心所'의 구조와 작용의 묘처를 규명하고 수행에 의해서 중생의 고통에서 벗어나 깨달음(해탈, 열반)에 이르는 길을 제시하고 있습니다.

유식사상을 불교 심리학 정도로 이해하면 큰 잘못입니다. 유식학의 목적은 '마음을 바꾸어 지혜를 얻는다(전식득지 轉識得智)', 즉 번뇌 망상(내 생각, 고정관념)에 가려서 사실을 사실대로 보지 못하고 자기의 주관적인 판단으로 만들어 보는 중생심(어리석음)을 누구에게나 본래 갖추어져 있는 청정심(진리)에서 발현되는 지혜로 바꾸는 데 있습니다. 다시 말하면, 원리를 모르는 내 생각(무명)을 바꾸어 지혜로 만든다는 말입니다.

사람의 마음에는 8심소心所(식識: 마음자리)가 있습니다.

1) 안식眼識(눈으로 보고, 색色)

2) 이식耳識(귀로 듣고, 성聲)

3) 비식鼻識(코로 냄새 맡고, 향香)

4) 설식舌識(혀로 맛을 보고, 미味)

5) 신식身識(몸으로 감촉을 느끼고, 촉觸)

6) 의식意識(뜻으로 생각하고, 법法)

7) 말나식末那識

8) 아뢰야식阿賴耶識

　보통 마음에는 의식, 말라식, 아뢰야식의 세 가지 마음이 있습니다. 인식을 주관하는 아뢰야식은 '심心'이라 하고, 의지작용과 결의를 뜻하는 말나식은 '의意'라 하고, 가려내고 판단을 하는 안이비설신의는 '식識'이라고 합니다. 현대식으로 표현하면 심心은 '내부의식', 의意는 '자아의식', 식識은 '외부의식'이라고 할 수 있습니다.

* 중간의식(제7말나식)에 들어있는 자아의식이란? *

　(1) 아치我癡: 이것은 자아에 대한 무지無知를 말하며 무명無明이라고도 합니다. 쉽게 말하면, 자기의 실체를 알지 못하는 것이라 할 수 있습니다. 즉, 자기를 해체해서 보면 이것과 저것이 모여 이루어졌을 뿐 어느 것 하나 자기라고 할 만한 실체가 없기 때문에 자성이 없다는(무자성無自性, 무아無我) 사실을 모르는 것을 말합니다.

　(2) 아견我見: 자아自我는 존재한다고 보는 견해로 아집我執이라고도 합니다. 즉, 자기의 견식을 고집하며, 자기 위주의 주장만을 절대적인 것이라 하며, 겸손하게 남의 주장을 듣지 않는 것입니다.

(3) 아만我慢: 아견我見에 의해 설정된 자아自我는 존재한다고 거만하게 우쭐 하는 것입니다. 즉, 인간은 이미지화된 '자신'을 과시하고 의지하면서 그것이 상처를 받았다든지 충족되었다는 식으로 말합니다.

(4) 아애我愛: 아애我愛는 아탐我貪이라고도 하며 설정된 허상의 자아상을 한결같이 사랑하는 것입니다. 그러므로 죽음을 두려워합니다.

제6의식과 제7말나식은 제8아뢰야식에 함께하고 있습니다. 6의식은 나의 의지로서 조절할 수 있는 마음이고, 7말나식은 의지로서 조절할 수도 있고 조절할 수 없기도 한 반 의식 반 무의식이기도 한 중간의식이며, 8아뢰야식은 완전한 무의식 즉, 초월의식이므로 의지로는 조금도 움직여지지 않는 마음입니다. 현대 학자들은 8식을 초월의식, 7식을 잠재의식 또는 중간의식, 6식을 의식이라고 하는데 적절한 표현인 것 같습니다.

1식에서 5식까지는 6의식에 포함되어 의식의 앞에 있으므로 전5식前五識이라 하며, 전5식은 보고, 듣고, 냄새 맡고, 맛보고, 촉감으로 느끼는 작용만 할 뿐 혼자의 능력으로서는 생각을 일으키지 않습니다. 예를 들어, 눈은 카메라의 렌즈와 같아서 단순히 보는 작용만 할 뿐 생각을 만들지는 않습니다. 따라서 전5식은 6의식에서 생각을 일으킴으로써 생기는 것입니다.

전5식이 지혜로 바뀌면, 보이는 것마다 지혜가 나오는 '성소작지成所作智'를 성취하게 되는데 이것은 모두를 이익이 되게 하는 자비심을 의미하며, 중생을 구제하기 위해 해야 할 것을 모두 성취함으로 이와 같이 말합니다. 또한, "믿음과 발원으로 행하면 가히 생각할 수 없는 변화를 일으키는 일이다."라는 의미에서 성소작지를 '부사의지不思議智' 혹은 '변화를 성취한 지혜', '작사지作事智'라고 말합니다. 또한, 성소작지는 모든 것을 있는 그대로 비출 수 있는 '대원경지大圓鏡智'와 흡사합니다.

6의식은 전5식이 경계[대상: 색色(물질), 성聲(소리), 향香(냄새), 미味(맛), 촉觸(촉감)]를 만났을 때 의意(뇌)의 작용으로 그것을 가려내는(요별了別) 역할을 합니다. 6의식은 분별만 하기 때문에 깊게 생각하거나 헤아리지(사량思量) 않으나 6의식의 작용을 통해 객관적인 세계를 인식하게 되는 변화의 주체입니다. 우리가 가장 많이 쓰는 마음(識식)으로서 이것을 많이 쓸수록 바깥 경계(대상, 객관)에 집착하여 끌려다니게 되며 이를 소인小人이라 합니다. 6식이 깊게 사량하여 7식의 사량과 합쳐지면 대단히 많은 능력을 발휘하게 됩니다. 6의식이 바뀌면, 분별하고 판단하는 일을 멈추게 되어 일체의 대상에 걸림이 없어 사물의 묘한 원리(진리)를 관찰하고 남을 교화하여 의혹을 끊게 하는 '묘관찰지妙觀察智'를 성취합니다.

제7말나식은 항상 쉬지 않고 살피고, 생각하여 헤아리고(사량思量), 비교하여 견주어 보고(계교計較), 나에게 유리한(아애我愛), 쪽으로 집착하기 때문에 '사량식, 집지식執持識, 염오식染汚識'이라고도 합니다. 염오식이라는 말은 대상에 집착하여 그 대상에 끌려다닌다는 뜻이며 끌려다니는 것을 '물든다'는 의미로 표현합니다.

말나식은 깊은 사량을 하고, 예지 능력이 있으며, 말나식에서 생각하는 자체는 번뇌가 아닐 수 있으나 자아의식이 있으므로 자신도 모르게 자기 위주로 생각하기 때문에 번뇌의 주체가 되기도 합니다. 우리가 술, 담배와 같은 것에 중독되어 끊지 못하는 것이나 습관된 것에서 벗어나지 못하는 것도 7식을 내 마음대로 조절하지 못하기 때문입니다. 그러므로 인간은 7식에 묶여 있습니다. 7말나식이 바뀌면, 미혹과 집착의 병이 없어져 자아에 대한 집착을 떠나고 너와 나를 비롯한 모든 것을 평등하게 대할 수 있는 '대자비大慈悲'와 상응하는 '평등성지平等性智'를 이룹니다.

제8아뢰야식은 1식에서 7식까지에 대하여 뿌리와 같은 역할을 하므로 '근본식根本識'이라고도 하며 '이숙식異熟識, 함장식含藏識, 종자식種子識, 공식空識' 등의 이름으로도 불립니다. 따라서 1식에서 7식까지는 아뢰야식에 포함되어 있습니다. 아뢰야식은 원래 맑고 깨끗하여 텅 비어있으나 6의식과 7말나식에서 만들어진 모든 결과(업業)를 종자(씨앗)로써 저장만 하고, 8식에는 시是, 비非, 선善, 악惡, 고苦, 락樂은 본래 없습니다.

8식에는 자기치료력과 자연치료력이 있기 때문에 마음의 상태에 따라서 병이 생기기도 하고 낫기도 하는 것이며, 종교적인 신앙의 힘(믿음)으로 병이 낫는 것은 이 때문입니다. 인간의 능력을 초월하여 일어나는 모든 것, 즉 기적이 일어나는 것은 모두가 8식의 능력입니다. 우리가 기적이라고 하는 인간의 무한한 능력은 물 위를 걷고 하늘을 날아다니고 불치병을 낫게 하는 것이 아니라 본래 깨끗한 아뢰야식의 지혜에서 나오는 사랑과 나눔이 만들어 내는 모든 일이 진정한 기적입니다.

　제8아뢰야식이 지혜로 바뀌면, 여래如來의 참된 지혜이며, 마치 맑은 거울에 물건을 비추는 것처럼 모든 것이 그대로 여실如實히(사실답게, 똑같이) 나타나게 되어 밝게 보지 못함이 없는 '대원경지大圓鏡智'를 성취합니다.

- 네이버 지식백과 참고 -

　아뢰야식(마음, 거울)에 때가 끼는 것은 집착과 분별(내 생각) 때문이고 이것을 무명無明(망념)이라고 합니다.

　인간의 마음은 6의식에 집착하는 힘이 강하기 때문에 7말나식이 제 기능을 발휘하지 못하고 8아뢰야식은 6식과 7식에 집착하는 힘이 강하기 때문에 능력을 잃게 됩니다. 일반적으로는 6의식, 7말나식, 8아뢰야식의 세 마음으로 나누고 있으나 8아뢰야식은 성불成佛(깨달음의 완성)하면 '제9백정식白淨識'이 되는데, 백정식은 무명의 미혹을 끊고 깨달음으로 전환된 식識으로서 8식 외에 따로 존재하는 것이 아니라 8식 자체가 전환된 것입니다.

　제9백정식은 때가 전혀 묻지 않았다 하여 '무구식無垢識' 또는 '진여식眞如識'이라고도 합니다.

　위에서 말하는 마음의 작용을 예를 들어, 설명한다면, 한 송이 장미꽃을 보았을 때(안식眼識), "아름답다, 아름답지 않다."고 느끼는 것은 6의식에서 일어나고, 아름답다고 생각되면 가지려는 마음이 일어나고 그렇지 않으면 버리려는 마음이 일어나는 것은 7말나식에서 일어나며, 이렇게 일어난 마음(생각)은 행동으로 나타나고 그 행동의 결과로써 선과 악, 습관, 적응하는 능력(경험, 기억) 등 결과(업業)를 남겨 8아뢰야식에 종자(씨앗)로 남아 저장된다는 말입니다.

마음은 하나의 마음밖에 없으나 논리적으로 설명하기 위해 셋으로 나누어 놓은 것이며, 이와 같은 마음의 작용(제1식에서 제8식까지 일어나는 시간)은 거의 동시(약0.2초)에 일어납니다. 일상에서 인간이 쓰는 마음의 5%만이 6의식에서 밖으로 표출되는 것으로 사용되고 나머지 95%는 7말나식과 8아뢰야식에 잠재해 있기 때문에 직접적으로 사용되는 것 같이 보이지 않으나 내부적으로는 7식은 8식의 영향을 받고 6식은 7식의 영향을 받아서 비로소 6식으로 나타나는 것입니다. 우리가 가장 인식하기 쉬운 것은 6의식이므로 이것을 마음이라고 생각하고 있으나 우리가 쓸 수 있는 5%의 6의식(표층의식: 겉으로 나타나는 의식)은 겉으로 나타나지 않는 95%의 무의식(8식)의 지배를 받게 됩니다. 그러나 문제는 6의식과 7말나식에 집착하기 때문에 무의식에서 일어나는 마음을 수행하지 않은 일반인들은 인식(감지)하기가 쉽지 않다는 점입니다.

이 사실은 매우 중요합니다. 지금 내가 생각하고 있는 모든 것은 과거의 경험, 기억에 의해서 진행되고 있기 때문에 과거는 지나가 버린 끝난 일이 아니라 현재진행형이라는 말입니다. 따라서 지금의 문제를 해결하기 위해서는 과거에 무슨 일이 있었는지를 알아야 정확하게 해결할 수 있습니다. 현대 심리학에서 밝혀낸 바에 의하면, 결혼 상대자를 선택할 때 5%의 표층 의식, 즉 지금 나의 의지(내가 좋아하는 스타일)에 의해서 선택되는 것이 아니라, 나도 모르게 과거에 인연 지어져 줄 것이 있거나 받을 것이 있거나, 아니면 내가 과거에 좋아했던 스타일이 이미 무의식에 저장되어 있기 때문에 이미 정해져 있다는 사실입니다. 선택은 지금 하고 있으나 자기도 모르게 과거의 지배를 받아서 결정한다는 말입니다. 그래서 사람마다 좋아하고 싫어하는 것이 과거의 업業에 의해서 이미 정해져 있기 때문에 사람마다 다르고, 자기가 좋아하는 사람을 만나면 눈이 멀고 오직 그 한 사람만 보이게 됩니다. 만약 이렇지 않다면 좋아하는 스타일이 사람마다 비슷할 것이기 때문에 결혼할 수 있는 조건을 갖춘 사람의 숫자가 많지 않아서 결혼하지 못하고 혼자 사는 사람이 매우 많아질 것입니다.

이 원리는 업業의 윤회에서 다시 설명 드리겠습니다.

우리가 좋은 글을 읽는다든가 좋은 말을 들으면 감동하게 되고 그렇게 실천하려고 굳게 마음을 먹습니다. 그러나 실천한다는 것이 생각처럼 되는 경우가 극히 드뭅니다. 이렇게 될 수밖에 없는 분명한 까닭이 있습니다.

일반적으로 인간의 의지대로 쓸 수 있는 제6표층의식이 감동받는 글과 말을 접하게 되면, 곧바로 무의식에 종자로 저장되어 습관(자기 것)으로 만들어지는 것은 아닙니다. 좋은 글과 말(정보)로서 감동받는 것은 아직은 습관화되어 무의식에 저장된 것이 아닌 지금(현재)의 일이기 때문에 그것을 실천하기는 쉽지 않습니다. 다시 말해서, 오랜 시간 반복되어 습관으로 굳어진 것은 그대로 해야만 마음이 편해지기 때문에 지금 감동받은 내용에 대해 거부반응을 일으켜 자기도 모르게 습관대로 하게 된다는 말입니다.

술, 담배, 도박과 같은 것(업業, 행위)을 자주하게 되면 여기에서 얻는 즐거움이 무의식에 저장되어(업장業障: 악업을 지어 옳은 길을 방해하는 장애) 습관화되고, 자꾸 하고 싶은 마음(업식業識)이 일어나게 됩니다. 업장業障과 같은 나쁜 업일수록 업식이 강하게 일어나기 때문에 그 습관을 고치기가 어려운 것입니다. 그래서 이러한 업장을 끊기 위한 좋은 정보를 얻고 결심을 하고 의식적(의도적)으로 끊으려 해도 이루어지기가 매우 어려운 것입니다.

이 강의의 내용도 지금까지 우리가 가지고 있던 개념과 너무나 다르기 때문에 마음의 이러한 작용에 대해 예외일 수는 없습니다. 그래서 반복 학습이 중요하다는 말입니다. 이것은 거시세계(뉴턴역학)에 적응하면서 거기에 알맞게 진화된 우리로서는 양자물리학이라고 하는 새로운 과학(미시세계, 양자역학)에 빨리 적응하지 못하는 것과 같습니다.

그렇다면, 정보를 알고 습관화시키는 것과 이치를 알고 습관화시키는 것과 원리를 알고 습관화시키는 것은 어떻게 다를까요? 여러 차례 말씀 드렸지만, 원리에서 이치가 나오며, 이치에서 정보가 나오는데 원리는 숨어 있기 때문에 찾아내기가 어렵습니다. 그러나 찾고 보면 간단하고, 특히 원리를 깨닫고 나면 지혜를 얻게 되고 이 지혜로 모든 일을 다 해결할 수 있을 뿐만 아니라 실천할 수 있는 힘이 가장 강력합니다.

이치는 원리에 비해 찾아내기는 비교적 쉬운 반면, 원리에 비해 간단하지 않고 복잡해서 이때 얻어지는 것은 지혜와 지식의 중간 단계이기 때문에 이것으로는 모든 일을 자유자재하게 처리할 수 없을 뿐만 아니라 실천할 수 있는 힘이 원리에 비해 훨씬 약합니다.

정보는 지식이기 때문에 실천할 수 있는 힘이 거의 없을 뿐만 아니라 이루 헤아릴 수 없을 정도로 그 숫자가 많기 때문에 실천한다 할지라도 아주 작은 한 부분만 해결됩니다.

원리는 어떠한 경우에도 변하지 않으며, 인간의 생각이 조금도 개입되지 않았으므로 깨달음(견성)으로 체득해야 하기 때문에 믿음이 가장 강력합니다. 이치는 인간의 생각이 조금 개입되었기 때문에 때로는 바뀔 수도 있으므로 믿음이 있기는 하나 비교적 약하고, 정보는 개개인의 생각이 지나치게 많이 개입되었기 때문에 그때그때에 따라 수시로 바뀌므로 믿음이 일어나기가 어렵습니다. 특히, 오늘날은 물질 만능주의가 팽배해 돈과 명예에 집착함으로 이것을 성취할 수 있는 정보로만 가득합니다. 따라서 오늘날의 정보는 이치와 전혀 상관이 없이 개개인의 경험에 의해 만들어진 것들도 수없이 많습니다. 불행하게도 거의 모든 사람이 이러한 정보에 집착하고 있습니다.

결론적으로 정보는 일시적인 감동을 주고, 이치는 작은 깨달음을 주고, 원리는 큰 깨달음을 주기 때문에 믿는 마음에 차이가 있고 믿는 마음이 클수록 실천할 수 있는 힘은 강해집니다. 더욱 중요한 것은 정보는 지식으로 남고 이치는 작은 지혜(미완성의 지혜)로 남고 원리는 완성된 중도의 지혜로 남게 됩니다. 무엇보다 지혜가 완성되면 무슨 짓을 해도 윤회의 주체가 되는 업(삶의 찌꺼기)이 남지 않습니다.

원리를 확실하게 깨달았다(확철대오廓徹大悟)는 말은 원리(진리, 법法, 진여眞如)와 내가 하나 되는 것을 말하기 때문에 참나(진여)와 늘 함께 하는 것입니다. 원리를 깨닫는 데는 아주 작은 깨달음부터 큰 깨달음까지 있으며, 깨닫게 되면 깨달음의 크기에 따라 비례해서 법력法力(깨달음에 따른 힘, 지혜의 힘)이 생기는데 깨달음이 작으면 법력도 힘이 약해서 작은 일만 해결할 수 있습니다.

가장 중요한 사실은 무의식에 저장되어 있는 업業(업력, 습관, 고정관념)을 완전하게 바꿀 수 있는 것은 법력뿐입니다. 업을 바꾼다는 말은 운명을 바꾼다는 말과 같습니다.

깊은 잠에서 우리가 죽지 않는 것은 7식과 8식이 살아있기 때문이며, 죽을 때 7식의 기능이 없어지며, 제8아뢰야식에 저장된 업業은 종자로서 남아 있다가 다시 환생(윤회)할 때 그 종자만 물려주고 자신은 없어집니다. 깨달음의 세계에서는 무아사상이므로 영혼을 인정하지 않으며, 윤회의 주체는 업이기 때문에 이 종자가 우리의 천성 또는 본능, 즉 선천적으로 타고나는 나의 모든 것을 결정합니다.

평상시에는 전5식으로 들어오는 바깥 경계에 마음(6식)을 빼앗겨 7식의 좋은 능력은 조금밖에 활동하지 못하고 본래 청정한 8식의 무한한 능력은 전혀 활동하지 못합니다. 따라서 깊은 잠을 잘 때 6식(6근)이 쉬게 되고 이때에 7식이 움직이게 됩니다. 수행하게 되면 잠을 자지 않아도 6식을 쉬게 하여 7식을 움직이게 할 수 있습니다. 이와 마찬가지로 7식을 쉬게 하면 8식이 움직이게 됩니다. 이것을 수행(자기계발)의 진행

순서로 보면 다음과 같습니다.

수행자가 수행한다는 것은 오직 한가지의 생각을 수행의 방편(걷기 명상, 호흡 명상, 간화선, 염불, 기도 등)으로 정하여 쉬지 않고 일어나는 번뇌(내 생각)를 일어나지 않게 노력하는 것입니다. 이렇게 수행하다 보면 걸어 다닐 때(행行)나, 서 있을 때(주住)나, 앉아있을 때(좌坐)에도, 누워 있을 때(와臥)에도 생각이 한결같아지는데 이때를 수행자의 공부가 '행주좌와일여行住坐臥一如'에 이르렀고 합니다.

여기서 수행을 계속 이어가면 말을 할 때(어語)나 말을 하지 않을 때(묵默)나, 몸을 움직일 때(동動)나 가만히 있을 때(정靜)나 수행이 한결같아지는데 이것을 '어묵동정일여語默動靜一如'에 이르렀다고 합니다.

우리는 잠을 잘 때에 꿈을 꾸거나 아니면 깊은 잠에 빠지게 되는데 꿈을 꾼다는 것은 번뇌하는 것이고, 깊은 잠에 빠지는 것은 편안함이나 고요함에 빠지게 하는데 이것을 '무기無記'라 합니다. 따라서 수행자는 잠을 잘 때(매시寐時)에도 깨어 있을 때(오시寤時)와 마찬가지로 수행할 수 있어야 합니다. 깊은 잠에서는 무기에 빠지게 되므로 기절했을 때와 같아서 의식의 작용이 멈추게 되어 의식적으로 수행한다는 것은 불가능합니다. 이때에는 지금까지의 수행의 관성(삼매관성)에 의해서 수행이 끊어지지 않게 되는데 이것을 '숙면일여熟眠一如'라 합니다. 숙면일여의 경지가 되어서야 비로소 8아뢰야식을 알아차리게 됩니다. 이처럼 깨어 있을 때나 잠잘 때나 공부가 끊어지지 않고 이어지는 것을 '오매일여寤寐一如'라고 합니다.

오매일여의 경지에 도달하면 몸(안眼, 이耳, 비鼻, 설舌, 신身, 의意)에서 일어나는 거친 번뇌(추번뇌序煩惱)와 7말나식에서 일어나는 거친 번뇌(탐貪, 진瞋, 치癡, 만慢, 의疑, 견見)는 물론이고, 8아뢰야식에서 일어나는 아주 미세한 번뇌(세번뇌 細煩惱)까지 없어진 상태이므로 과거에는 무기와 번뇌로 생각이 오락가락하던 것이 안(내內)과 밖(외外)이 밝음으로 꿰뚫어지게 되는데 이러한 상태를 '내외명철內外明徹'이라고 합니다. 내외명철은 그대로 최고의 경지인 '구경각究竟覺'을 이루게 되고 드디어 큰 깨달음(견성見性)을 증득하는 '돈오頓悟'에 이르게 됩니다.

- 법기 강정진 저 영원한 대 자유인 참고 -

이와 같이 마음의 구조와 수행의 구조는 같게 되어 있습니다. 마음을 편의상 세 마음으로 구분하였으나, 하나의 마음인 것과 같이 중생의 마음과 깨달은 자의 마음이 어디에 따로 있는 것이 아니라 하나의 마음에 함께 하고 있으며, 다만 그 작용만 다를 뿐입니다.

수행자가 돈오에 이르게 되면 지금까지는 중생의 속성인 '나'라는 생각으로 살던 미혹하고(미迷) 망령된(망妄) 마음이 제거됨으로써 "모두는 하나다."라는 원리를 확실히 알게 되어 모든 것은 있는 그대로 나의 다른 모습임을 깨닫게 되어 나와 관련된 것만을 이익이 되게 하던 삶에서 차별 없이 그대로 평등한 본래대로의 모습으로 돌아가 조건 없이 나누는 삶으로 바뀌게 됩니다. 이렇게 되면 자기 자신을 위해서 해야 할 일은 이미 다 마치는 것이 되므로 "일대사一大事를 마쳤다."라고 하며, 이제부터는 오직 모두를 위해서 살아가는 진정한 주인공의 삶이 되는 것입니다. 이때 실천하는 나눔의 삶은 '해야지!'하는 마음을 일으켜서 하는 나눔이 아니라 마치 호흡을 하는 것과 같이 아무런 인식이 없이 내가 당연히 해야 하는 '본분사本分事'로서 그냥하는 것, 즉 무심無心으로 하는 것입니다. 이것이 "오른손이 하는 일을 왼손이 모르게 하라."는 말과 뜻이 같습니다.

위에서 말한 마음의 구조와 수행(자기계발)의 구조를 살펴보면, 자기 중심적으로 생각하는 것 때문에 모든 일이 순리(원리, 진리)대로 나아 가지 못하고 잘못되는 원인임을 알 수 있습니다. 이 말을 뒤집어 보면, 내 생각만 없애면 모든 문제는 해결된다는 결론입니다. 마음의 속성은 일어나고 사라지는 데 있기 때문에 어떠한 마음도 일어나지 않게 하려 는 것은 불가능하며, 아무 마음도 일어나지 않는 것은 죽은 것이 됩니 다. 따라서 '일어난 마음을 어떻게 쓰느냐?(용심법用心法)'의 문제를 해결 하는 것이 수행하는 이유가 되어야 합니다.

마음의 작용에 의해서 겉으로 나타나는 말과 행동은 반드시 그 과보 를 남기게 되며 이것을 삶의 찌꺼기, 즉 업業이라고 합니다. 한번 지은 업은 8아뢰야식에 미래의 종자로서 저장되기 때문에 절대로 그냥 없어 지지는 않으므로 반드시 미래의 일에 영향을 미치게 되고, 영향을 받 을 때 어떻게 처리하느냐에 따라서 새로운 업이 다시 만들어지게 되는 데 이러한 일은 끊임없이 계속됩니다. 과거에 지은 업의 영향을 받는 것을 '운명'이라고 합니다. 다시 말해서, 운명이란? 과거(전생)에 지은 업 이 아뢰야식에 종자로 남아 있다가 현재(금생)에 나아갈 길을 정해주기 때문에 이미 정해진 길을 버리고 다른 길을 선택할 수는 없으나 그 길을 어떻게 가느냐에 따라서 현재의 과보가 새롭게 결정됩니다. 따라서 과거로 인해서 주어지는 여건(운명)의 힘보다 지금 내가 어떻게 하고 있느냐의 힘이 더 강하기 때문에 운명은 있기도 하지만 결국은 없는 것과 마찬가지입니다.

결국, 운명이라고 하는 것은 자신이 만들고 자신이 되돌려받는 자업자득입니다. 죄를 지으면 벌을 받는 것이고 선업을 열심히 쌓으면 좋은 성과를 얻을 수 있는 것과 같은 것이 운명입니다. 따라서 운명이라는 것은 콩 심은 데 콩 나고 팥 심은 데 팥 나는 것과 같아서 세상에 이것보다 더 분명한 것도 없습니다. 이 원리를 알면 운명론과 같은 것에 공연히 끌려다니는 어리석은 짓은 하지 않게 됩니다. 운명론도 모자라서 피할 수 없는 일에 부딪히면 숙명론을 말하기도 하는데, 숙명론이라는 것은 있을 수 없는 일입니다. 업에 의한 윤회의 원리를 숙명론으로 말하는 것은 너무나 잘못 알고 있는 일이며, 만약에 숙명론이 있다면 수행을 통한 자기계발도 불가능해야 하기 때문입니다. 이 세상의 모든 일은 철저하게 자업자득으로서 이루어집니다. 그러므로 "세상에 공짜는 없다."라는 말은 진리를 바탕으로 해서 나온 말입니다.

마음(식識)은 원래 있던 것이 아니라, 6근根(안眼, 이耳, 비鼻, 설舌, 신身, 의意)이 경계(대상: 색色, 성聲, 향香, 미味, 촉觸, 법法)를 만나서 생기는 것입니다. 대상이 없으면 마음은 생기지 않습니다. 모두가 같은 경계(세상) 속에서 살아가지만 받아들이는 것이 모두 다르므로 각기 다른 마음이 됩니다. 받아들이는 것이 모두 다른 것은 바로 각자의 무의식에 저장되어 있는 종자(업業)가 다르기 때문입니다.

세상은 누구에게나 똑같이 주어진 하나의 세상이나 저마다 업식(알음알이, 지식, 무명)이 달라서 저마다의 세상을 만들어, 천국과 지옥으로 나누어지는 것입니다. 그래서 하나님의 말씀에도 부처님의 말씀에도 천국(극락)과 지옥은 너의 마음속에 있다고 똑같은 말씀을 하고 계십니다. 긍정적으로 생각하면 천국이요 부정적으로 생각하면 지옥이 되고 맙니다. 그 누구도 상대방을 만족하게 해줄 수는 없습니다. 내가 아무리 잘해 준다 할지라도 상대방의 바라는 마음(욕심)이 끝이 없기 때문입니다. 만족은 오직 자기 스스로 만족함으로써 얻어지는 것입니다.

이처럼 우리의 마음은 6의식과 7말나식에서 만들어진 찌꺼기(업종자)가 8아뢰야식(창고, 업장業藏)에 저장되고 이것은 미래의 일에 적극적인 간섭을 하게 되어 또 다른 결과(업業)를 낳게 됩니다. 과거에 아무리 나쁜 일을 많이 하였다 하더라도 지속적으로 공부하여 8아뢰야식에 끼어 있는 때(업業)를 지워 본래의 깨끗한 마음을 드러내면 누구라도 도道(선禪)를 이룰 수 있으며 이것을 가리켜 "자기를 바꾸었다." 또는 "참나(진아眞我)를 찾았다."라고 하는데, 결국 '모두 하나 되는 것(불이不二)'을 이르는 말이고 하나 되었음을 증명하는 길은 오직 '조건 없이 나누는 것'뿐입니다. 이것이 진정한 자기계발입니다.

선善의 종자가 많은 사람은 악惡을 보아도 마음이 움직이지 않으나, 반대로 악의 종자가 많은 사람은 악을 보면 마음이 움직이고 선을 보면 움직이지 않습니다. 이러한 까닭으로 선근善根의 종자를 많이 심기 위해서는 많은 학습을 통해서 자기를 바꾸어야만 가능한 것입니다. 그래야만 지혜로운 마음으로 모두를 이익이 되게 하는 꼭 필요한 사람으로 거듭날 수 있습니다. 이렇게 되기 위해서는 지금, 여기에 있는, 당신의 일을 어떤 마음(생각)으로 실천하고 있느냐의 문제가 가장 중요합니다.

＊ 우리 속담에 "목마른 사람이 우물판다."라는 말이 있습니다. 이 공부도 이와 같아서 고통이 있어야 고통으로부터 벗어나기 위해 발심을 하게 됩니다. 젊었을 때는 건강하기 때문에 건강에 대해 별 관심이 없습니다. 그러다가 중년의 나이가 되면 건강에 서서히 적신호가 오기 때문에 건강에 관심을 가지게 되나 이것은 지혜롭지 못한 방법입니다.

건강은 건강할 때 지켜야 하듯이 이 공부도 젊었을 때부터 해야 행복을 오래 누릴 수 있으며, "소 잃고 외양간 고친다."는 식의 인생을 살지 않게 됩니다.

자기를 계발하는 일은 빠르면 빠를수록 좋다는 사실을 잊지 말기를 바랍니다. 늦었다고 생각할 때가 가장 빠른 때입니다. 지금 바로 시작하십시오.

＊ 자기를 계발하는 공부는 깊게 생각하는 데 있습니다. 현대인들의 특징 중의 하나가 깊게 생각하지 않는다는 점입니다. 부부간에 거의 매일 다투면서 고통스럽게 살아가고 있지만 왜 싸우면서 살고 있는지 그 원인을 깊게 생각하지 않습니다. 설혹 생각한다고 할지라도 '어떻게 하면 상대방을 고칠 수 있을까?'만 생각합니다. 그래서 싸움은 점점 더 커지게 되고 결국에는 서로 헤어지게 됩니다.

그러면서도 모든 사람이 추구하는 것은 행복입니다. 어디서부터 무엇이 잘못되었는지? 각자 깊이 사유해 보시기 바랍니다. 성공의 비결도 여기에 있고, 행복의 시작도 바로 이렇게 함으로써 얻어지게 됩니다.

제 6 강
깨달음으로 가는 새로운 방편

5강에서 마음의 구조와 작용을 공부하면서 동시에 수행할 때 마음이 타파되는 과정을 함께 살펴보았습니다.

수행은 오직 '정념正念'으로 해야 합니다. 수행할 때 감각(촉觸)과 생각(상相)으로 하는 것은 내 생각(아상我相)이 들어가기 때문에 잘못된 것입니다.

* 정념의 성질 *

1) 깊게 본다.
2) 알아차린다.
3) 대상(경계)에 끌려가지 않는다(집착하지 않는다, 물들지 않는다).

4) 마음 챙김.

5) 깨어있음.

수행할 때는 한마음(일념一念)으로 사물을 생각하고 마음이 하나의 경지에 정지하여 흐트러짐이 없는(선정禪定) 상태인 '정定(지止, 사마타)'과 사물의 본질을 파악하는 지혜인 '혜慧(관觀, 위빠사나)'를 함께 닦아 수행해야 합니다. 이것을 '정혜쌍수定慧雙修' 또는 '지관쌍수止觀雙修'라고 합니다.

정념으로 하는 수행이나 정혜를 함께 닦는 수행은 본질적으로 같은 수행의 방편입니다. 정定을 닦는 수행은 산란한 마음을 고요하게 가라앉히는 것이므로 어떠한 경계(대상)에도 머무름이 없는 적적寂寂한 마음을 의미하기 때문에 삼매에 드는 것을 목적으로 합니다. 수행이 정定에 치우치게 되면 정신이 혼미해지거나, 멍함에 빠지거나, 편안함에 머무르게 되어 마치 목석과 같은 공허한 무기無記에 떨어지는 데 이것을 '혼침昏沈'에 빠졌다고 합니다.

혜慧를 닦는 수행은 자세히 살펴서 사물의 본질을 깨달아 지혜를 얻는 것을 목적으로 하기 때문에 한결같이 깨어있는 밝고 맑은 성성惺惺한 마음을 말합니다. 혜慧에 치우치면 마음이 산란하게 되며, 분별하고 차별하기 때문에 분열과 대립하게 만드는데 이것을 '도거掉擧'에 빠졌다고 합니다. 따라서 정定에도 치우치지 말고 혜慧에도 치우치지 말아야 바른 수행이 된다는 말입니다. 이것을 다른 말로는 '적적성성寂寂惺惺', '성성적적惺惺寂寂'이라고 합니다.

그래서 수행은 고요하고 고요한 가운데 항상 깨어있어야 한다는 뜻입니다.

인간의 본성(청정심, 본래심)은 적적(정定, 지止)과 성성(혜慧, 관觀) 두 가지가 함께 어우러져 어디에도 걸리지 않는 모습으로 있기 때문에 '소소영영昭昭靈靈(한없이 밝고 신령스럽다)' 하다고 합니다. 그래서 우리들의 본래 마음(본성)은 어디에도 머물지 않으면서 그 마음을 쓸 수 있는 것입니다. 이것을 '응무소주 이생기심應無所住 而生其心' 또는 '무심無心'이라 하고 본래심의 성질이 이와 같기 때문에 자기계발이 가능한 것입니다.

이것은 마치 현악기의 줄을 너무 세게 조이거나 너무 느슨하게 하면 소리가 나지 않으니 적당하게 조여야 제대로 소리가 나는 것처럼 혼침이 생겼을 때 혼침昏沈에서 빠져나오기 위해 지나치게 혜慧에 치우치면 도거掉擧가 생길 수 있으므로 어느 정도 여유를 두고 적당하게 해야 한다는 말입니다. 반대로 도거에 빠졌을 때도 마찬가지입니다.

많은 수행 방편의 공통점은 집중에 의한 깨달음(견성見性)입니다. 깨달음은 집중에 의해서 일어나는 현상이기 때문에 어떻게 집중하느냐의 문제는 매우 중요합니다. 따라서 전통적으로 삼매에 드는 것을 수행의 필수적인 요건으로 하였습니다. 그러나 집중의 최고 경지인 삼매(선정) 속에서는 생리적으로 인식의 기능은 살아있으나 교감신경과 부교감신경이 활동하지 못하기 때문에 외부로부터 들어오는 모든 정보가 차단됩니다.

삼매에 들게 되면 호흡은 가늘고 길어져 호흡이 끊어지지 않고 있을 뿐 거의 호흡을 하지 않는 것과 같은 상태로 되기 때문에 에너지 소비가 거의 없으므로 오랫동안 먹지 않고도 죽지 않으며, 시간이 가는 것도 모르게 됩니다. 마치 짐승들이 겨울잠을 자는 것과 비슷한 상태가 됩니다.

따라서 의도적인 삼매 속에서는 일상의 생활도 불가능하며 견성도 할 수 없을 뿐만 아니라 삼매에 드는 과정에 뇌의 생리적인 현상으로 발생하는 수많은 마구니 장애(착각현상, 수행에 의한 부작용)가 있어 도중에 수행을 포기하거나 착각도인(외도外道)이 생기기도 합니다. 무엇보다도 의도적으로 삼매에 드는 수행은 조용한 별도의 장소가 있어야 하며, 삼매에 든다는 것이 결코 쉬운 일이 아니므로 너무나 많은 시간을 필요로 하기 때문에 극소수의 사람 밖에 할 수 없다는 사실입니다. 깊은 삼매에 들기 위해서는 통계에 의하면 평균적으로 20년 이상의 시간이 걸린다고 합니다.

견성이 일어나는 것은 내 생각을 내려놓고 원리를 깨닫고자 하는 간절한 마음이 하나에 몰입되는 상태가 끊어지지 않은 가운데 바깥 경계(외부에서 들어오는 정보)와 부딪히면서 문득 느낌으로 일어나는 현상입니다. 다시 말해서, 일상적인 생활을 하면서 삼매 속에 있어야 한다는 말입니다(생활 삼매). 따라서 교감신경과 부교감신경이 차단되어 외부에서 정보가 들어오지 못하는 의도적인 삼매 상태에서는 인식할 수 있는 기능이 살아있다 하더라도 견성은 할 수 없습니다.

견성을 할 때의 느낌은 촉감(육체적인 감각, 내 생각이 들어감)과 같은 느낌이 아니라 아무런 인식작용이 없이 어느 날 문득 찾아오는(시절

인연 時節因緣: 때가 되어 인연이 합해지는 것.) 정신적인 느낌(기분)을 말합니다. 이 느낌에 대해서는 말로 다 표현할 수도 없을 뿐만 아니라 직접 체득하는 것을 원칙으로 삼기 때문에 더 이상 언급하지 않기로 하겠습니다.

삼매 속에서는 깨달을 수 없다는 사실이 과학적으로 밝혀진 것은 최근에 발달된 뇌 과학에 의해서이기 때문에 먼 옛날에는 알 수가 없었습니다. 그럼에도 불구하고 지금까지 과거의 수행 방편에서 벗어나지 못하고 있는 일은 과거의 전통적인 수행 방편과 현재 발달된 과학을 서로 연기(관계성)시켜 지금에 가장 알맞은 새로운 수행 방편으로 제시되어야 한다는 연기의 원리에도 어긋나고, 모든 것은 바뀐다는 무상無常의 원리에도 어긋나는 일입니다.

이 강의에서 새로운 수행 방편을 제시할 수 있는 것도 지금의 이러한 여러 가지 조건을 충분히 활용하여 공부한 체험적인 것을 바탕에 두고 있기 때문입니다.

과거에 견성(깨달음, 돈오頓悟)을 한 수행자들의 경우를 살펴본다면, 새벽에 닭 우는 소리에 문득 깨달은 경우, 마당 쓸다가 대나무에 기와 조각 부딪히는 딱! 하는 소리에 문득 깨닫는 경우, 시냇물을 건너다 물에 비친 자신의 모습을 보고 문득 깨닫는 등 여러 경우가 있습니다. 때로는 어떠한 경계와 부딪히지도 않았는데 문득(갑자기) 깨닫는 경우도 있습니다. 생활 삼매 속에서 경계에 부딪히면서 깨닫는 경우가 대부분인 이유를 잘 알아야 합니다. 덕산德山 스님의 봉棒(막대기로 때리는

것), 임제 스님의 할喝(고함지르는 것)도 진여(법法)의 작용(경계)을 나타
내 보임으로써 깨달음으로 인도하는 것입니다. 깨달음은 시절인연(가장
알맞은 때)과 합일이 되어야 가능합니다.

이렇게 말하면 어떤 수행자는 "나는 어째서 이런 경계에 부딪혀도 깨
닫지 못하는가?"라고 스스로 자책하는 경우가 종종 있습니다. 공부하
면서 남과 자기의 공부를 비교할 필요가 없습니다. 이 공부는 스스로
사무치고 스스로 깨닫는 공부이기 때문에 게으름 없이 열심히 묵묵히
부단히 어떠한 유혹이나 어려운 일에도 굴함이 없이 홀로 정진精進(다른
마음이 섞이지 않은 순수한 마음으로 끊임없이 앞으로 나아감)하라는
의미에서 "무소의 뿔처럼 혼자서 가라."고 하였습니다.

이 말은 "오직 정진하고 또 정진하라. 그리고 향상일로向上一路하라."는
말과 그 의미가 같습니다. 즉, '정진바라밀'을 뜻합니다.

깨달음은 "깨달아야지!"라는 생각을 일으키면 그 생각이 또 다른 번
뇌 망상이 되어 깨닫지 못하는 원인이 됩니다. 이와 같이 무엇을 할 때
"그렇게 해야지!"라는 마음을 의식적으로 일으키면 이것이 스트레스가
되어 하지 못하게 됩니다. 다만, 최선을 다하다 보면(무심無心으로) 저절
로 그렇게 되는 것입니다. 진정으로 구하고 싶은 것이 있다면 구하려고
하는 그 생각(내 생각)을 버리십시오. 그래야만 구해집니다. 이것이 우
리가 일반적으로 가지고 있는 개념과 다른 것입니다.

집중한다는 것은 한 가지에 몰입해서 의심하는 것(이 뭣꼬, 왜 그럴

까?)을 의미하며 이것은 그 하나의 의심하는 대상 외에 다른 어떠한 생각도 하지 않는다는 말입니다. 과거의 수행 방편에도 여러 가지가 있었으나 우리나라는 중국의 참선수행參禪修行의 영향을 받았으며, 그중에서도 화두話頭를 참구參究(의심해 들어가는 것)하는 '간화선看話禪'을 수행의 방편으로 삼고 있습니다.

그 하나의 의심하는 대상을 '화두話頭'라 하며 화두의 본래 의미는 '격외格外의 말'이라 해서 어떠한 지식이나 개념으로도 나타낼 수 없는 것을 뜻하는 말입니다. 즉, 언어 문자를 떠나있다는 말입니다. 예로부터 많이 사용하던 화두話頭(공안公案)는 1,701개가 있었습니다. 화두를 의심할 때는 내 생각을 조금도 개입시켜서는 안 되며 오직 '어째서', '이 뭣꼬'만을 간절하게 생각해야 합니다.

화두는 공부가 무르익어 발심이 강해졌을 때 스승이 제자에게 주는 것입니다. 화두는 본래 깨달음을 이룬 스승(눈 밝은 스승: 명안종사明眼宗師)이 제자의 공부가 무르익었음을 알고 제자의 근기에 맞는 '격외의 언어'로 깨달음을 유도하는 것입니다. 제자가 이 말을 듣고 다행히 화닥닥 깨치면(언하대오言下大悟) 참구(의심)할 필요가 없으나, 대개 그렇지 못하기 때문에 어쩔 수 없이 그 말을 의심(참구參究)해 들어가는 것(간화선)입니다. 따라서 공부가 무르익지 않은 수행자에게 화두를 주는 일은 견성을 하는 데 있어 효과가 거의 없습니다. 전자는 수행자의 공부가 무르익었기 때문에 믿음이 강해져 수행자와 화두의 인연이 매우 깊어서 강력한 의심이 생기고, 후자는 그 반대이므로 수행자와 화두의 인연이 거의 없기 때문에 의심이 일어나기가 어렵습니다. 오늘날 이러한 사실을 망각하고 공부가 짧은 사람이 화두 하나 받아서 수행한다는 것은 다시 생각해 볼 일입니다.

그러나 이러한 공부 방법(간화선)은 오늘날 일반적인 경우에는 불가능해서 대중성이 없습니다.

화두 중에서 가장 많이 쓰이는 '무자無字'화두에 대해서 설명한다면, 경전의 가르침에도 스승의 가르침에도 "모든 것(중생)에는 깨달을 수 있는 성질(부처가 될 성질), 즉 불성佛性이 있다."라고 했기 때문에 이 말을 굳게 믿고 있던 수행자가, 어느 날 스승에게 "개에게도 불성이 있습니까?"라고 물으니 "없다(무無)!"고 스승이 말했습니다. 이 말을 들은 제자는 숨이 탁! 하고 막힐 수밖에 없습니다. 없다고 하는 스승의 말을 믿자니 있다고 하는 경전(부처님의 말씀)을 믿지 못하는 것이 되고, 경전의 가르침을 믿자니 지금 없다고 하는 스승의 말을 믿지 못하는 것이 되고 맙니다. 그렇다면 도대체 스승이 어째서 이렇게 말하는 것이며, "없다(무無)."라고 하는 것은 도대체 무엇을 뜻한단 말인가? 지금까지 배운 모든 것을 총동원해서 아무리 생각해 보아도 도무지 알 길이 없고 마치 목에 가시가 걸린 것처럼 생각하지 않으려 해도 이 생각을 떨쳐버릴 수가 없습니다.

이때의 '무無'는 있다(유有), 없다(무無)의 무無가 아니라 전혀 엉뚱한 말을 해서 수행자로 하여금 큰 의심을 불러일으켜 그 의심에 몰입되게 함으로써 화두삼매에 들게 하기 위함입니다. 따라서 화두는 마치 군대에서 적군과 아군을 분간할 수 없는 야간에 아군 여부를 확인하기 위해서 쓰는 암구호와 같은 것이어서, '진달래'라고 할 때 '종달새'라고 하면, 아군임을 알아차리는 것일 뿐, 진달래나 종달새라는 꽃이나 새의 개념을 벗어나는 것입니다.

'진달래'라고 할 때 '종달새'라는 답을 모르면 어쩔 수 없이 그 까닭을 참구해 들어가는 수밖에 다른 방법이 없습니다.

결국, 간화선 수행 방편도 화두를 통해서 삼매에 들어가야 하기 때문에 오늘날에는 맞지 않습니다.

수행 방편에 관한 글만 하더라도 그 양이 상상을 초월할 정도로 많습니다. 그러나 본질적으로 보면 앞에서 정리한 내용에서 다 파생된 것입니다.

이 강의에서는 방대한 원리, 이치, 논리, 수행 방편을 하나로 회통시키고, 오늘날 발전된 과학과 다른 학문을 접목시켰기 때문에 본질을 조금도 벗어나지 않으면서 새롭습니다. 다시 말해서, 지금에 가장 알맞아 부담 없이 누구나 할 수 있게 하였으므로 어렵게 생각하지 말고 가벼운 마음으로 하시기 바랍니다.

앞에서 말한 전통적인 수행 방편에 의한 새로운 수행 방편을 아래와 같이 제시합니다.

우선 전통적인 수행 방편을 다시 정리한다면, "수행은 정념正念으로 하되 반드시 정定과 혜慧를 함께 닦고, 화두 참구하는 것을 수행의 방편으로 삼아라." 입니다.

정과 혜를 함께 닦아야 하는 까닭은 과거에 내 생각으로 만들어 낸 번뇌 망상(쓸데없는 생각, 업식)은 95%를 차지하는 무의식(8아뢰야식)

에 가득 저장되어 있으며, 이 무의식은 지금 내가 쓸 수 있는 5%의 의식을 지배하고 있기 때문에 진리(원리)를 깨닫지 못하게 합니다. 따라서 내 생각을 모두 청소함으로써 누구에게나 본래 갖추어져 있는 깨끗한 마음(청정심, 본래심)에서 발현되는 지혜를 드러내기 위해서입니다.

지금까지는 수행 방편의 이해도를 높이기 위해 여러 측면으로 설명하였습니다. 이것을 간단하게 줄여서 다시 말한다면, 내 생각 버리기입니다. 어떤 방편으로 공부하던 내 생각을 완전하게 버리는 결과를 얻어내면 된다는 말입니다. 그러기 위해서는 우선 화두에 대한 개념을 바꾸어야 합니다. 지금까지는 공부가 무르익었을 때 그것을 알아차린 스승이 제자에게 화두를 내려 즉시 깨닫게 하거나(조사선祖師禪, 언하대오) 참구하게 해서(간화선) 깨닫게 하였습니다. 그러나 이제부터는 내 생각을 내려놓고 순수한 마음으로 의심할 수 있는 것이라면 무엇이든 화두가 된다는 개념으로 바꾸어야 합니다. 이렇게 본다면, 세상에 화두 아닌 것이 하나도 없습니다.

스승이 제자에게 내리는 화두는 결국, 깨달음을 얻을 때까지 수행자에게 스승의 역할을 대신하는 것입니다. 스승이란 가는 방향을 제대로 알려주는 길잡이 역할을 하는 사람이기 때문에 이 역할을 할 수 있는 것이면 어떠한 것도 스승이라 할 수 있습니다. 스승이 화두를 준다 해도 화두에 대한 의심이 일어나지 않으면 무슨 소용이 있겠습니까? 따라서 내가 무엇을 대했을 때 의심이 일어나는 것이라면 모든 것이 다 나에게 스승이 되는 것이므로 스승이 따로 있는 것이 아니라 내가 어떻게 받아들이느냐에 있습니다. 받아들인다는 것은 긍정적인 것을 뜻합니다. 긍정적인 마음은 하심下心, 즉 상대를 존중하는 마음입니다. '무자無字'화두에서 보았듯이 스승이 "없다(無)."고 했을 때 긍정적(믿는 마음)으로 받아들여 "어! 이게 무슨 소리란 말인가?(이 뭣꼬).", 또는 "가르칠 때는 있다 해놓고 물어보니 없다고 한다면 없다고 하는 그 의미가 도대체 무엇이란 말인가?"라고 생각하면 화두가 되어 깨달음을 얻을 수 있으나, 부정적으로 받아들여 "웃기시네!"라든가 "아니 망령이 나셨나!"라고 받아들이면 화두가 되지 못할뿐더러 '모든 것에는 불성佛性이 있다'고 배운 것이 고정관념이 되고 맙니다.

그래서 예로부터 바람 소리, 벌레 소리, 물 흐르는 소리, 개미 한 마리, 꽃이 피고 지는 현상 등 주의 깊게 살피고 긍정적으로 받아들이면 법문(스승, 가르침) 아닌 것이 없다고 하였는데, 이것을 '무정설법無情說法'이라고 합니다. 따라서 긍정적인 사고방식(믿음)은 자기계발의 근본이 되고 행복으로 가는 지름길이 됩니다. 긍정적인 사고방식은 내 생각을 버리는 일입니다.

원리를 공부해서 원리를 깨닫는 것이 깨달음으로 가는 지름길이라는 이유를 5강의 내용 일부를 인용해서 설명한다면,

우리는 눈을 통해서 보고, 귀를 통해서 듣고, 뇌를 통해서 생각할 수는 있으나 눈이 스스로 보고, 귀가 스스로 듣고, 뇌가 스스로 생각하는 것은 아닙니다. 이때 어디에서 생각이 비롯되어 작용하는지를 관찰해야 합니다. 눈을 통해서 보게 하는 그놈이 무엇이며, 귀를 통해 볼 수 있게 하는 그놈이 무엇이며, 뇌를 통해 이 모든 것을 생각할 수 있게 하는 그

녀석이 무엇인가를 내면으로 돌이켜 보는 것이 정신 통일(명상, 삼매, 선정)이고 이것을 '회광반조回光返照'라 합니다. 지금까지 밖(대상, 경계, 객관)에 집착하거나 끌려다니는 것에서 자신의 내면(영성靈性)으로 돌리는 것을 의미합니다. 이 몸을 끌고 다니는 것이 무엇일까? 생각은 어디에서 비롯되어 일어나는 것일까? 무엇이 생각을 일으키는 것일까?

우리가 찾고 있는 그놈은 바로 진여(참나)를 말하며, 우리가 생각하고 말하고 행동하는 모든 것은 진여의 작용이며, 진여는 진여의 성품인 원리에 의해서 작용을 합니다.

오늘날 뇌 과학의 발달로 우리의 생각은 뇌의 작용으로 밝혀지고 있습니다. 그렇다고 해서 마음이 뇌에 있는 것은 아닙니다. 눈을 통해서 보고, 귀를 통해서 듣고, 코를 통해서 냄새를 맡듯이 뇌를 통해서 생각하는 것입니다. 보고, 듣고, 냄새 맡고, 생각하는 그것이 마음입니다. 그렇다면 마음의 실체는 무엇이며, 마음은 어디에 있는 것일까요? 마음은 오고 감이 없다고 하는데 이 말은 도대체 무엇을 의미하는 것일까요?

지금까지 전통적인 수행에서는 마음이 무엇입니까?, 법이 무엇입니까?, 불성이 무엇입니까? 등의 본질(진여)에 대해서 질문을 하면 격외의 엉뚱한 말(화두)을 던져주거나, 할喝(고함소리)을 하거나, 두들겨 패거나(엉뚱한 행동, 법의 작용) 함으로써 의심에 들게 하였습니다.

과학이 발달된 오늘날에는 이렇게 하지 말고 오늘에 맞게 바꾸어야 합니다. 양자물리학에서 증명하였듯이 소립자는 온 우주에 가득하다는 것이 그 답입니다. 그래서 오고 감이 없는 것이고, 소립자의 무한한 가능성에 의해서 보고, 듣고 생각하는 것이 다 가능한 것입니다. 마음은 진여의 작용이기 때문입니다.

1강에서 소립자의 성품과 깨달음의 세계의 원리를 접목시킨 글을 잘 이해하셨다면 이제 그 답을 찾을 수 있을 것입니다. 만약에 답을 찾지 못했다면 처음부터 다시 정독하고 다음 강의로 들어가는 것이 좋습니다.

이 공부를 하는 데 있어서 가장 중요한 것은 그대로 각인시키고 각인된 것에 대해 더 알고자 하는 순수한 의심을 일으키는 일입니다. 1살에서 3살까지의 어린아이는 자기 생각이 거의 형성되지 않았기 때문에 무엇이든 그대로 받아들여 자기 것으로 만듭니다. 그러나 이시기에는 경험도 없을 뿐만 아니라 지능이 발달되지 않아 받아들이기만 할 뿐 받아들인 것에 대한 의심(참구)할 수 있는 능력이 아직은 갖추어지지 않았기 때문에 깨달을 수는 없습니다. 반대로 성장하는 과정에 경험과 지식이 쌓이면 쌓일수록 내 생각으로 판단하는 힘은 강해지지만 그대로 받아들이는 힘(각인 시키는 것)은 어릴 때보다 오히려 약해져 이 경우에도 역시 깨닫지 못합니다.

따라서 깨달음의 필수 조건은 있는 그대로를 받아들이면서(각인) 받아들인 것에 대해 더 알고 싶어 하는 순수한 의심이 간절하게 일어나야 한다는 말입니다. 다시 말한다면, 지능이 발달되지 않아 무엇이든 있는 그대로를 각인시키는 어린아이의 능력과 지능은 발달 되었으나 자신의 생각을 내려놓고 있는 그대로를 판단할 수 있는 성인의 능력을 함께 갖추어야 된다는 말입니다.

우리는 누구나 한쪽 방향으로 기울어지기가 쉽고 양면을 고루 갖추기는 어렵습니다. 느린 성격을 지닌 사람은 무엇을 하든 느리게 하고, 빠른(급한) 성격을 지닌 사람은 무엇을 하든 빨리합니다. 이 둘은 어느 것이 좋다 어느 것이 나쁘다고 결론지을 수는 없습니다. 이유는 장점이 될 수도 있고 단점이 될 수도 있기 때문에(무자성) 경우에 따라 때로는 빠르게 때로는 느리게 할 줄 알아야 하기 때문입니다. 이것이 '중도中道' 입니다.

인간의 뇌는 한 가지에 집중하는 것을 여러 차례 반복한 것은 무의식에 입력(저장)되어 다른 일을 할 때도 사라지지 않습니다. 이렇게 되면 삼매 가운데 있으면서 모든 활동을 할 수 있기 때문에 이것을 '생활 삼매'라 합니다. 견성은 '생활 삼매' 속에서만 체득할 수 있습니다.

따라서 95%의 무의미한 번뇌 망상을 할 시간을 원리를 깨닫고자 하는 시간으로 바꾸면 그것이 그대로 생활 삼매가 되는 것입니다.

화두의 역할은 번뇌 망상의 내 생각을 일어나지 않게 함으로써 하나에 몰입하는 데 있습니다. 지금까지는 몰입해서 삼매의 경지까지 가게 하였으나 꼭 이렇게 하지 않아도 된다는 말입니다. 이 강의에서 말하고 있는 모든 것이 다 화두입니다. 원리를 깨닫는 공부는 우리들의 일반적인 개념과는 너무나 다르기 때문에 의심이 일어나지 않기가 오히려 더 어렵습니다. 다만, 일어나는 의심을 내 생각으로 만들어 또 다른 나의 고정관념으로 만드는 것이 문제입니다.

의심이 일어나는 현상을 혼란스럽다고 여겨 처음부터 공부를 포기하는 경우가 많으나, 조금 지나면 오히려 혼란스러움은 사라지고 의심이 하나씩 풀어지면서 재미를 느끼게 됩니다.

이 공부는 의심하는 '의심공부'이기 때문에 스스로 파고드는 능동적인 공부가 되어야 합니다. 이렇게 의심을 하다 보면 웬만한 의심은 다 풀리게 되나 지금까지 배운 어떠한 것으로도 풀리지 않는 의심에 걸리게 됩니다. 이때의 의심이 나와 가장 인연이 깊은 화두가 되는 것입니다. 이 의심은 자기 자신이 풀어야 하며 결코 남의 도움을 받아서 직답을 얻는 것은 지식은 될지언정 깨달음은 되지 못합니다.

의심이 집중이고 집중이 명상이며, 명상은 지금 여기로 돌아와 몸과 마음을 일치시켜 하나 되게 하는 것입니다. 이 말은 지금 몸으로 하고 있는 일과 머리로 생각하는 것을 일치시키는 것을 의미합니다. 이렇게 하는 것을 온전하게 한다고 합니다. 의심하지 않고 그냥 하는 공부는 아무런 이익이 없습니다. 이 글을 읽는 순간부터 '생활 삼매'는 시작되는 것이며 이렇게 꾸준히 반복하다 보면 시절인연時節因緣(가장 알맞은 때)이 닿아 누구나 문득 견성을 하게 됩니다.

자기를 계발한다는 것(수행을 한다는 것)은, 95%를 차지하고 있는 무의식(제8아뢰야식)에 저장되어 윤회의 주체가 되는 업의 종자(씨앗, 내 생각)를 하나씩 소멸시켜 궁극에는 완전하게 청소하는 일입니다. 이렇게 되면 본래심이 드러나게 되는데 이것을 "본래의 자리로 되돌아갔다."고 말합니다. 이 말의 뜻은, 내 생각만 일으키지 않으면 그 마음이 그대로 본래 누구에게나 똑같이 갖추어진 청정한 마음(본래심, 참나)이라는 말입니다. 따라서 본래심은 어디에 따로 있는 것이 아닙니다. 이 말은 간단한 것 같지만, 그 뜻이 매우 깊기 때문에 앞으로 조금씩 다시 설명하도록 하겠습니다.

본래심(청정심)이 일어나는 것은 마음이 일어났으나 업을 남기지 않기 때문에 윤회의 주체가 생기지 않으므로 행하기는 행하였으나 행한 바가 없는 것이 됩니다. 이것을 '바라밀 수행'이라 합니다. 바라밀波羅蜜이라는 말은 산스크리트어 파라미타paramita의 음역이며 바라밀다波羅蜜多 또는 바라밀波羅蜜이라고도 하며 깨달음의 언덕으로 건너간다는 뜻이고, 성취, 최상, 완성의 의미를 가지고 있습니다.

바라밀에는 보시布施, 지계持戒, 인욕忍辱, 정진精進, 선정禪定, 반야般若(지혜)의 6바라밀이 있습니다. 이 중에서 인욕바라밀을 예로 든다면, 우리는 보통 참는다고 하면 화는 나는데 겉으로 드러나지 않게 하는 것을 말합니다. 이 경우에는 화를 내게 하는 화의 종자가 무의식에 저장되어 있는 상태를 말하나 인욕바라밀(완성된 인욕)의 경우는 무의식에 저장되어 화를 일으키는 화의 씨앗을 모두 소멸시켰기 때문에 어떠한 경우에도 화를 낼 일이 아예 없어지는 상태를 말합니다.

화를 일으키는 종자가 다 소멸되었다는 의미는 바라는 마음이 소멸됨으로써 미워하는 마음이 없어졌다는 뜻입니다. 그러므로 비록 화를 내더라도 모두를 이익되게 하기위한 하나의 방편으로 미워하는 마음 없이 화를 내기 때문에 화를 내기는 하였으나 화를 낸 바가 없는 것이 됩니다.

과거의 모든 수행자는 바라밀 수행을 하였으며, 이 강의 에서도 바라밀 수행을 근본으로 삼고 있습니다.

결국, 새로운 수행의 방편이란, 뇌 과학이 발달되기 이전의 수행 방편인 삼매에 드는 수행은 여러 가지 부작용이 있을 뿐만 아니라 지금의 현실과 부합하지 못하므로 내 생각을 내려놓고 이 글을 읽고 간절하게 의심해 들어가면서 3강에서 공부한 생활습관 바꾸기를 실천하면 수행의 부작용이 전혀 일어나지 않기 때문에 이 수행 방편으로 충분하다는 말입니다. 그리고 무엇보다 지금까지는 원리를 하나로 회통시킴으로써 이해하기 쉽게 한 글(문자방편)이 없었습니다. 따라서 전통적인 수행 방편에 관련되는 부분은 다만, 알고 참고만 하십시오. 전통적인 수행 방편은 최상의 삼매에 드는 것에는 적합하나 원리를 깨닫는 것에는 부족하기 때문입니다.

가장 중요한 사실은 지금 하고 있는 강의의 모든 것이 지금에 가장 알맞은 수행의 방편이기 때문에 그냥 그대로 따라 하는 것이 제일 잘하는 일입니다.

지금 우리나라의 수행 방편이 전 세계에서 가장 전통성이 있으며, 출가하지 않은 수행자의 숫자도 점점 늘어나고 있는 추세입니다. 그러나 아직도 참선수행參禪修行(삼매수행)에 머물러 있는 것은 매우 안타까운 일입니다.

참선수행에 머물러 있는 것은, 마치 커다란 바위를 잘게 부수기 위해 발달된 여러 가지의 방법을 사용하지 않고 굳이 석기시대의 방법으로 하려는 것과 같습니다.

우리는 흔히 "일반적이다." 또는 "관행이다."라는 말을 많이 합니다. 이 말은 옳다-그르다를 떠나서 많은 사람이 그렇게 생각하거나 그렇게 하고 있다는 말로서 옳다는 말 대신 합리화 하는 수단으로 많이 쓰입니다. 문제는 일반적인 것과 관행에 습관 되면 모든 것이 희석된다는 것입니다. 뿐만 아니라 이것이 세력화되면 진실하게 살아가는 소수의 사람들을 밖으로 내몰아 사회를 혼란스럽게 만들기도 합니다.

나는 지금 일반적인 것과 관행적인 것에 끌려가고 있는 것은 아닌지? 이 말을 깊게 사유해 보시기 바랍니다.

참선수행법인 간화선의 핵심은, "만상은 있는 그대로 어떠한 결점도 없는 완성품이다."입니다. 따라서 우리들의 몸과 마음도 이대로 완성품입니다. 자기를 계발해서 완성시키는 것이 아니라 있는 그대로 조금도 부족하지 않은 이미 완성되어있는 완성품이라는 사실을 확인하는 것뿐입니다. 그래서 "사람이 진여(진리, 부처)다.", "모든 것은 본래 진여다."라고 말합니다.

웃을 줄 알고, 화낼 줄 알고, 모든 능력을 다 나타낼 수 있는 것이 사람 말고 그 무엇이 있겠습니까? 이 사실을 한 마디에 아는 사람도 있고, 열 마디 백 마디 말에 아는 사람도 있으며, 무슨 말을 해도 전혀 모르는 사람도 있습니다. 이것이 깨달음(견성, 돈오)입니다.

이러한 있는 그대로의 사실(진실, 진리, 원리)을 모르는 것을 무명無明이라 하고, 무명의 원인은 내 생각 때문입니다. 앞으로 공부할 원리를 통해서 더욱더 확실하게 알 수 있을 것입니다. 그래서 내 생각을 없애는 일이 자기계발의 시작이고 동시에 끝이라는 말입니다.

이 공부를 함에 있어서 이 사실보다 더 중요한 것은 없습니다.

이 공부를 함으로써 비록 큰 깨달음은 얻지 못했더라도 이론적으로라도 좀 안다면 살아가는 태도가 자연스러워지고, 분수와 인연(조건)을 따를 줄 알기 때문에 순리에 역행하거나 무리수를 두지 않으며 자기의 위치에 대해 불만이 없고 그것이 자기의 인연(주어진 조건)임을 앎으로써 모든 것을 긍정적으로 받아들여 팔자타령을 하지 않게 됩니다. 이렇게 살아가다 보면 수행의 관성에 의해 시절인연(적당한 때)이 되면 문득 깨치게 됩니다.

이 공부(화두참구)는 몸(행동, 일)과 마음(생각)을 지금, 여기에 일치시켜 한 가지에 몰입하는 것(온전하게 함, 삼매)입니다. 모든 달인이나 장인들의 공통점을 살펴보면, 자기가 하는 일에만 집중한다는 사실입니다. 오직 머리에 한 생각만 있다는 말입니다. 베토벤의 머리에는 온통 음악 한 생각뿐이었을 것입니다. 이것이 생활 삼매입니다. 생활 삼매 속에서 우연히 어떤 경계(대상)에 부딪힐 때 문득 깨닫게 되는 것이 새로운 발명, 새로운 기술, 새로운 발견 그리고 견성입니다. 그래서 이 공부는 무엇보다 중요합니다.

＊ 지금까지 공부하면서 개개인이 느끼는 점이 다 다를 줄 압니다. "어렵다, 실천해 보니 잘 안되기도 하지만 역시 아무나 하는 것은 아닌 것 같다." 등 여러 가지 생각이 들 것입니다. 이런저런 생각을 다 내려놓으십시오. 다만, 마음을 가볍게 가지십시오. 모든 것은 이 강의에 맡기십시오. 원리 강의가 끝나면 누구에게나 일어날 수 있는 실생활의 문제를 원리를 적용해서 하나씩 풀어나가는 공부를 할 것입니다. 그래서 원리

공부가 더욱 중요합니다. 원리를 모르면 해답을 주어도 실천할 수 없기 때문입니다. 이제 공부가 시작입니다. 앞으로 순서대로 공부하다 보면 하나씩 원리를 알게 되고 실천할 수 있는 힘은 점점 더 강해집니다. 그러니 그대로 따라 하면 됩니다. 따라 하는 것이 어렵다구요? 억지로 따라 하지는 마십시오. 안되면 "아! 아직은 잘 안 되는구나." 이렇게 알아차리기만 하고 "안 된다."는 그 마음을 내려놓으십시오. "나는 왜 안 될까?" 같은 생각은 부정적인 생각이기 때문에 번뇌 망상입니다. 잘 안 되는 것이 정상입니다. 이번에 안 되면 그냥 가볍게 지나가고 다음에 다시 하면 됩니다. 이렇게 자꾸 하다 보면 나도 모르게 저절로 됩니다. 마치 안갯속을 거닐다 보면 나도 모르게 옷이 젖어드는 것과 같습니다. 이것을 '훈습薰習'이라고 합니다.

무슨 일을 할 때 마음을 가볍게 내고 가볍게 하는 것이 가장 잘하는 일입니다. "잘해야지."라는 생각을 내려놓고 이런 생각이 일어나기 이전으로 돌아가서 그냥 해 버리십시오. "잘해야지."라는 생각은 번뇌 망상입니다. 이 생각을 버리지 않으면 잘 안될 때 스트레스가 일어나기 때문에 지속적으로 할 수 없습니다. 무엇을 바꾸기 위해서는 일시적으로 잘하는 것보다 꾸준히 하는 것이 가장 잘하는 일이기 때문입니다.

＊ 제가 여러분에게 말씀드리는 것은, 이 공부를 하면 모든 고통으로부터 벗어나 영원히 행복해 질 수 있다는 것과 모든 고통으로부터 벗어날 수 있는 방법은 이 공부를 함으로써 얻어지는 완성된 중도의 지혜로 세상을 살아가는 것이 유일한 해결 방법이라는 말입니다. 제가 이렇게

말하면 많은 사람들은 이렇게 말합니다. "이론적으로는 맞을지 모르겠지만, 현실적으로 그것이 가능하겠느냐? 비현실적이다.", 또는 "당신이 그런 일에 직접 부딪혀 보지 않아서 그런 얘기하는 거다." 결국, 둘 다 현실에 맞지 않다는 말입니다. 그래서 저의 말을 들으려 하지 않는 경우가 많습니다.

만약에 우리가 폐암에 걸려 병원에 가면, 모든 의사선생님께서는 이렇게 말할 것입니다. "앞으로 담배는 절대로 피우시면 안 됩니다. 만약에 담배를 피우시면 죽습니다." 여러분! 이 말보다 더 현실적인 말이 어디에 있습니까? 제가 여러분들에게 말씀드리는 것은 이와 같습니다. 공부를 하느냐? 마느냐? 는 여러분들에게 달려있습니다. 인생은 선택의 문제고, 선택에 대한 책임도 자신이 짊어져야 합니다. 이것이 '자업자득(자작자수自作自受)'입니다.

* 원리(진리)를 깨닫는 공부의 지름길 *

원리를 깨닫는 공부는 학문(지식)을 하는 것과 달라서 공부를 어떻게 하느냐에 따라 깨달음의 성패가 갈라집니다.

인간의 마음은 하나의 커다란 집에 세 개의 방으로 구성되어 있습니다. 우리가 평상시에 늘 쓰고 있는 마음은 '제6의식意識'이라 하고, 이것을 지배하고 있는 마음은 '제7말나식末那識'인데 '중간의식'이라고도 합니다. 이 마음에는 자아의식(아치我痴, 아견我見, 아애我愛, 아만我慢)이 있기 때문에 제6의식이 판단을 할 때는 제7말나식의 지배를 받아 자기중심적으로 판단하게 됩니다. 이러한 이유로 모든 분별과 차별이 만들어집니다. 제6의식과 제7말나식의 작용으로 만들어진 과보果報는 '무의식'이라고 하는 '제8아뢰야식 阿賴耶識'에 습관, 고정관념, 개념, 알음알이, 상相, 지식, 무명無名(어리석음)으로 저장되는데 이것을 '업業'이라고 하며, 업이 작용해서 겉으로 드러나는 것을 '업식業識'이라고 합니다. 제6의식은 제7말나식의 지배를 받고 제7말나식은 제8아뢰야식의 지배를 받기 때문에 결국, 6식과 7식은 8식의 지배를 받는데 6식과 7식을 합친 방은 마음의 5%를 차지하고, 8식은 95%를 차지합니다.

이러한 원리로 우리가 지금 생각하는 것(제6의식)은 과거에 만들어진 업(제8아뢰야식: 무의식)의 지배를 받아 생각이 만들어지는 것입니다. 생각에 의해서 말과 행동으로 나타나고 이것은 또 다른 업을 만들어 8식(무의식)에 저장하게 됩니다.

마음의 구조와 작용이 이렇게 되어 있기 때문에 무의식에 저장되어 있는 업業(습관, 고정관념, 개념, 알음알이, 상相, 지식, 무명無名)을 바꾸는 것이 깨달음으로 가는 지름길의 핵심입니다. 업은 "바꾸어야지!" 하면서 의식적으로 애를 쓴다고 해서 바꾸어지는 것은 아닙니다. 무의식에 이미 저장되어 고정관념으로 굳어져 습관적으로 나도 모르는 사이에 튀어나오기 때문입니다.

업(업력業力)을 마음대로 바꾸기 위해서는 반드시 원리(진리)를 깨달아 얻어지는 법력法力이 있어야 하는데, 법력은 '완성된 중도의 지혜(지혜 바라밀, 아뇩다라삼먁삼보리, 최상의 깨달음)'를 이르는 말입니다. 따라서 최상의 깨달음이란, 중도中道를 체득體得(증득證得, 자기경험)하는 것을 말합니다. 체득한다는 말은, 몸소 체험해서 확실하게 아는 것을 이르는 말로서, 깨달음을 얻을 때 오는 최고의 희열(기쁨)을 체험적으로 느껴야 된다는 말입니다. 공부를 많이 해서 머리로 아는 것은 지식이라 하고, 지식은 아는 것의 내용을 실천할 수 있는 힘이 매우 약합니다. 그러나 체득하는 것은 머리에서 가슴으로 내려와 이루 말할 수 없는 감동을 줌으로써 불퇴전의 믿음이 생기고 이 믿음의 힘을 법력이라고 합니다. 법력은 완성된 중도의 지혜를 말하고, 업력을 이길 수 있는 것은 오직 법력뿐입니다. 완성된 중도의 지혜라는 하나의 무기로 해결되지 않는 문제는 없습니다.

중도를 체득하기 위해서는 반드시 원리를 깨달아야 하고, 원리를 깨닫기 위해서는 반드시 원리를 믿는 마음에서 일어나는 순수한 의심이 일어나야 하며, 이 의심이 끊어지지 않게 반복 학습을 하여야 합니다. 순수한 의심이란? 내 생각(번뇌 망상, 고정관념, 아상, 무명, 지식, 알음알이)이 조금도 개입되지 않고 일어나는 의심을 말합니다.

원리, 즉 진리는 현상계의 깊숙한 곳에 숨어있어서 인간의 육감(안, 이, 비, 설, 신, 의)으로 느낄 수 없기 때문에 개념(학문)으로 정리되어 무의식에 저장되기가 매우 어렵습니다. 따라서 원리를 말하고 있는 글(문자방편)을 접하면 의심이 생길 수밖에 없습니다. 이때 어떻게 의심하느냐에 따라 깨달음의 시기가 많이 달라집니다.

1) 내 생각이 들어간 상태에서 일어난 의심

원리(진리, 진여)는 우주가 생기기 이전부터 본래 존재하고 있었던 것이므로 항상恒常한 것입니다. 따라서 인간의 어떠한 개념도 벗어나(초월) 있기 때문에 무조건 믿는 것 외에는 다른 방도가 없습니다. 그럼에도 불구하고 인간의 6의식을 지배하고 있는 무의식으로 인하여 자신도 모르게 무의식에 이미 저장되어 있던 개념(고정관념, 지식, 알음알이)으로 헤아려 자기만의 답을 정해놓고 옳고 그름을 확인하려고 하기 때문에 원리를 있는 그대로 받아들여 순수하게 의심을 일으킨다는 것은 매우 어렵습니다.

양자물리학을 받아들이기가 어려운 이유도 바로 여기에 있습니다. 인간의 육감으로 느낄 수 있는 거시세계에서 일어나는 모든 것이 무의식에 입력되어 있고, 육감으로 느낄 수 없는 미시세계에서 일어나는 것은 저장되어 있지 않기 때문입니다. 달이 거기에 있기 때문에 우리가 볼 수 있는 것(거시세계의 개념)이지 어떻게 해서 인간이 보기 때문에 달이 거기에 있다(미시세계의 개념)는 말입니까? 우주가 있기 때문에 내가 존재할 수 있는 것이지 어떻게 내가 있기 때문에 우주가 존재하는 것이란 말입니까? 미시세계의 개념을 받아들이지 못한 '아인슈타인'과 '슈뢰딩거'는 '닐스 보어'를 중심으로 하는 '코펜하겐 학파'에게 'EPR역설'과 '슈뢰딩거의 고양이'라는 사고실험을 제시하고 설전을 벌이게 되었습니다. 슈뢰딩거는 이후 양자물리학을 버렸습니다. 이러한 일이 벌어지는 까닭은 과학자들이 "있는 그대로 보라."고 하는 깨달음의 세계를 잘 몰

랐기 때문에 생긴 일입니다. 논쟁이 해결되지 않자 많은 과학자들이 깨달음의 세계(형이상학, 종교)에 관심을 가지게 되었습니다.

내 생각이 들어간 의심은 믿는 마음이 없으므로 원리를 있는 그대로 받아들이지 않고 일어나는 의심이기 때문에 내가 내린 생각이 맞는지 틀리는지만 확인하므로 의심이 증폭(연결)되지 않고 끊어집니다. 이 경우는 지식만 늘어나게 되고 오히려 고정관념(개념, 상相)만 더 증가하게 됩니다. 따라서 아는 것(지식) 때문에 깨달음과는 점점 더 멀어지게 됩니다.

2) 내 생각을 내려놓고 믿는 마음에서 있는 그대로(원리)를 받아들이면서 일어나는 순수한 의심

순수한 의심은 내 생각이 전혀 개입되지 않은 의심이기 때문에 자기만의 답을 설정하지 않습니다. 다만, "왜 그럴까? 이 뭣꼬? 어째서?"라고 하는 의심만을 품고 다음 공부를 진행하기 때문에 의심은 갈수록 점점 더 증폭됩니다. 의심이 최고조로 증폭되면 자나 깨나 의심이 사라지지 않아서 의심과 내가 완전하게 한 덩어리가 됩니다. 이렇게 되면 빠른 사람은 1일~3일, 보통은 7일~10일, 아무리 늦은 경우라도 30일 정도면 큰 깨달음을 얻게 됩니다. 그래서 이 공부의 성패는 의심과 내가 얼마만큼 합일이 되느냐에 달려있습니다.

깨달음은 이러한 원리로 체득되기 때문에 과거로부터 무의식에 저장된 원리와 일치되지 않는 개념(습관, 알음알이)을 조금씩 바꾸다가 어느 날(시절인연) 한꺼번에 바뀌어 짐으로써(돈오頓悟, 확철대오, 회통) 의식적으로 애쓰지 않고 저절로 이루어지는 것입니다. 공부를 하면서 내가 어떻게 의심을 하고 있는지를 수시로 점검하여야 합니다. 그래서 이 공부는 "간절하게 알고자 하는 의심공부다."라고 하며, "내 생각을 내려놓는 것이 공부의 시작이고, 완전히 내려놓는 것이 공부의 끝이다." 또는 "조금 버리면 조금 얻을 것이요, 다 버리면 다 얻을 것이다."라고 말합니다. 개념이 바뀌면 생각이 바뀌고 생각이 바뀌면 말과 행동이 바뀌기 때문에 결국, 업業(삶의 찌꺼기)이 바뀌는 것입니다.

마음의 구조와 작용을 명확하게 아는 것은 매우 중요합니다. 모든 수행의 체계가 여기에 맞추어져 있기 때문입니다. 이 강의에서는 전통적인 수행 방편을 바탕으로 지금에 가장 알맞고 깨달음으로 가장 빠르게 갈 수 있는 수행 방편을 체계적으로 제시하고 있기 때문에 반드시 순서대로 반복 학습을 하는 것이 무엇보다 중요합니다.

제 7 강
본질(체體)과 현상(상相, 용用)의 원리

이제부터 본격적인 원리 강의를 시작하고자 합니다. 원리 강의는 양자물리학과 깨달음의 세계를 더욱 자세하게 회통시킴으로써 깨달음을 얻는 데 있어 그 기초를 다지고자 함입니다.

본질本質이란? 진리, 근본, 원인, 근원, 뿌리를 뜻하며 우리 앞에 펼쳐져 있는 모든 것(우주)을 만들어 낸 진여의 작용(에너지)을 본질 또는 본성이라 합니다.

현상現狀이란? 본질에 의해서 만들어져 세상에 나타나 있는 모든 것을 말하며 인간의 인식 대상이기도 합니다. 즉, 우리들의 오감(눈, 귀, 코, 혀, 몸)으로 느낄 수 있고 알 수 있는 것입니다.

본질은 모든 것의 근원을 뜻하기 때문에 '체體'라 하고, 현상은 체를 바탕으로 세상에 드러난 모습과 그 쓰임새 또는 작용을 의미함으로 '상相'또는 '용用'이라 합니다.

깨달음(종교적)으로 보면 체體는 진여眞如라 하며, 진여眞如란(범어

tathata)? 우주 만유에 보편普遍한 상주 불변하는 본체 또는 모든 현상의 차별을 떠나서 있는 그대로의 참 모습을 이르는 말입니다. 진여의 다른 이름으로는 여여如如, 여래如來, 원각圓覺, 일심一心(한 마음), 불성佛性, 청정심淸淨心, 본래심本來心 등 여러 가지 의미로 쓰이며, 상相, 용用은 경계, 대상, 객관이라는 의미로 쓰이는데 상, 용은 체의 다른 모습일 뿐, 체, 상, 용은 둘이 아니다(불이不二), 다르지 않다(불이不異), 같다(즉화卽化)는 의미에서 이 모두를 법法이라 하기 때문에 우리가 사는 세상을 법계法界라 합니다. 다시 말한다면, 체는 상, 용 모두에 공통적으로 들어가 있는(구성하고 있는) 성분 또는 성질을 말합니다. 체는 겉으로 드러나지 않으므로 우리가 집착하지 않으나 상과 용은 겉으로 드러나 있기 때문에 우리는 여기에 집착하고 여기에 익숙해져 있습니다. 그래서 우리가 가지고 있는 개념은 상, 용에 의해서 만들어진 것입니다.

이 내용을 양자 물리학적으로 살펴본다면, 우주 만상은 진여의 작용에 의해 비롯된 것이며, 진여의 작용에 의해 최초로 생긴 것이 소립자(아원자, 미립자)입니다. 진여를 만상의 체로 보았을 때는 소립자도 상, 용에 해당될 것이나 진여는 모든 개념을 떠나있기 때문에 논리를 확립시키기 위해 이 강의에서는 소립자를 만상의 체로 정리하겠습니다. 진여의 상, 용은 소립자요, 소립자의 상, 용은 만상이라는 뜻입니다.

진여와 소립자의 관계는 기독교적으로는 성부聖父와 성자聖子의 관계이며 불교적으로는 법신法身과 화신化身의 관계이기 때문에 둘이 아니고, 다르지 않으며, 같습니다. 생물학적으로 말하면 아버지의 유전인자를 아들이 그대로 물려받았으므로 모든 것을 가능하게 하는 능력(전지전능)을 소립자는 갖추고 있습니다.

진여는 형상이 아예 없어서 찾을 수도 없지만, 소립자는 극도로 미세하기는 하나 형상이 아예 없지는 않으므로 찾을 수 있다는 차이가 있습니다.

진여와 소립자는 둘 다 일종의 에너지로서 만물은 진여와 소립자의 작용에 의해 생멸이 있고, 작용은 인연 따라 다르게 나타나며, 작용할 때는 아무렇게나 작용하는 것이 아니고 반드시 일정한 원리를 가지고 작용한다는 점입니다. 진여는 언어 문자를 떠나 있지만, 원리는 언어 문자를 의지할 수 있으므로 이 강의에서는 그 원리를 공부해서 깨달음을 얻고 완성된 중도의 지혜로 해탈, 열반(구원, 영원한 행복)에 이르고자 함입니다.

소립자가 에너지이기 때문에 모든 물질은 에너지로 바뀔 수 있는 것입니다.

(이 글에서 많은 의심을 만들기 바랍니다.)

본질과 현상에 대해 몇 가지 예를 들어, 설명한다면 다음과 같습니다.

(1) 금(체)으로 반지, 목걸이, 행운의 열쇠(상, 용) 등 어떠한 것을 만들어도 모양은 다르나, 금이라는 본래의 성질은 다르지 않습니다. 마찬가지로, 향나무(체)로 어떠한 것(상, 용)을 조각하여도 냄새는 향나무 냄새가 날 것이며, 본질은 향나무라는 성질을 떠날 수 없습니다.

(2) 물과 얼음과 구름은 현상적으로는 다르게 보이나 물이 찬 것을

만나면(인연, 조건) 얼음이 되고, 얼음이 다시 더운 것을 만나면 물이 되며, 물이 증발하여 적당한 인연(조건)을 만나면 구름이 되기 때문에 얼음과 구름은 물의 '상相'과 '용用'이고, 물은 얼음과 구름의 '체體'입니다. 또한, 이 셋은 물의 본래의 성품인 '젖어들게 하는 성질'은 똑같이 지니고 있습니다.

(3) 바닷물은 본래 고요하나 바람을 만나면 파도를 만듭니다. 바닷물(체體)과 파도(상相, 용用)는 모양은 다르나, 파도는 바닷물을 떠날 수 없습니다.

여기서 중요한 사실은 상, 용은 체의 다른 모습일 뿐, 체와 다르지 않다는 사실을 꼭 기억해 두십시오.

이것은 참나와 가아(에고, 자아)는 서로 분리될 수 없는 것과 같고, 서로 상대적인 모든 것은 서로 분리될 수 없는 것과 같습니다. 행복과 불행이 서로 분리될 수 없듯이……

이 사실(원리)을 깨닫게 되면 한 잔의 차를 마시면서 찻잔 속에 있는 구름을 보게 되며 차를 마시면서 동시에 구름을 마시는 경이로운 사실을 경험하게 됩니다. 이것이 온전하게 차를 마시는 것입니다. 온전하게 한다는 말은 행동과 생각이 일치하는 것을 의미하므로 밖으로 나가 있는 생각을 지금 여기로 불러오는 것을 말합니다. 이것은 명상에서 다시 공부하도록 하겠습니다.

체體, 상相, 용用의 원리를 알고 나면 현실에 드러나 있는 '나'와 그 안에 숨어 있는 또 다른 '내'가 있지 않을까? 라는 의심이 생길 것입니다. 나를 바꾸는 공부는, 지금 '나'라고 생각하는 '나'는 진정한 '내'가 아니라 거짓 '나(색, 수, 상, 행, 식의 오온이 거짓으로 화합한 나)'라는 사실을 알고 '참나'를 찾아가는 공부입니다. 지금 내가 생각하는 '나'는 상, 용을 의미하는 '거짓 나(가아假我)'이고, 공부해서 깨달음으로 찾은 '나'는 체를 의미하는 '참나(진아眞我)'입니다. 그러나 본질과 현상은 결코 둘이 아닙니다. 현상은 본질의 다른 모습일 뿐입니다. 마치 파도는 바닷물과 다르지 않은 것처럼, 그래서 "모든 것은 하나로서 같은 것입니다.", "모든 것은 하나다(생명공동체)."라는 이 진리를 확실하게 깨달으면 그것이 견성입니다.

거짓 나는 "모든 것은 하나다."라는 진리를 모르는 나(중생)이기 때문에 분별 망상에 집착하는 매우 이기적인 '나'이므로 성공하는 비결이나 행복해지는 비결을 실천할 수 있는 능력이 미약한 '나'입니다. 그러나 공부하여 깨달음으로 '참나'를 찾으면 본질을 확실하게 보고 "모든 것은 하나다."라는 진리를 터득하여 지혜를 얻음으로써 어떠한 것도 분별하거나 차별하지 않으므로 모든 것과 최고의 조화를 이루기 때문에 최고의 행복, 최고의 성공을 이룰 수 있는 능력의 소유자가 되는 것입니다.

자기를 계발한다는 것은 지금까지 상, 용의 입장(내 생각, 부분)에서 세상을 바라보고 판단하였으나 이제부터는 체(진리, 진여, 전체)의 입장에서 세상을 바라보고 판단하는 것입니다. 즉, 상, 용의 입장에서 체의 입장으로 나를 바꾸는 일입니다. 이것을 '유식론唯識論'에서는 '전식득지轉識得智'라 하였습니다.

연기의 원리와 체, 상, 용의 원리를 알게 되면 최소한 가정이나 회사와 같은 조직에서 지금까지는 나의 이익에 치우쳐 있었으나 이제부터는 전체의 이익을 생각하게 됩니다. 나의 이익을 추구하는 것은 전체를 죽이는 일이 되어 결국에는 나를 죽이는 일이 되기 때문입니다.

사람마다 좋아하는 것이 다르며, 좋아하는 것은 즐기려고 합니다. 자기가 좋아하는 일을 지나치게 즐기는 것은 전체를 보지 못하는 어리석은 짓입니다. 평일에는 돈을 벌기 위해 일만 하고 휴일에는 내가 좋아하는 것에 나 혼자 빠져 있다면 어떻게 되겠습니까? 가족의 입장에서보면 늘 가족 밖에서 혼자만 지내는 것이 되어 가족과 화합하지 못하게 됩니다. 내가 지금 어리석은 일을 하고 있지는 않은지 살펴보기 바랍니다. 좋아하는 것도 개개인의 주관적인 판단에 의한 것이어서 자성이 없기 때문에 적당히 하지 않으면 좋아하는 것 때문에 많은 고통이 만들어지게 됩니다. 게임 중독, 술 중독, 취미 중독도 마찬가지입니다.

"우주에 존재하는 모든 물질의 구성요소를 해체해서 살펴보면, 만물을 생성시키는 근본인 흙(지地), 성장시키는 습기와 액체인 물(수水), 성숙시키는 에너지인 불(화火), 변화시키는 움직임인 바람(풍風)의 사대四大가 조건(인연)에 따라서 모였다(생生) 흩어지는(멸滅) 것을 반복(윤회)하고 있는 것이다."라고 깨달음의 세계에서는 말하고 있습니다.

인간의 몸도 죽으면 살과 뼈는 흙의 기운으로, 피와 다른 액체는 물의 기운으로, 따뜻했던 체온은 불의 기운으로, 숨 쉬던 것(호흡)은 바람의 기운으로, 즉 본래의 모습으로 되돌아갑니다. 그래서 '죽었다'는 말을 '돌아가셨다'고도 합니다.

만물은 지地, 수水, 화火, 풍風 사대의 인연화합에 의해 생겨나고 소멸하는 일을 반복(윤회)하고 있을 뿐, 어느 것 하나도 독립되어 스스로의 고정된 성품을 지닌 것은 없습니다(무자성無自性).

예컨대 집을 지으려면 많은 건축자재가 있어야 합니다. 하나하나의 건축 자재를 집이라고는 말하지는 않습니다. 이것을 가지고 사람이 집을 만들어야 비로소 집이라고 말합니다. 모든 것은 이와 같아서 이것과 저것이 인연 화합되어 있을 뿐 변하지 않는 고정된 성품은 없습니다.

진여의 작용으로 대폭발(Big Bang)이 일어나고, 그로인해 수많은 소립자가 만들어지고, 그 소립자는 모든 것을 구성하는 본질이 되었다는 사실이 과학적(양자물리학)으로 밝혀졌습니다. 이것은 우주를 가득 채우고 있는 것이 소립자라는 말입니다. 이 현상을 머리로 상상하면서 이 글을 읽으면 이해가 빠르리라 생각됩니다.

연기의 원리로 보면, 만물을 구성하고 있는 성분은 우주가 탄생(Big Bang)되면서부터 지금까지 만들어진 모든 것들이며, 이것들이 모였다 흩어지는 것을 반복(윤회輪廻)하는 과정에 이것은 저것에 들어있고 저것은 이것에 들어 있기 때문에 모든 존재는

1) (새롭게)생겨나지도 않으며, (완전히)소멸하지도 않습니다.

2) 상주하는 것도 아니며, (깨끗이)단멸하는 것도 아닙니다.

3) 같지도 않고, 다르지도 않습니다.

4) (어디선가)오는 것도 아니고, (어디론가)가는 것도 아닙니다.

이것을 '팔불중도八不中道'라 합니다.

따라서 나라는 존재도 이와 같아서

1) 나는 있기도 하고 없기도 하며,

2) 나는 죽는 가운데 죽지 않기도 하며,

3) 모든 것이 나와 같기도 하고 다르기도 하고,

4) 나는 (어디선가)오는 것도 아니고, (어디론가)가는 것도 아닙니다.

이 원리는 체, 상, 용의 원리로 보아도 마찬가지입니다.

연기의 원리는 체, 상, 용의 원리에도 적용되어 체는 조건(여건)에 따라 상, 용으로 나타나기 때문에 체는 인연 따라 모든 것에 들어있는 것입니다. 결국, 연기의 원리로 본 존재의 실상이나 체, 상, 용의 원리로 본 존재의 실상은 같다는 사실을 알 수 있습니다.

사대(지수화풍地水火風)가 서로 인연화합因緣和合(연기緣起)되어 생멸이 만들어지고, 사대는 모든 것을 구성하는 근본이므로 체體의 역할을 하며, 사대로 인해서 만물이 드러나기 때문에 상相, 용用이 있게 됩니다. 이 원리가 연기와 체, 상, 용이 하나 되어 있는 모든 존재의 모습입니다.

연기공, 무상공의 공사상空思想(원리)과 체, 상, 용의 원리에서 '진공묘유眞空妙有'라는 말이 나오는데 이 말의 물리적인 뜻은, '정말로 공하다(비어있다)는 것은 만물이 존재할 수 있는 가능성을 묘하게 품고 있다'는 말입니다. 따라서 공하기 때문에 모든 존재가 가능하다는 의미입니다.

우리가 비어있다는 것은 눈에 아무것도 보이지 않을 때 쓰는 말입니다. 그러나 우주는 소립자로 꽉 차있는 소립자의 덩어리이기 때문에 진공묘유도 양자물리학(과학)으로 확실하게 증명된 것입니다. 놀라운 것은 어떻게 지금으로부터 약 2500년 전에 이러한 사실(원리)을 깨달음이라는 것을 통해서 알아낼 수 있었느냐? 입니다.

공空은 무상無常과 연기緣起와 무자성無自性을 뜻합니다. 만약 고정불변의 자성이 있다면 변화할 수 없기 때문에 생멸이 있을 수 없으므로 어떠한 것도 본래(원천적으로) 존재할 수 없습니다. 생멸은 인연 따라 순환(무상: 변화)하는 것이기 때문입니다. 진공묘유는 생멸이 순환하는 과정에 서로 화합(융합, 연기)하는 것을 말하며 이것이 중도사상입니다. 중도의 원리는 앞으로 공부할 것입니다. 이 말의 뜻을 지금까지 공부한 내용으로 본인의 알음알이가 아닌 (내 생각을 버린)순수한 마음으로 깊게 한번 사유해 보기 바랍니다.

"우주에 시작이 있는가 아니면 시작도 끝도 없이 영원한가?" 이것은 인류의 오래된 의문이었습니다. 우주의 시초가 있다고 주장하는 '빅뱅 우주론'이 등장하자, 이에 맞서 영원한 우주를 주장하는 '정상상태 우주론'이 등장하여 상반된 두 우주론 사이에 열띤 논쟁이 벌어졌으나 아직까지는 학설이기 때문에 명확한 결론이 나지 않은 상태입니다.

그러나 연기론과 윤회론으로 보면, 연기는 인연因緣하여 일어나는 것(인연소기 因緣所起)입니다. 즉, 어떤 인(因: 직접적인 원인)이 있고, 그것에 상응하는 다른 조건(연緣: 간접적인 원인)이 결합하여 새로운 하나의 어떤 현상이 일어나는 것을 말합니다.

윤회輪廻는 원인과 결과에 의한 순환, 유전流轉, 생사, 흐름, 상속, 지속을 뜻합니다. 다시 말하면 원인과 결과로 연기되는 현상들의 연속적 흐름을 윤회라고 합니다. 이 원리는 "우리가 속해있는 우주의 만물은 돌고 돌아, 변하고 변하여 항상 그대로 인 것이 없다(제행무상 諸行無常)." 는 것을 말합니다. 생노병사生老病死는 인간의 삶을 제행무상의 원리로 설명한 것이며, 생주이멸生住異滅은 만물의 양상을 제행무상의 원리로 설명한 것이며, 성주괴공成住壞空은 세상(우주)의 양상을 제행무상의 원리로 설명한 것입니다. 따라서 원리적인 측면에서는 제행무상諸行無常이고, 윤회하는 것이기 때문에 모든 것(우주 만물)은 시작도 없으며 끝도 없습니다(무시무종 無始無終).

연기와 무상은 동시에 진행되면서 상, 용을 만들어 내고 상, 용의 본질(체)은 사대(지, 수 화, 풍)로 구성되고 있습니다. 사대는 모이고 흩어지는 과정을 생노병사, 생주이멸, 성주괴공의 순서로 끊임없이 반복하고 있습니다. 사대라는 말은 과학이 발달되지 못했기 때문에 생긴 말이고, 지금은 사대라는 말 대신 소립자라는 말로 바꾸어야 합니다.

체體, 상相, 용用의 원리는 우주 만물의 존재의 원리입니다. 이것을 '의상조사義湘祖師 법성게法性偈'에서는 이렇게 한 마디로 표현하고 있습니다. "일중일체다중일一中一切多中一 일즉일체다즉일一卽一切多卽一 일미진중함시방一微塵中含十方 일체진중역여시一切塵中亦如是."

"하나에 모두가 다 있으며 모두에 하나가 있으니, 하나가 곧 모두이고 모두가 곧 하나이니, 한 티끌 작은 속에 우주를 다 머금었으며, 낱낱의 티끌이 다 그러하다." 이 말을 다르게 표현한다면, 아무리 보잘것없는 미물이라 할지라도 우주의 모든 역사를 다 담고 있다는 뜻입니다. 이유는 모든 존재는 스스로 독립된 고정불변(영원한)의 존재가 아니라 인연 따라 모였다(생生) 흩어지는(사死, 멸滅) 과정에 이것은 저것에 저것은 이것에 서로 복잡하게 섞여 있기 때문입니다.

오늘날 과학은 '물체(색色)는 물체가 아니라 하나의 사건event(공空, 진여의 작용)이다', 또는 '물체는 물체가 아니라 에너지(공空)다'라고 말하는데 이것은 만상의 본질은 소립자(에너지)라는 말로서 '색불이공色不異空 공불이색空不異色 색즉시공色即是空 공즉시색空即是色'을 물리적으로 말해주는 것입니다.

미국의 노벨물리학상 수상자인 '앤더슨Carl David Anderson'은 무형의 에너지를 유형의 질량으로 전환(에너지 물질화) 시켰습니다. 결국, 에너지(공空)가 질량(물질, 색色)이고 질량이 에너지였던 것입니다(등가원리). 그 후 이탈리아의 노벨물리학상 수상자인 '세그레Emilio Gino Segre'가 다방면으로 실험하여 에너지가 물질화할 때 거기에는 증감이 없다는 사실도 밝혀냈습니다(부증불감 不增不感, 질량보존의 법칙).

(여기서 공의 의미는 물리적인 공을 의미할 뿐 '반야심경'에서 말하는 진여의 공은 아닙니다.)

거의 모든 생명체에 다 들어있으면서 세포호흡에 관여하는 미토콘드리아mitochondria를 생명체의 체體로 본다면, 모든 생명체는 미토콘드리아로 연결되어 있기 때문에 체(미토콘드리아)의 입장에서 본다면 인간(상相, 용用)이 고등동물이라는 말은 우스운 일입니다. 체(미토콘드리아)의 입장에서 보면 모든 생명체는 평등할 뿐만 아니라 나고 죽는 일도 없어집니다. 이유는 모든 것은 다 '나'이기 때문입니다.

상, 용이 일부 없어진다고 해서 모든 것이 한꺼번에 다 없어지는 것은 아닙니다.

연기공, 무상공의 원리와 체, 상, 용의 원리를 알면 "물질이 허공과 다르지 않고(색불이공 色不異空) 허공이 물질과 다르지 않아서(공불이색 空不異色) 물질이 곧 허공이고(색즉시공 色即是空) 허공이 곧 물질이다(공즉시색 空即是色).",

"모든 것이 있는 그대로 공한 이 실상은(시제법공상 是諸法空相) 생기는 것도 아니고 없어지는 것도 아니며(불생불멸 不生不滅) 더러운 것도 아니고 깨끗한 것도 아니며(불구부정 不垢不淨) 늘어나는 것도 아니고 줄어드는 것도 아니다(부증불감 不增不感)." 라고 말한 의미(공空의 성품性品)를 물리적(물질)으로도 확실하게 알 수 있을 것입니다.

이 말을 더욱 쉽게 풀어 본다면, 물은 H2O로서 산소 1분자와 수소 2분자로 구성되어 있기 때문에 물이라고 하는 독립적인 자성(고정적인 성품)은 없습니다. 이것과 저것이 인연화합하고 있을 뿐입니다. 따라서 물(색色)의 성품은 공空입니다(색즉시공 色即是空). 이렇게 화합해서 이루어진 물이 본래대로 산소분자와 수소분자로 되돌아가도 그 양에 있어서는 변함이 없습니다(부증불감 不增不感).

물이 차가운 인연을 만나면 얼음이 되고 더운 인연을 만나면 수증기가 되어 증발해서 구름이 되고 구름이 모이면 다시 물이 되어(공즉시색 空即是色) 지상으로 내려옵니다. 이렇게 순환하는 것을 끊임없이 되풀이하고 있습니다(불생불멸 不生不滅).

물은 모든 생명체에 없어서는 안 되는 공통분모이기 때문에 체體의 역할을 하므로 모든 생명체는 물로서 연결되어있는 하나의 생명공동체입니다.

10개의 방이 있는 건물이 있습니다. 각각의 방에 10명의 사람이 있다면 건물 전체에는 100명의 사람이 있을 것입니다. 방에 있는 사람들이 서로 오고 가면 각각의 방에 있는 사람의 수는 늘어나기도 하고 줄어들기도 할 것입니다. 그러나 건물 전체로 보면 항상 100명이라는 사람의 수는 변함이 없습니다(부증불감 不增不感). 돈의 경우도 마찬가지여서 10명의 사람이 각각 100만 원씩 가지고 있다면 전체로 보면 1,000만 원이 됩니다. 거래관계로 서로 주고받았다면 각각의 돈은 늘어나기도 하고 줄어들기도 할 것입니다. 그러나 전체로 보면 늘어나지도 않았으며 줄어들지도 않았습니다. 서로 주고받았을 뿐입니다.

각각의 입장(중생, 나, 주관, 상相)에서 전체의 입장(깨달은 사람, 진여眞如, 체體)으로 완전하게 바꾸는 것이 자기계발을 완성하는 것입니다. '나'라고 하는 주관을 내세우면 객관이 생기기 때문에 분별하게 되어 내 것과 네 것이라는 소유의 개념이 생기게 됩니다. 원리로 본다면, 본래 만물은 주인이 없습니다. 그래서 모든 것은 빈 것으로 왔다가 빈 것으로 되돌아가는 것입니다.

내가 진여(체體)의 입장이 되면 모든 것이 '나'이기 때문에 모든 것을 다 소유하게 되므로 소유의 개념(욕심)이 없어집니다. 그래서 무소유는 깨닫는 사람에게 저절로 주어지는 것일 뿐 의식적으로 이루어지는 것은 아닙니다.

인간이라면 누구나 바라는 것은 만족, 행복, 기쁨, 즐거움과 같은 것입니다. 이러한 희망이 이루어지려면 너와 내가 하나 될 때입니다. 그까닭은 본래 하나이기 때문입니다. 따라서 "왜 본래 하나인가?"의 원리를 확실하게 알아야 한다는 것은 너무나 당연한 일입니다. 모든 것이하나 되어 분별심 차별심이 끊어지면 세상이 다 내 것이 되기 때문에더 이상 가져야 할 이유가 없어집니다. 이것이 진정한 무소유입니다.

깨달은 사람은 항상 체(진여)의 입장에서 바라보기 때문에 전체를 하나로 보게 되어 너(객관)와 나(주관)의 구별이 없어지고, 깨닫지 못한사람은 자기 중심적(이기적)인 상, 용의 입장에서 부분만을 보게 되어분별하고 비교하여 차별 짓고 배척하기 때문에 항상 경쟁하고 다투는고통스러운 세상을 살아가게 됩니다.

무엇이든 전체(체體)의 입장에서 보면 불생불멸不生不滅이고, 부증불감不增不感이며, 불구부정不垢不淨입니다. 그러나 각각(상相, 용用)의 입장에서보면 생멸도 있고, 늘어나기도 하고 줄어들기도 하며, 더러울 수도 있고깨끗할 수도 있습니다. 소똥구리는 소똥이 없으면 살아가지 못합니다.그래서 소똥은 더러운 것도 아니고 깨끗한 것도 아닙니다. 자성이 없습니다. 소똥은 소똥일 뿐입니다.

종교의 문제도 체體, 상相, 용用의 원리로 살펴본다면, 모든 종교는 인간의 고통을 없애고 행복해지기 위해 인간에 의해서 만들어진 것이므로 이 사실이 모든 종교의 체(본질)가 됩니다. 따라서 세상에 있는 수많은 종교는 체의 입장에서 볼 때는 상, 용이 될 것입니다. 다시 말해서, 종교는 서로 다르나 종교를 통해서 얻고자 하는 것은 같다는 말입니다.

인간의 역사에 종교가 미치는 영향력은 매우 커서 문화, 풍습, 예술, 학문, 심지어 전쟁 등 거의 모든 분야에 관계(인연)를 맺고 있습니다. 종교로 말미암아 일어나는 모든 분쟁은 본질의 의미가 인간의 욕심에 의해 퇴색되고 '내가 믿는 종교와 신神이 제일이다'라고 해서 다른 종교를 배척하고 이단시하여 저마다 자기가 믿는 종교로 천하를 통일하려고 하기 때문입니다. 종교의 본질은 사랑, 자비, 나눔, 믿음, 순종입니다. 이것 외의 다른 모든 것은 종교의 본질에 벗어나는 외적인 형식에 불과합니다. 종교는 종교의 본질 이외의 다른 어떠한 목적으로도 사용되어서는 안 됩니다. 그럼에도 불구하고 오늘날 종교가 본질에서 벗어나 외적인 일(형식)에 집착하고 있는 것은 매우 안타까운 일입니다. 무슨 종교를 믿느냐는 중요하지 않습니다.

행복을 추구하는 종교의 본질이 형식에 치우쳐 훼손되지 않아야 합니다. 따라서 종교와 신의 문제로 일어나는 모든 문제를 가장 조화롭게 해결하는 방법은 체體, 상相, 용用의 원리를 분명하게 아는데 있습니다.

이러한 원리를 모르는 우리들의 인식(개념)은 "모든 것은 다르다."라는 것에 고정되어 있기 때문에 "모든 것은 있는 그대로 하나다." 따라서 '같다(즉화卽化)', '다르지 않다(불이不異)', '둘이 아니다(불이不二)'라는 개념으로 바꾸는 일이 생각으로는 이해되고 깨달음을 얻은 것 같으나, 막상 현실에서 어떤 상황에 부딪히면 주관과 객관이 분리되어 이기적인 마음이 일어나 실천이 어렵게 됩니다. 같은 내용을 계속 반복 학습하여 자기계발을 하려는 까닭이 여기에 있습니다. 이렇게 생각을 바꾸기 위해서 잊어버리지 말아야 할 것은, 우리가 다르다고 생각해서 분별하고 다르게 이름 붙여 놓은 모든 것(명자상名字相)의 본질은 절대 다르지 않다는 사실을 마음에 깊이 새겨놓아야 합니다.

우리가 무슨 일을 할 때도 본질의 문제는 가장 중요한 것이기 때문에 항상 잊지 말아야 하며, 무엇보다 우선되어야 합니다. 본질이 흐려지거나 없어지면 그 일은 아무런 가치가 없어질 뿐만 아니라 일의 방향이 전혀 엉뚱한 곳으로 가버리고 맙니다. 본질은 항상 현상(내 생각, 무명)에 둘러싸여 있어서 겉으로 드러나지 않고 겉으로 드러나는 것은 현상입니다.

인간의 인식 대상은 현상이기 때문에 누구나 현상에 익숙해져 있어서 본질은 잊어버리기가 쉽습니다. 일을 함에 있어서의 현상은 그 일을 하는 형식이며 이것은 인간에게만 있는 것이어서 형식은 인간이 그때그때 이렇게 하면 좋겠다고 생각해서 만들어 놓은 것이므로 여건에 따라서 다 다르기 때문에 형식은 바꿀 수도 있고, 또한 항상 바뀝니다.

인간은 가정, 사회, 국가, 종교 등에서 관습(풍습), 윤리, 문화라는 이름의 많은 형식 속에서 살아가고 있습니다. 명절이나 제사와 같은 풍습은 그 자체가 인간에 의해서 만들어진 것이어서 하나의 형식입니다. 이 형식을 실행하려면 수많은 형식이 또 필요합니다. 이러한 형식은 그 자체가 어떤 문제를 일으키는 것은 아닙니다. 그러나 형식에 어떤 고정된 윤리관을 만들어 놓고 그 윤리관에 인간의 가치관을 결부시켜 놓았기 때문에 형식이 본질보다 더 중요시되어 많은 문제를 일으키기도 합니다.

예를 들어, 제사를 모실 때 가장 중요한 것은 돌아가신 조상님에 대해 마음으로 기리며 생각하는 것(추모)입니다. 추모한다는 것이 제사의 체體(본질)에 해당하므로, 이것은 동서고금을 통해서 한 번도 바뀌어 본 적이 없습니다. 그러나 제사를 모시는 형식은 다 달라서 구구각색입니다.

한 가정에서 식구들끼리 종교가 달라 서로 자기의 종교형식에 맞추려 하다가 추모의 본질이 흐려지고 서로 갈등하는 일은 매우 안타까운 일이 됩니다. 다른 일을 함에 있어서도 마찬가지여서 체, 상, 용의 원리를 통해서 우리는 많은 것들에서 이익을 얻을 수 있습니다.

인간의 마음은 누구나 본래 청정(체體, 본성)하나 번뇌, 망상(상相, 용用, 내 생각)에 의해서 본래의 청정심이 작용하지 못하는 것이므로 본래 깨끗한 마음과 번뇌 망상으로 오염된 마음도 다르지 않고 같은 마음입니다. 만약에 이 두 마음이 따로 있어서 고정되어 변하지 않는다면 누구도 자기계발을 할 수 없을 것입니다. 이것은 마치, 눈을 감고 있으면 볼 수 없으나 눈을 뜨면 볼 수 있는 것과 같아서, 눈을 감고 있든 눈을 뜨고 있든 본래 볼 수 있는 눈의 기능은 같다는 말입니다. 거울은 본래 모든 것을 있는 그대로 환히 비추는 능력이 있습니다. 그러나 먼지(내 생각)가 앉으면 앉을수록 보이지 않게 됩니다. 따라서 자기계발은 감고 있던 눈(무명, 내 생각, 중생)을 뜨게 하는 일(깨달음, 지혜)이며, 거울에 앉은 먼지를 닦아내는 일과 같습니다.

체, 상, 용의 원리에서 가장 중요한 것은, 우리는 '모든 것은 다르다'라고 생각하고 있는데 이것을 '모든 것은 다르지 않다'라는 개념으로 바꾸는 것입니다.

양자 물리학(현대물리학)이 등장하고 발전하면서 바뀐 개념 중에서 무엇보다 중요한 것은, 우주는 양자적(소립자)으로 서로 얽혀있기 때문에 떼려 해도 뗄 수 없는 하나로 된 생명공동체라는 사실입니다.

이것은 모든 것을 분리시켰던 고전물리학(뉴턴역학)의 개념과는 상반되는 것입니다.

기존의 뉴턴역학이나 양자장론(quantum field theory)이 만물의 근본을 차원이 없는 일종의 점입자(point particle)로 보았기 때문에 자연계에 존재하는 4가지 힘(중력, 전자기력, 약력, 강력)을 하나의 힘으로 기술하려는 과학자들의 꿈(대통일장이론)을 이루지 못했습니다. 과학자들의 꿈인 대통일장이론은 1974년 죠지아이와 글래쇼에 의해 제창되었습니다. 전자기력, 약력, 강력의 세 힘은 양자역학과 잘 접목되는데 반해 중력은 양자화하기 어려웠습니다. 그래서 나온 이론이 초끈이론입니다. 거시의 세계는 중력 현상을 설명하는 이론(상대성이론 등)이 잘 맞고, 원자 등 미시의 세계에서는 양자역학을 이용한 설명이 주로 잘 맞습니다. 하지만 두 세계를 하나로 통합해서 설명하는 이론은 아직 존재하지 않았습니다. 이 모순을 해결하기 위해 과학자들이 생각해낸 것이 초끈이론입니다.

1974년 미국 캘리포니아 공대의 존 슈바르츠 교수가 끈이론에 초대칭성을 접목해 초끈이론을 제안하면서 초끈이론이 확립되기 시작했으며, 뒤이어 슈바르츠 교수가 1984년 런던대의 마이클 그린 박사와 함께 양자역학적 모순을 해결하면서 초끈이론으로 4가지 힘을 설명할 수 있게 됐습니다.

초끈이론은 우주를 구성하는 최소 단위(체體)를 양성자, 중성자, 전자와 같은 소립자나 쿼크와 같은 입자(구球)의 형태가 아니라 이보다 훨씬 더 작으면서도 끊임없이 진동하는 아주 가느다란 끈으로 보고 우주와 자연의 궁극적인 원리(본질, 체)를 밝히려는 이론입니다.

초끈이론은 초대칭성을 이용해 자연계에 존재하는 입자와 힘을 끈의 요동으로 설명하기 때문에 전자에는 그에 대칭되는 곳에 전자가 있어야 하고, 쿼크에도 역시 초대칭 쿼크가 존재해야 되나 아직 발견되지 않고 있습니다.

초끈이론으로 중력을 양자화하는 과정에 발생하는 문제를 해결할 수 있고 매우 짧은 거리이기는 하지만 4가지 힘을 통일할 수 있게는 되었으나 우주의 최소 단위인 끈이 시간의 변화에 따라 어떤 특이성을 가지는지, 즉 우주가 왜 갑자기 확장하게 되었는지 등에 관한 이유를 입증하지 못해 아직 까지 검증받지는 못했습니다. 이러한 문제점이 해결된다면, 시간, 공간, 중력의 원리 등을 바탕으로 우주 전체의 모습을 거시적 연속성으로 보는 상대성이론과 미시적인 입자들을 불확정적인 확률로 기술하는 양자역학의 미시적 불연속성 사이에 존재하는 모순을 해결할 수가 있을 것이며, 두 이론을 하나의 통일된 체계로 설명할 수 있게 됨으로써 과학자들의 꿈인 우주의 궁극적 원리를 규명하는 것도 가능해질 것입니다.

처음의 초끈이론은 10차원이었지만 1995년 말에 '끈(string)'이 아닌 2차원인 '면(membrane)'이라는 이론이 나오면서 11차원이 되었으며, 1차원인 끈보다 2차원인 면이 대통일장이론을 설명하는데 훨씬 편리하다고 생각해서 나온 이론이 이른바 'M이론(Membrane, Magic, Mystery, Matrix, 혹은 모든 이론의 Mother란 뜻)'입니다. M이론은 초끈이론 보다 진일보한 이론이지만 아직 완벽한 대통일장이론으로 검증받지는 못했습니다.

- 블로그 글 참고 -

과학자들의 이러한 노력은 기원(시작)이 있기 때문에 가능한 일입니다. 기원은 최초(체體)를 말하므로 최초는 둘이 될 수가 없으며, 반드시 하나이어야 합니다. 그래서 모든 것은 최초의 그 무엇인 하나로 서로 얽혀 있을 수밖에 없습니다. 이것이 체, 상, 용의 원리이며, 연기의 원리입니다.

과학이 지금처럼 발전한다면 언젠가는 과학자들의 꿈이 이루어지리라 보고, 그렇게 되면 될수록 원리를 깨달아야 된다는 저자의 외침도 누구에게나 설득력을 발휘하게 되리라 믿습니다.

아직 공부가 부족하여 개념이 잘 바뀌지 않는다면 우선 믿는 마음을 일으켜 개념을 대신하고 가슴 깊이 새기면 깨달음을 얻는 데 많은 도움이 될 것입니다.

＊ 이 강의에서는 체, 상, 용의 원리와 연기의 원리를 하나로 회통시키

면서 다소 어려운 말을 했습니다. 의심공부를 위해서 의도적으로 한 것이므로 반복 학습을 통해서 이해하고 다음 공부를 하기 바랍니다.

특히 이번 강의에는 깊게 참구해야 할 내용이 많으니 지금까지 공부한 내용을 되새기면서 여러 가지 경우를 적용해 보시기 바랍니다.

＊ 자기를 계발한다는 것은, 지금보다 더 나아지는 것을 말합니다. 모든 면에서 더 나아지는 경우도 있겠지만, 어느 한 부분만이라도 더 나아져야 합니다. 지금보다 더 나아지기 위해서는 지금 가지고 있는 생각(고정관념)을 보다 더 진취적인 생각으로 바꿀 때만 가능합니다. 그러기 위해서는 지금의 내 생각을 내려놓지 않으면 자신도 모르게 무의식에서 마찰(싸움)이 일어나기 때문에 불가능합니다.

이 공부를 끝까지 하려면 내 생각을 내려놓아야 가능합니다. 그렇지 않으면 내 생각과 싸우기 때문에 점점 더 힘들어지고 결국은 "이 공부를 하기 전에도 잘 살아왔는데."라고 자기를 합리화하는 방향으로 생각이 굳어져 포기하게 됩니다.

자기를 비롯한 주변의 다른 사람들을 자세히 관찰해보십시오. 자기 주장(생각)이 강해서 남의 말을 잘 받아들이지 않는 사람이 어떻게 살아가고 있는지를….

제 8 강
진정한 성공이란?

수년 전 충남 아산시 영인면 신현리에서 그다지 높지 않은 산언저리에 약 30평 정도의 비닐하우스를 마련하여 아내와 단둘이서 살 때의 일입니다.

집 문 앞이라 자주 드나드는 곳이어서 잡초도 겨우 자랄 정도로 환경이 아주 좋지 않은 곳이었습니다.

어느 날, 잡초 사이에 조그마한 민들레가 자라고 있는 것을 발견하였으나 대수롭지 않게 생각하였습니다. 무심코 다니는 곳이라 여러 차례 밟혔으리라 생각됩니다. 여러 날이 지난 다음 우연히 아직도 죽지 않고 자라는 것을 보았을 때 측은한 생각이 들면서 밟지 말아야겠다는 생각이 들어 그곳을 지날 때는 조심하게 되었으며, 아내에게도 이 사실을 일러주고 밟지 않도록 하였습니다.

집 주변 다른 곳에도 여기저기 민들레가 많이 자라고 있었는데, 자세히 살펴보니 환경이 좋은 곳에서 자라는 순서대로 그 크기가 달랐습니다. 가장 큰 것은 한 뿌리에 여러 개의 줄기와 많은 꽃이 피어 있었으며 그 크기가 커다란 쟁반 정도 되는 것도 있었습니다.

그러던 어느 날 드디어 이 녀석도 꽃을 피우고 있는 것이 아니겠습니까!

나는 신비스럽기도 하고 그 끈질긴 생명력에 감탄하지 않을 수 없었습니다.

더욱이 이 녀석이 사랑스럽게 느껴진 것은, 너무나 작아서 오백 원짜리 동전보다 조금 클 정도의 크기에 잎사귀는 다섯 개 있고 꽃은 하나만 피웠습니다.

또 며칠이 지나면서 꽃은 지고 씨가 맺어 바람이 불 때마다 자그마한 씨앗이 날아가는 것을 보고 나는 너무나 많은 것을 배웠습니다.

좋은 환경에서 커다랗게 잘 자란 민들레보다 척박한 환경에서 비록 크지는 않지만, 자신의 할 일을 꿋꿋하게 다 해내는 작은 민들레가 잊혀지지 않는 까닭은 왜일까요? 보잘것없는 작은 한 송이 민들레는 오늘도 저를 가르치고 있습니다.

진정한 성공이란? 나에게 주어진 어떠한 환경에도 감사하면서 긍정적인 마음으로 해야 할 일을 다 해 마치는 것입니다. 성공은 결코 크고 작음에 있지 않습니다. 세상에 생겨난 모든 것들은 반드시 해야 하는 역할이 있기 때문에 생기는 것입니다. 그 역할에 온 힘을 다해 마치는 것이 진정한 성공이라는 것을….

세상 모든 것은, 이것에 의해서 저것이 있고 저것에 의해서 이것이 있기 때문에 이것이 없어지면 저것이 없어지고 저것이 없어지면 이것도 없어집니다. 따라서 필요치 않은 것은 결코 존재할 수가 없습니다. 존재한다는 것은 반드시 무엇엔가 필요하기 때문입니다. 그것이 아무리 보잘것없는 것이라 할지라도…….

이것이 존재의 원리이고, 이것을 연기법緣起法(인연법)이라고 합니다.

* 저는 금이 간 항아리입니다 *

어떤 사람이 물지게 양쪽에 각각 항아리 하나씩을 매달고 물을 날랐다.

오른쪽 항아리는 온전했지만, 왼쪽 항아리는 금이 가 있었다.

그래서 주인이 물을 받아서 집으로 오면 왼쪽 항아리에는 물이 반 정도 비어 있었다.

주인에게 너무 미안했던 금이 간 항아리는 이렇게 말했다.

"주인님, 저는 금이 간 항아리입니다. 저를 버리고 금이 안 간 좋은 항아리를 새로 사서 사용하세요."

그러자 주인이 이렇게 말했다.

"나도 네가 금이 간 걸 알고 있지만, 항아리를 바꿀 마음은 전혀 없
단다. 우리가 지나온 길을 한번 보자. 오른쪽 길은 아무런 생물도 자라
지 못하는 황무지가 됐구나.

하지만 왼쪽 길을 한번 보렴. 네가 물을 흘린 자리 위에 아름다운 꽃
과 풀이 자라고 있지 않니? 금이 간 네 모습 때문에 많은 생명이 풍성
하게 자라고 있단다."

우리 인생도 이와 같다.

이 세상에는 완벽한 사람만 쓰임 받는 것이 아니다.

조금 금이 간 자, 부족한 자를 통해 소중한 열매가 맺힌다.
금이 가서 좀 새는 모습이 있어야 생명이 자라게 된다.

— 전병욱 『생명력』 중에서 —

* "해야지." 하지 말고 바로 해 버려라 *

제자가 스승에게 물었습니다.

"스승님, 어떤 일은 해야 하고 어떤 일은 해서 안 됩니까?"

스승은 이렇게 대답했습니다.

"하기 전에 조금의 망설임도 없고, 하고 나서 조금도 후회하지 않을 일이라면 무엇이든 하거라."

이 말의 의미에는 첫째, "무슨 일을 하던 자신 있게 하고 그렇게 한 일이라면 결코 후회는 하지 말라."라는 의미와 둘째, "무슨 일을 하기 전에 이 생각 저 생각을 하는 것은 모두가 망상이기 때문에 그 일을 함에 있어 아무런 도움이 되지 않는다. 그리고 일을 하고 나서는 앞으로 할 일에 대한 경험으로 삼기 위해서 돌이켜 볼 수는 있으나 지나간 일은 결코 돌이킬 수는 없으므로 후회는 하지 마라.", 셋째, "모두를 이익이 되게 하는 일이라고 생각되면 이것저것 따지지 말고 즉시 실행할 것이며, 하고 나서는 누가 무어라 해도 그 말에 걸리지 마라(신경 쓰지 마라)."라는 뜻이 있습니다.

이것을 잘못 알고 "생각나는 대로 무조건하고 지나간 일은 무조건 되돌아본다거나 후회하지 마라."로 안다면 크게 잘못된 일입니다. 이 말을 실천에 옮기려면 원리를 분명하게 알아서 정확하게 보는 안목(정견正見)이 있어야 가능해집니다.

공부하면 될 것을, "공부해야지, 공부해야지."하고 결심만 하는 것은 고통만 키우는 일입니다. 아침에 "일찍 일어나야지, 일찍 일어나야지."

하고 이불 속에서 벼르고 있는 것도 역시 고통입니다. 이 일의 내면內面을 살펴보면, 일어나기 싫다는 생각에 사로잡혀 아직 못 일어난 상태에서 헤매고 있는 소리입니다. 생각하지 말고 그냥 벌떡 일어나야 합니다.

부부간의 사랑도 '사랑해야지'하고 벼르면 사랑하지 못하고 있다는 증거입니다. 무엇을 하든 '해야지'하지 말고 행동으로 바로 들어가야 합니다. '해야지'하는 것은 번뇌, 망상이기 때문에 이것에 사로잡히면 실천하기 어렵습니다. 번뇌가 일어나기 이전으로 돌아가서 그냥 해 버려야 합니다. 아침에 일찍 일어나려면 잠자기 전부터 이 생각을 하고 자야 합니다. 한 번에 안 되면 두 번 세 번 하다 보면 습관이 되어 실천하게 됩니다.

실천으로 옮길 때 우리는 보통 열심히 노력하면 잘 되는 것으로 알고 굳은 결심을 하고 이를 악물고 하는데, 이렇게 잘못하면 자칫 병을 얻을 수 있습니다. 어린아이들은 화장실에 앉아서도 만화책을 봅니다. 이것은 노력하는 것이 아니라 좋아서 그냥 하는 것입니다. 무엇을 하든 마음을 가볍게 내고 가볍게 하는 것이 가장 잘하는 것입니다.

무엇이든 긍정적으로 생각하는 것이 행동으로 바로 들어가는 가장 좋은 방법입니다. 그러나 모든 일을 긍정적으로 받아들인다는 것이 쉬운 일은 아닙니다. 긍정적인 사고방식은 마음을 편안하게 해주기 때문에 마음이 위축되지 않습니다. 누가 나를 비방하더라도 그것은 바람 지나가는 소리일 뿐입니다. 왜냐하면, 그것은 상대방의 생각에 의한 주관적인 판단이므로 절대적인 것이 아니며, 상대방의 생각은 내가 간섭할 수 없는 것이 순리이기 때문입니다. 칭찬도 마찬가지여서 칭찬에 빠지면

교만해지기 쉬우므로 칭찬의 내용이 사실과 같으면 그냥 담담하게 듣고, 너무 기뻐하지 말 것이며 사실과 다르다고 해서 굳이 사양할 필요도 없습니다. 이것 역시 상대방의 생각이기 때문에 가볍게 '감사합니다' 정도로 끝내는 것이 좋습니다.

공부를 대충하려면 아예 끝내는 것이 오히려 현명합니다. 하는 척하는 것은 시간만 낭비합니다. 성냥불을 붙일 때 살살 백 번을 문질러도 불은 붙지 않습니다. 한 번이라도 세게 '탁!'하고 문질러야 불이 붙을 것입니다. 공부도 마찬가지여서 오래했다고 해서 공부가 잘된 것은 아닙니다.

- 법륜 스님 법문 참고 -

* 세상에 공짜는 없다! *

옛날 어느 임금님이 신하들을 모두 모아놓고 이렇게 말했습니다.

"모든 백성이 읽고 실천할 수 있는 좋은 글을 추려서 7일 안에 올리도록 하라."

신하들은 고민 끝에 한 권의 책을 만들어 7일째 되는 날 임금님께 올렸습니다.

그 책을 읽어본 임금님은 "이 책도 좋기는 하나 너무 어렵고 내용이 길어 누구나 읽기에는 부담스러울 것 같으니 더 줄여서 다시 올리도록 하라."고 하셨습니다.

신하들은 모두 모여 줄이고 또 줄여 몇 장의 작은 책을 만들어 다시 임금님께 올렸습니다. 이 책을 본 임금님은 "수고들 하셨소, 그러나 이 것보다 더 줄여 단 한마디의 말로 했으면 좋겠으니 7일 안에 다시 올리 도록 하라."고 하셨습니다.

신하들은 다시 모여 고민에 고민을 거듭한 끝에 하나의 공통점을 찾 게 되었습니다.

그 말이 바로 "세상에 공짜는 없다."입니다.

이 말은 너무나 쉬우면서 간단해서 책으로 만들지 않고 종이 한 장에 다 커다랗게 써서 임금님께 올렸습니다.

이것을 받아본 임금님은 매우 흡족해 하시면서 신하들의 노고를 칭 찬하시고 모든 백성이 익히고 실천하게 하셨습니다.

자기를 계발하는 공부는, 원리를 찾았을 때 얻어지는 지혜로 세상을 살아가기 때문에 순리를 역행하지 않으므로 고통이 따르지 않습니다. 다시 말해서, 매일을 만족하면서 행복한 삶을 산다는 말입니다.

"세상에 공짜는 없다!"라는 말은 '자업자득'을 다르게 표현한 말로서 원리입니다. 그렇기 때문에 누구에게나 딱 들어맞는, 보편적이면서 타 당한 말입니다.

한 권의 책(정보)을 줄여서 몇 장으로 만들고(이치), 몇 장의 작은 책을 단 한마디의 말(원리)로 나타낸 것과 같이 이 강의의 내용도 그렇게 보면 됩니다.

자업자득이란? "내가 노력한 만큼 얻어진다."는 뜻입니다. 자기를 계발하는 공부도 자기가 공부한 만큼 이루어진다는 것을 명심하시기 바랍니다.

행복은 자기를 계발한 만큼 행복해 집니다. 남을 고치려고 하는 것은 자기가 아닌 남을 계발하려는 것과 같아서 이것은 허공에 말뚝 박으려는 것과 같고, 모래로 밥을 지으려는 것과 같습니다.

혹자는 "나는 아무리 노력해도 잘 안 되는데 내가 아는 누구는 노력도 하지 않음에도 불구하고 하는 일마다 다 잘 되더라."라고 하소연을 하는 경우가 있습니다. 이 경우는 시간에 대한 개념을 현재(금생)에만 국한시켜 전체(과거, 현재, 미래)를 보지 못하고 부분만 보았기 때문입니다.

이 원리는 '업業의 윤회와 자업자득'에서 자세하게 설명하겠습니다.

제 9 강

공空, 인연因緣, 연기緣起, 무상無常, 무아無我의 원리

이 원리는 개념 바꾸기에서 대략의 설명이 있었으나 중요하기 때문에 다른 표현으로 다시 설명하고 각각을 하나로 회통(소통, 융합)시켜 보겠습니다.

나를 바꾸는 것이 모든 문제를 해결하는 데 있어 열쇠와 같은 역할을 한다는 사실을 알게 되었습니다. 그러나 막상 생각을 버려서 나를 바꾼다는 것이 막연하기도 하고, 해보면 쉬울 것 같으면서도 세상에 어렵기로 말하면 이것보다 더 어려운 것이 없을 것 같다는 사실에 부딪히게 됩니다. 이러한 이유는 아직 원리에 대한 이해도가 미흡하여 믿음이 일어나지 않았기 때문이며, 내 생각을 버린다는 일은 억지로 해서는 별 성과를 거두지 못합니다. 원리를 확실하게 알고 믿음이 생기면 힘들이지 않고 자연스럽게 이루어지는 일입니다.

세상 사람들은 이렇게 말합니다. "사람은 바뀌지 않는다.", "사람은 바꿀 수 없다." 이렇게 말하는 이유와 원인을 잠시 찾아보십시오.

만지면 분명하게 만져지고, 보면 밝게 보이는 만상이 왜 공空하다고 하며, 태어나서 성장하고 병들어 죽을 때까지 온갖 일을 겪으면서 실제로 존재하는 내가 없다(무아無我)는 것은 무엇을 의미하는 것인지, 어제도 오

늘도 내일도 항상 똑같은 모양으로 보이는 것을 어째서 변한다(무상無常)고 하는지? 나는 나대로 너는 너대로 따로따로 살아가고 있으며, 내가 죽는다고 해서 너도 같이 죽는 것이 아니거늘 어째서 이것이 없어지면 저것도 함께(동시에) 없어진다(연기緣起)고 하는지를 알아야 내 생각을 버리게 됩니다.

공, 무아, 무상, 연기, 인연을 이론적으로 자세하게 설명하려면 그 양이 너무나 방대하기 때문에 여기서는 나를 바꾸는 데 있어 필요한 만큼만 말하도록 하겠습니다.

공空이라고 하면 '아무것도 없다(무無)'는 뜻으로 알기 쉬운데, 공空은 없다는 뜻이 아니라 모든 것은 있는 그대로 텅 비어 있다는 뜻입니다. 물리적인 관점에서 공空을 말한다면, 물체를 전자 현미경으로 계속 확대해서 보면 그 속은 다 텅 비어 있다는 사실을 알 수 있습니다.

공은 아무것도 없는 허공과는 달라서 없는 것(무無)에서 없음(무無)을 보는 것이 아니라, 있는 그대로(유有)가 비어 있다는 사실(공空)을 보는 것이므로 존재의 실상을 말하고 있는 것입니다. 우리 앞에 펼쳐져 있는 세상의 모습이 있는 그대로 공한 모습입니다. 이것을 다른 말로 표현하면 "색色(물질)을 보면서 색色 그대로 공空(비어 있음)을 보고, 공을 보면서 공空 그대로 색色을 본다(당체즉공 當體卽空)." 또는 "진리(체體)를 보면서 현실(상相, 용用)을 떠나지 않고, 현실을 보면서 진리를 떠나지 않는다라고 말할 수 있으며, 이것은 불과 불빛은 둘이 될 수 없는 것과 같습니다.

예를 들어, 여기에 하나의 사과가 있는데 사과의 본질은 공空입니다.

사과라는 것은 다양한 원인과 조건이 화합해서 생겼기 때문입니다. 즉, 인연화합으로 인해 생긴 것이 사과이므로 사과에는 독립적인 영원한 실체가 없습니다. 사과(물질)는 연기로써 존재하므로 거기엔 독립적인 실체가 없어서 사과의 본질은 공이라는 말입니다. 그러나 사과 자체도 없다면 사과의 본질인 공조차 없게 됩니다. 공의 개념이란 아주 없는 무無가 아니기 때문입니다. 그래서 '반야경'에서 말하기를, "색불이공色不異空 공불이색空不異色 색불이공色不離空 공불이색空不離色 색즉시공色卽是空 공즉시색空卽是色 (색은 공과 다르지 않고, 공은 색과 다르지 않네. 색은 공과 떨어져 있지 않고, 공은 색과 떨어져 있지 않네. 색이 곧 공이요, 공이 곧 색이다)."

그러므로 '진공眞空은 묘유妙有(진실로 비었다는 것은 만상이 묘하게 존재하는 것이다)'입니다. 현대 물리학에서 "모든 물질은 다 에너지다."라고 합니다. 이 말은 물질은 색色을 뜻하고 에너지는 공空을 뜻하기 때문에 '색즉공色卽空'을 의미합니다(색즉시공 色卽是空 공즉시색 空卽是色). 한 걸음 더 나아간다면 "물질(색色)과 마음(정신)도 둘이 아닙니다(색심불이 色心不二)." 왜 물질과 마음도 둘이 아니라고 할까요? 물질과 마음의 본질은 불성佛性(소립자)이기 때문입니다.

허공도 무엇이 존재할 때 비로소 드러나는 것이기 때문에 아무것도 없으면 허공이라는 말 자체가 아무런 의미가 없어집니다. 무無는 현상을 부정해 버리는 허무의 개념이지만 공空은 실체의 세계를 깊게 파악하여 실체가 비어 있음을 증명하는 것이므로 오히려 경험의 세계인 현상계를 철저하게 인정하는 원리입니다. 또한, 공은 경험적인 사실들에 기초하여 현상의 생성, 변화, 소멸을 설명한 연기론에 그 기반을 두고 있기 때문에 '연기공緣起空' 또는 '무상공無常空'이라고도 합니다.

만상이 본래 공空하기 때문에 우리들의 몸과 마음 또한, 실체가 없는 공한 것(무자성)이어서 이 사실을 확실하게 깨닫게 되면 주관(나我)과 객관(나 외의 모든 것, 대상, 경계)이 일체一體(하나 됨)가 되어 모든 분별심, 차별심이 사라지게 됩니다. 이렇게 되면 너와 나의 분별심이 없어짐으로 너의 고통은 나의 고통이 되고, 나의 행복은 너의 행복이 되어 고통이 되었든 행복이 되었든 서로 조건 없이 나누게 되는 것입니다.

인간을 해체해서 자세하게 비추어 보면 다섯 가지 요소로 구성되어 있음을 알 수 있다는 것이 오온설五蘊說(오음설五陰說)이며, 오온설을 통해서 궁극적으로 "존재하는 나는 있다. 그러나 고정불변하는 나는 없다."고 하는 무아無我(무자성無自性)를 설명합니다. 오온은 존재론을 말하며, 존재에는 정신(명名)과 물질(색色)로 나누고 정신은 다시 수受, 상想, 행行, 식識으로 나누는 데 다섯 가지 중 어느 하나도 나라고 할 만한 것이 없기 때문에(아공我空) 오온이 서로 연기되어 인간이라는 하나의 개체로 나타났을 뿐입니다. 이러한 현상은 인간에게만 적용되는 것이 아니라 어떠한 것이든 해체해서 보면 다 같으므로 일체一切(만상)의 문제이며, 그래서 모든 것은 있는 그대로 공(법공法空)이라는 것입니다.

결국, 공을 보려고 하는 까닭은, 만상이 모양(상相)과 쓰임새(용用)는 서로 다르나 근본(체體)에 있어서는 같은 것임을 알고, 서로가 독립된 실체로서 존재하는 것이 아니라 상호의존의 유기적인 관계로서 연기緣起되어 있음과 항상 변화(무상無常)하고 있다는 사실을 온 몸으로 체득體得(증득證得)함으로써 모두를 이익되게 하는 강한 힘을 키우기 위한 것입니다. 따라서 자기와 관계있는 것만을 이익되게 하는 것은 진정한 깨달음이 아닙니다.

모든 물질은 잘게 나누면 최소한의 단위(체體, 소립자)로 나누어지게 되며, 형상은 이것들이 모여서 나타나는 현상(상相)입니다. 물과 얼음과 구름과 안개는 본질(체體)은 같으나 모양(형상, 상相)은 다르고, 모양에 따라서 그 쓰임새(용用) 또한, 다릅니다. 본질은 같으나 그 형상은 인연(주어진 여건) 따라 다르게 나타나는 것이므로 본질의 입장에서 보면 다 같은 것이므로 '하나다(같다, 즉화卽化), 둘이 아니다(불이不二), 다르지 않다(불이不異)'는 것입니다.

이러한 까닭으로 각각(상相, 용用)으로 볼 때는 생멸이 있지만 전체(근본, 체體, 본성本性)로 보면 불생불멸不生不滅인 것입니다. 따라서 본질의 입장에서 보면 연기로서 '모두는 하나다.'이므로 현상적으로는 분별된 세계이나 본질적으로는 너와 나의 분별이 없으므로 본래 공空이며, 무아無我며, 아공我空 법공法空인 것입니다. 결국, 공이란? 연기하여 드러난 모든 것에는 자성이 없으므로 분별하여 집착할만한 것도 없다는 깨우침을 주기 위한 최소한의 표현일 뿐입니다.

우리들의 마음은 본래 깨끗하여(청정심 淸淨心) 공한 것이나 내 생각(아상我相: 고정관념)을 일으킴으로써 더러워집니다. 마치 바닷물이 원래 고요하나 바람이 일면 파도가 일어나는 것과 같습니다. 그러나 바닷물(체體, 진공眞空)과 파도(상相, 묘유妙有)는 다르지 않아서(불이不異) 파도는 바닷물의 다른 모습일 뿐입니다. 내 생각을 빼고 보는 것이 있는 그대로 보는 것(진리를 진리답게 보는 것)이고, 이것이 깨달음이고 중도입니다.

우리는 아무것도 없으면 인식해야 할 대상이 없으므로 인식의 기능이 작동하지 않아 집착하지 않으나 눈에 무엇이 보이게 되면 그것을 보게 되고 인식기능이 작동해서 내 마음에 들면 갖고 싶은 욕심(탐貪)이 생기고 가질 수 없으면 화(진嗔)가 나며 화가 나면 여러 가지 형태의 어리석은 (치痴) 행동을 하게 됩니다.

모든 물질이 공하다는 사실(순간 생겨나고 순간 없어지는 사실)을 보면 무집착이 되어 어디에도 머무르지 않고(무주無住) 걸림이 없어 물들지 않기 때문에 탐심貪心, 진심嗔心, 치심痴心의 삼독심三毒心이 일어나지 않게 되며 자기중심적인(이기적) 생각대로만 하려는 마음이 생기지 않습니다.

혹자는 사람은 적당한 욕심이 있어야 잘 산다고 합니다. 그러나 욕심에는 적당하다는 기준이 없을 뿐만 아니라 욕심은 반드시 또 다른 욕심을 일으키는 속성이 있어 돈이 많으면 더 많은 돈을 가지려 하거나 아니면 권력을 탐내게 되고, 권력을 얻으면 최고의 권력을 얻으려 하거나 아니면 권력을 이용하여 돈을 탐내게 됩니다. 그래서 "채우는 것으로서 채우려 하지 말고, 비우는 것(나눔)으로서 채우라."고 합니다. 공의 원리를 깨치게 되면 욕심(이기심)이 사라지는 대신 서원(이타심)이 생기게 됩니다. 욕심은 나와 관련되는 것만을 이익되게 하여 내가 이룬 것의 종(노예)이 되기 쉬우나, 서원은 모두를 이익되게 함으로 이룬 것의 주인이 되어 나누는 삶을 살게 하여 어디에서나 주인공이 되게 합니다.

있는 그대로의 존재양식을 진리라 하는데 이것을 '진여眞如'라고 합니다. 진여는 말과 생각 이전의 것(인간의 개념적 사유를 초월한 것)이므로 우주를 창조한 그 무엇을 이르는 말입니다. 진여는 일심一心(한마음)이라고도 하며 진여의 모습(상相)에는 공空(진공眞空)과 불공不空(묘유妙有)이 있으며 공은 번뇌가 사라졌기 때문에 번뇌공煩惱空이라 합니다. 다시 말해서, 번뇌공은 번뇌가 다 지워져 텅 비어있는 것이기 때문에 자극(경계, 대상)이 오면 곧바로 반응이 나타납니다. 이때 나타나는 반응이 바로 불공不空입니다. 이것이 진여의 모습입니다. 마치 거울은 아무것도 없을 때는 어떠한 상相(모양)도 만들지 않으나 무엇이든 나타나면 비추게 됩니다. 공을 체득한 사람(깨달은 사람)은 누가 도와달라고 하면 마음을 움직여 그 사람을 도와줍니다. 이때 가만히 있으면 깨친 사람이 아닙니다. 이때 도와주는 마음을 일으킨 것은 번뇌가 살아난 것이 아니기 때문에 그대로 텅 빈 가운데 행하기만 한 것입니다. 과학적으로도 진공에다가 물리적인 힘을 가하면 움직임이 나타납니다. 즉, 변화가 일어난다는 말입니다. 따라서 진공은 유有도 아니고 무無도 아닙니다.

공空은 깨달음의 세계(출세간出世間)이기 때문에 불변不變을 의미함으로 진여의 바탕(체體)을 말하고 불공不空은 깨닫지 못한 중생계(세간世間)를 뜻함으로 인연 따라 변하는 것, 즉 이 세상(상相, 용用)을 말합니다. 이 말은 '참으로 없다는 것(진공眞空)은 모든 것이 묘하게 존재하는 것(묘유妙有)이다.'라는 말입니다. 따라서 공空이라고 해서 아무것도 없는 것이 아니라 존재하고 있는 그대로 공인 것입니다. 까닭으로 공空과 불공不空은 바탕(체)은 같으나 그 작용만 다를 뿐입니다. 이 말은 '깨달은 자와 깨닫지 못한 자(중생)는 다르지 않다'는 뜻이기도 합니다. 마치 광양자(빛)가 입자-파동의 성질을 다 가지고 있기 때문에 입자가 파동이고 파동이 입자이듯이 말입니다.

(공을 다소 어려운 말로 나타냈으니 사유하시기 바랍니다.)

깨달음의 핵심사상인 공사상에 대해서는 여러 강의에서 말했습니다. 공사상은 어디까지나 공을 이해시키기 위한 하나의 공에 대한 견해(공견空見)입니다. 그래서 공견을 내 것으로 삼아서 공이라는 견해를 일으키지 않아야 됩니다. 공견에 빠지게 되면, 무엇이라 해도 "다 공한 것을."이라고 하면 끝나는 것이므로 이렇게 되면 고치기가 매우 어렵습니다. 따라서 진정한 공은 공성空性도 공해져야 합니다. 그렇지 않으면 공이 아닙니다.

색色을 떠난 공空이 따로 있고 공을 떠난 색이 따로 없습니다. 공과 색은 불이 입니다. 이것은 생로병사를 떠나서 해탈, 열반(극락세계)이 따로 없다는 것과 같습니다. 생로병사에 집착하면 색견色見이 됩니다.

인연因緣이란? 흔히 인연과보因緣果報라는 말과 함께 사용되는 말로서 만남, 조건, 환경, 관계라는 의미와 함께, 인因은 어떤 결과를 만드는 직접적인 힘을 말하고, 연緣은 인을 돕는 외적이고 간접적인 힘을 말합니다.

인연과보를 식물에 비유해 본다면, 씨앗(종자)은 직접적인 원인이므로 인因에 해당하며, 그 씨앗이 자라는 과정을 통해서 만나는 모든 것들, 즉 흙, 물, 햇빛, 공기, 농부 등과 같은 수많은 간접적인 조건을 필요로 하는데 이것들을 총칭하여 연緣이라 하고, 인과 연의 결합에 의해서 꽃이 피고 열매를 맺는 것을 과果라 하고, 그 열매로 인해서 다른 것들에게 영향력을 미치게 하여 이익되게 하거나 아니면 해를 끼치게 하는 것을 보報라고 합니다. 결국, 보報는 과果의 영향력에 의한 또 다른 과이기 때문에 한두 번으로 끝날 수도 있으나 대개의 경우는 이것은 저것에, 저것은 이것에 연속적으로 영향력을 미치게 됩니다.

인연에 의해서 생기는 모든 과보를 업보業報라고 합니다. 인연과보는 연기緣起, 윤회輪廻, 업業, 자업자득의 원리와 맞물려 있습니다. 이렇게 원리(진리)와 원리가 서로 통하는 것을 '원리의 연기(관계성)'라 합니다. 그래서 모든 원리(진리)는 하나로 통하는 것입니다. 따라서 이 글을 공부할 때도 어렵다고만 생각하지 말고, 내가 확실하게 알 수 있는 내용이 부분적으로라도 있으면 결국에는 그 하나로 다 통하게 됩니다. 그래서 같은 내용을 다른 말로 표현하는 것입니다.

인연과보는 뇌의 발달 정도에 따라 복잡성은 정비례하기 때문에 식물보다는 동물이 더 복잡하고 특히 가장 고등동물인 인간의 인연과보는 매우 다양하고 복잡합니다. 우리는 인연이라 하면 인간과 인간의 만남을 보통 인연이라고 합니다. 그러나 확대해서 깊게 살펴보면 어머니의 뱃속에 잉태하는 순간부터 세상에 태어나 자라고 살아가고 죽어서 흩어지는 순간까지 내가 모르고 만나는 것과 알고 만나는 모든 것이 나와의 인연입니다. 알고 만나는 인연은 주로 인간관계나 의·식·주에 관련되는 것이기 때문에 이것이 가장 중요한 것으로 착각하고 우리는 주로 이것에 집착을 많이 합니다. 그러나 정작 중요한 것들은 크게 인식하지 못해서 잘 모르고 인연되는 햇빛, 공기, 물, 자연환경 등과 같은 것들이 있습니다. 우리에게 가장 소중한 인연일수록 그것이 없어졌을 때 그 소중함을 더 크게 느끼게 됩니다.

　연기緣起란? '인연소기因緣所起'의 줄인 말로서 "모든 것은 서로 주고받는 상관관계로서 하나로 연결되어 존재한다."는 원리입니다. 따라서 우주에 존재하는 모든 것들의 존재법칙을 말하는 것이며, 연기를 가장 잘 나타내는 말로는 "이것이 있음으로써 저것이 있고(차유고피유 此有故彼有), 이것이 생함으로써 저것이 생한다(차생고피생 此生故彼生). 이것이 없음으로써 저것이 없고(차무고피무 此無故彼無), 이것이 멸함으로써 저것이 멸한다(차멸고피멸 此滅故彼滅)."

- 잡아함경 권15 -

　이 말은 '우주 만상은 서로 주고받는 상호의존의 관계로써 존재할 뿐 독립되어 스스로 존재할 수 있는 것은 단 하나도 없다'라는 뜻입니다. 따라서 '연기를 보는 자는 법法(진리)을 보고, 법을 보는 자는 연기를 본다'라고 말합니다.

　모든 존재가 시간적 공간적으로 서로 의지하여, 또는 여러 가지 조건에 의해 존재하고 있다는 것을 밝힌 것입니다. 즉, 일체의 것은 모두가 그럴만한 조건이 있어서 생겨난 것이며, 또한 그 조건만 없어지면 그 존재도 있을 수 없게 된다는 말입니다.

인연화합因緣和合에 의해 어떤 결과가 발생하게 되면, 그 결과는 다시 그를 포함한 다른 모든 존재에 대해서 직접-간접의 영향을 미치는 것입니다. 다시 말하면 그것은 단순히 결과로서만 머무는 것이 아니라, 새로운 원인이 되고 연緣이 되어 다른 존재에 관계하게 된다는 말로, 이를 '상의 상관성相依相關性'이라는 술어로 나타내기도 합니다.

이것과 저것이라는 말은 단순한 두 가지를 지적하는 것이 아니라, 서로 간의 상의성相依性을 가지고 존재하는 모든 것들을 대표하는 것으로 만유萬有는 공간적으로나 시간적으로나 하나도 독립됨이 없이 서로 서로가 인因이 되고 연緣이 되어, 서로가 서로를 의지한 채 인연생기因緣生起(연기緣起)하고 있다는 결론인 것입니다. 이러한 원리 속에는 우연히, 홀연하게 또는 조건 없이 존재하는 것은 있을 수 없다는 뜻입니다. 세상의 모든 것이 연기의 원리로 구성되어 존재하는 것이기 때문에, 거대한 천체로부터 미생물에 이르기까지 모든 존재는 서로 원인이 되고 결과가 되면서 우주의 신비롭고 불가사의한 현상을 전개시키고 있는 것입니다.

여기서 잠시 우주와 나는 어떤 관계일까요? 내가 잘 살아야 120년 정도의 수명을 지니고 있으며, 내가 살아가기에는 지구도 너무 크다고 생각되어지는데 무한히 커다란 우주가 왜 필요하며, 137억 년이라는 긴 시간은 나와 무슨 관계가 있을까? 이런 의문이 들것입니다.

인간이 살아가기 위해서는 태양 에너지가 있어야 하며, 그 외에 탄소, 산소, 질소, 철과 같은 92가지의 원소와 철보다 무거운 방사성 원소도 지열地熱의 원천으로서 생명체가 살아가기 위해서는 꼭 필요합니다. 그러나 우주의 탄생 초기에는 수소(H)와 헬륨(He)과 약간의 리튬(Li)밖에 없었습니다.

이 세 가지보다 무거운 원소를 만들기 위해서는 태양 질량의 수백 배에서 수천 배에 이르는 우주 탄생 초기에 만들어진 거대한 별들(초신성超新星, Supernova)의 폭발이 필요했으며, 초신성들은 태양이 생기기 훨씬 오래전에 폭발하여 무거운 원소들을 우주에 뿌려놓고 사라졌습니다. 이때 만들어진 원소들이 지금 우리가 살고 있는 지구라는 행성에도 존재할 수 있게 되었으며, 이 모든 것들과 우리는 연기되어 그 존재가 가능한 것입니다. 따라서 내가 존재하기 위해서는 우주가 시간적으로는 137억 년이라는 긴 시간이 필요했으며 공간적으로도 지금처럼 커야 되는 것입니다.

무엇이 생겨날 때는 반드시 다른 것들과 연기되어 생겨나기 때문에 그때그때 가장 알맞은 것이 생길 수밖에 없습니다. 인간이라는 최고의 고등 생명체가 가장 늦게 생겨난 이유이기도 합니다. 그리고 한번 생겨난 것은 어떠한 경우에도 없어지지 않고 또 다른 것들과 연기의 관계가 형성됩니다. 공룡이 없어졌다고 알면 대단히 잘못 아는 것입니다. 비록 공룡이라고 하는 형태는 사라졌으나 현재 존재하는 모든 것들에 공룡을 형성하고 있던 성분(소립자)이 다 들어가 있다는 사실을 알아야 합니다. 이러한 이유로 '모든 것은 연기의 관계로 하나 되어 있다'라는 것이 존재의 원리(진리)입니다. 이것을 다른 말로 표현하면 "만상은 둘이 아니다(불이不二), 다르지 않다(불이不異), 같다(즉화卽化)."라고 하며, "연기緣起이기 때문에 공空한 것이다."라는 의미에서 '연기공緣起空'이라 합니다.

생명체가 진화한다는 것은 환경에 적응하기 위한 변화를 말하기 때문에 진화는 연기관계를 가장 잘 말해주고 있습니다.

아마존 강에 살고있는 식물 중에 그들을 먹고사는 동물들의 먹이가 되지 않기 위해 표면을 매우 거칠게 변화시키는 것은 연기에 의해 진화한다는 사실을 잘 말해 준다고 할 것입니다. 만약에 서로 독립되어 존재한다면 진화를 할 필요가 없어질 것입니다.

만상이 연기로 존재한다는 것은, 서로 주고받기 위한 필요에 의해 존재하기 때문에 모든 개체는 존재할 수 있는 조건이 충분하게 갖추어졌다는 의미이므로 필요치 않은 것은 존재할 수가 없습니다. 따라서 부분적으로 보면 이익이 되지 못하는 것도 전체적으로 보면 반드시 필요하기 때문에(이익이 되기 때문에) 존재하는 것입니다. 지구상에 생명체가 생기는 순서도 아무렇게나 이루어지는 것이 아니라 연기의 법칙에 한 치의 어긋남이 없이 정확하게 생겨납니다.

우리에게 병을 일으키는 세균들도 인간중심으로 보면 해를 끼치는 것이나 모든 생명체의 입장에서 보면 분명히 필요하기 때문에 생겼을 것입니다. 초식 동물은 왜 초식만 먹고, 육식 동물은 왜 육식만 먹는지, 현재 지구상에서 벌어지는 모든 현상과 더 나아가서 우주 전체에서 일어나는 현상들은 오랜 세월을 거치면서 스스로 만들어진 연기의 현상입니다. 이런 점으로 볼 때 연기는 어떠한 경우에도 상생相生의 관계일 뿐, 결코 상멸相滅의 관계는 될 수 없습니다.

만상의 연기관계보다 더 복잡하게 얽혀 있는 것은 없습니다. 우리가 병들면 먹는 약도 이것과 저것의 연기관계를 연구해서 만든 것입니다. 이렇게 과학은 연기의 관계를 규명하고 있다고 해도 과언이 아니며, 어쩌면 아직까지 단 1%도 규명하지 못했을지도 모르는 일입니다.

행복과 불행, 선과 악, 오른쪽과 왼쪽, 길다와 짧다, 전쟁과 평화, 삶과 죽음 등과 같은 말들은 개념적으로 서로 반대되는 말입니다. 만약에 계속해서 행복하기만 하고, 불행하기만 하다면 행복이라는 말과 불행이라는 말은 필요하지 않을 것입니다. 모든 상반되는 말은 서로 연기의 관계(상보적 관계)이므로 앞에서 말한 연기의 진리는 그대로 적용됩니다.

삶만 있고 죽음이 없다면 삶이 유지될 수 있을까요? 우리는 불행을 없애고 행복을 구하려 합니다. 행복은 불행을 극복한 것이 행복입니다. 불행이 없다면 행복도 없습니다. 그래서 행복과 불행은 불이不二(不異)입니다.

"모든 것은 하나다."라는 진리의 말은 모든 것은 연기되어 있기 때문에 하나라는 말입니다. 이것은 마치 그물과 같아서 하나의 실을 잡아당기면 그물 전체가 따라 올라오는 것과 같습니다. 연기의 관계를 알면 너(객관: 대상, 경계)와 나(주관)의 구별이 없어지게 되어 나만 살겠다고 하는 이기심이 없어집니다. 공기, 물, 불, 태양, 가족, 친구 등 수많은 것들과 유기적인 관계 속에서 '나'라는 존재는 유지될 수 있기 때문에 이것들과 조화를 이루려면 내 생각을 버려서 나를 바꾸는 것이 최선책이라는 사실을 알게 될 뿐만 아니라 다른 것을 위하는 것이 결국, 나를 이익 되게 한다는 원리를 터득하게 되어 나누는 삶을 살게 됩니다.

공空하다는 것과 연기되어 존재한다는 것은 자성自性이 없다(무자성無自性)는 것을 의미합니다.

자성이란? 스스로 존재하는 성질이며, 변화하지 않는 결정적인 성질입니다. 만약 자성이 있는 것이 있다면 어떠한 경우에도 변하지 말아야 하기 때문에 물리적인 힘을 가해도 망가지지 말아야 하며, 어떠한 조건(부모)에 의해서 생기는 것이 아니라 스스로 생겨야 합니다. 그러므로 절대적인 존재를 말하는 모든 형이상학적인 존재는 자성을 지니기 때문에 다른 것들과의 관계 속에서 존재하는 것이 아니라 스스로 존재하며, 과거현재 미래에 걸쳐 자기 동일성을 유지해 가는 존재입니다. 따라서 공이나 연기론적 원리로 보면 형이상학적인 존재들은 가정된 것일 뿐 실제로 존재할 수는 없기 때문에 우리들의 마음에 믿음으로 계시는 것입니다.

믿음은 묘한 것(불가사의 한 일)이어서 사실 유무와는 관계없이 철저하게 믿으면 사실과 똑같이 됩니다. 인간의 뇌는 사실과 상상을 구별해 내는 능력이 없습니다.

웃음치료와 명상을 통해서 우리들의 건강을 좋게 하는 것도 이 원리를 이용하는 것이며, 종교적(신앙)으로 일어나는 기적 같은 일들도 마음(제8 아뢰야식)의 작용으로 일어나는 일입니다.

마음의 작용과 몸에서 생리적으로 일어나는 모든 현상이 서로 연기되어 있기 때문입니다.

연기설 중 가장 대표적인 것으로 12연기설이 있으며, 이설은 중생의 괴로운 현실상現實相인 모든 고뇌를 떠나기 위해 그 발생과 소멸을 추구하여 12단계를 거쳐 그 결론을 얻은 것으로 무명無明에서 노사老死까지이며, 이 강의에서는 요점만 서술하겠습니다.

존재의 원리를 깨달아 확실하게 아는 것을 '명明(지혜智慧)'이라 하고 그 반대되는 것을 '무명無明(알음알이, 내 생각, 고정관념)'이라 합니다.

1) 무명無明이 사람에게 있게 되면 이것을 연緣(말미암아)하여

2) 행行이 있게 되고, 행을 연하여

3) 식識이 있게 되고, 식을 연하여

4) 명색名色이 있게 되고, 명색을 연하여

5) 육입六入이 있게 되고, 육입을 연하여

6) 촉觸이 있게 되고, 촉을 연하여

7) 수受가 있게 되고, 수를 연하여

8) 애愛가 있게 되고, 애를 연하여

9) 취取가 있게 되고, 취를 연하여

10) 유有가 있게 되고, 유를 연하여

11) 생生이 있게 되고, 생을 연하여

12) 노老(병病), 사死(멸滅: 죽음), 우憂(걱정), 비悲(근심스럽고 슬픈 감정), 고苦(고통, 괴로움), 뇌惱(괴롭히다, 괴로워하다, 괴로움)가 있게 됩니다.

1) 무명無明

무명이란 만상의 원리를 모르기 때문에 실재實在 아닌 것 또는 실재성이 없는 것(가립된 존재)을 자기의 실체實體로 착각한 망상妄想이라고 할

수 있습니다. 주어진 존재의 일시적 형체(한시적 존재)를 참된 나라고 집착한 것으로도 볼 수 있습니다. 진리에 대한 무지無知이며 맹목적 생존욕과 생식욕을 지닌 본능적인 생명력으로 '생의 의지'로 표현됩니다.

2) 행行

무명에 의하여 집착된 대상(가아假我)을 실재화實在化하려는 작용을 말합니다. 맹목적 생의 의지인 무명은 그 무엇을 욕구하여 만족시키고자 끊임없이 활동하는 것입니다. 다시 말해서, 원리를 모르고(어리석은 생각)하는 우리들의 일상생활을 의미합니다.

3) 식識

행에 의해 개체가 형성되면 그곳에 식識이 발생하는데, 식은 식별識別(작용: 생각을 만드는 것)한다는 뜻입니다. 개체가 형성되면 그곳에 분별하는 인식이 발생합니다. '나'라고 하는 주관이 생기면 객관이 생기고 그 객관을 주관적으로 분별하는 것을 이르는 말입니다.

4) 명색名色

식을 조건으로 하여 명색이 일어나는데, 색色은 물질적인 것을 가리키고 명名은 비물질적인 것을 가리킵니다. 인간을 구성하고 있는 오온설五蘊說로 설명한다면, 색온色蘊은 색(몸: 물질)에 해당되고, 수受, 상想, 행行, 식識 4온四蘊은 정신적 요소로 색온色蘊과 결합하여 심신心身을 이루기 때문에 명색名色이라고도 불립니다.

따라서 명색의 발생은 물질적인 것과 비물질적인 것(정신적인 것)이 결합된 상태를 가리킨다고 볼 수 있습니다.

명색은 객관(대상, 경계)을 말하기 때문에 객관은 주관이 없으면 저절로 없어집니다. 모든 존재는 내가 보기 때문에 거기에 있는 것입니다. 내가 보지 않으면 거기에 있어도 없는 것이 됩니다. 내가 보는 것이 식識을 의미하기 때문에 명색은 식으로 말미암아 일어나는 것입니다.

5) 육입六入

육처六處라고도 하며 명색을 연하여 육입이 일어나는데, 육입은 인간 실존의 근저를 이루는 여섯 개의 감각기관(안眼: 눈: 보고, 이耳: 귀: 듣고, 비鼻: 코: 냄새 맡고, 설舌: 혀: 맛 보고, 신身: 몸: 감촉을 느끼고, 의意: 뇌: 생각 하고-육근六根)을 말합니다.

만상(객관, 대상, 경계)이 우리의 여섯 개의 감각기관(육근)을 통해서 들어오는 것을 말합니다.

6) 촉觸

육입을 연하여 촉이 있게 되는데, 촉은 '접촉한다, 충돌한다'는 뜻을 갖고 있습니다. 여섯 개의 감각기관(六根)이 그 대상(육경六境: 색色: 물질, 성聲: 소리, 향香: 냄새, 미味: 맛, 촉觸: 감촉, 법法: 의식)과 접촉하는 것과, 육근六根과 육식六識(눈, 귀, 코, 혀, 몸, 의지에 발생한 식)이 화합和合하는 것이라 하겠습니다. 즉, 촉은 단순한 접촉이나 자극이 아니라 인식성립認識成立의 원초적 형태이며, 인식론적 경험의 현실을 나타낸 것입니다.

여섯 개의 감각기관(육근)을 통해서 들어온 것(육경)은 인식하는 작용(육식)에 의해서 생각으로 만들어집니다.

7) 수受

촉을 연하여 수가 발생한다. 수는 감수작용感受作用이라고 볼 수 있는데, 여기에는 괴로움(고苦), 즐거움(낙樂), 그리고 괴롭지도 즐겁지도 않은(불고불락不苦不樂) 중간 느낌(사수捨受)의 3가지 종류가 있습니다. 이를 고·락·사 삼수三受라고 합니다. 접촉에 따른 필연적인 느낌이라 하겠습니다.

8) 애愛

수를 연하여 애가 발생한다. 애욕愛慾, 갈애渴愛를 뜻합니다. 위의 세 가지 느낌 중에서 즐거움의 대상(각자가 좋아하는 것)을 추구하는 맹목적인 욕심입니다. 따라서 애愛를 번뇌 중의 가장 심한 것으로 보고, 수행에 있어서도 커다란 장애가 된다고 합니다. 무명은 지혜를 가로막는 장애(소지장所知障)요, 애愛는 마음을 더럽게 하는(염착染着)장애(번뇌장 煩惱障)의 대표적인 것입니다.

9) 취取

애를 연하여 일어나는 취를 취득하여 병합倂合하는 작용입니다. 애愛에 의하여 추구된 대상을 완전히 자기 소유화하는 일이라 볼 수 있습니다.

자기가 좋아하는 것이나 개개인이 가지고 있는 개념을 자기 것으로 만들어 고정시키는 것을 말함으로 이로부터 업業이 만들어집니다.

10) 유有

취를 연하여 유가 발생한다. 생사하는 존재 그 자체가 형성된 것이라 하겠습니다. 유에는 삼유三有가 있는데 욕계欲界, 색계色界, 무색계無色界가 그것입니다. 삼계는 생사의 굴레(윤회)를 벗어나지 못한 곳입니다.

인간이 살고 있는 세계는 욕계로서 식욕食欲, 수면욕睡眠欲, 음욕淫欲이 있는 세계입니다.

11) 생生

유에 연하여 생이 발생하는데, 생은 문자 그대로 태어난다는 뜻으로 유有가 그렇게 생사하는 존재 자체의 형성을 뜻한다면 그것에 연하여 생이 있게 될 것은 당연한 일입니다.

12) 노사老死

생이 있으므로 노·사·우·비·고·뇌老死憂悲苦惱가 있게 됩니다. 생의 현실은 마침내 늙어 죽음의 결과를 초래하게 된다는 것입니다.

12연기의 설명에서 볼 때, 생사의 근본적인 극복은 무명을 멸해 없앰으로써 가능할 것입니다. 또한, 무명에서 생사의 괴로움이 연기하게 되는 과정을 유전문流轉門(유전연기)이라 부르고, 무명의 멸滅에서 생사의 괴로움이 멸하게 되는 과정을 환멸문還滅門(환멸연기)이라 부릅니다.

결국, 명明이 없는 사람에게는 죽음의 괴로움이 있게 된다는 뜻입니다. 그리하여 그러한 죽음이 있게 되는 형성 과정을 열두 단계로 자세하게 분석하여 보여주는 것이 12연기설인 것입니다. "무명無明이 있기 때문에 노사老死가 있다."(순관順觀: 1~12까지 순서대로 보는 것)고도 할 수 있고, "무명이 없다면 노사도 없다."(역관逆觀: 12~1까지 거꾸로 보는 것)고도 할 수 있습니다.

연기의 법은 인위적으로 만들어진 것이 아니라 본래 우주에 항상恒常한 것입니다.

이 12연기설이 우리에게 보여주는 가장 핵심적인 것은 인간의 죽음을 비롯한 모든 고통이 바로 진리에 대한 자신의 무지(내 생각)에서 연기緣起한 것임을 나타내고 있다는 것입니다.

- 네이버 지식백과 와 블로그 참고 -

무상無常은 '허무하다'는 뜻이 아니라 '항상(영원)하지 않다' 즉, 고정되어 있어 변하지 않는 것이 아니라 '늘 변하고 있다'는 뜻입니다. 변한다는 것은 상호작용에 의해서 일어나는 현상이므로 연기설緣起說은 무상관無常觀을 바탕으로 하여 성립된 것입니다.

무상은 그 어느 것도 연속적인 두 순간에 똑같은 것으로 남아있을 수 없다는 뜻입니다. 다시 말해서, 사물이 어느 한순간에만 존재할 수 있다는 의미입니다. 매 순간 변하기 때문에 그다음 순간에는 뭔가 다른 것이 거기에 존재하고 있으나 우리가 볼 수 없어 모르고 있을 뿐입니다. 무상하지 않은 것이 없기 때문에 '모든 것은 무상하다'라고 하는 말은 모순입니다. 까닭은 '모든 것은 무상하다'라고 단정 지어 말했기 때문에 이 말은 변하지 말아야 하는데 그런 것은 있을 수 없기 때문입니다.

그래도 무상의 개념은 비교적 이해하기는 쉬우나 무상을 명확하게 보고 자기 것으로 만든다는 것은 쉽지 않습니다. 왜냐하면, '무상을 보면 공空을 본다'는 말이 있으며, 무상(공空)에서 모든 원리가 다 나왔기 때문입니다. 변한다는 것은 언젠가는 없어진다는 말인데 우리는 습관적으로 무상한 것을 영원한 것으로 생각하여 집착하게 됩니다.

그러나 무상은 비관적 세계관이 아니라 대상에 집착하는 것을 경계하게 함으로써 욕심으로부터 해방되게 합니다. 이것은 실상實相을 부정하는 것이 아니라 현상계가 바뀌면서 이어져 내려가고 있음을 꿰뚫어 본 것입니다. 무상을 보려면 반드시 시간에 대한 개념을 무한대의 개념으로 바꾸어서 긴 시간을 찰나로 볼 줄 알아야 합니다.

무상한 존재들은 그저 무질서하게 흘러가는 것이 아니라 그들은 연기적緣起的으로 존재하고 있으며, 이러한 존재의 성질을 '공空하다'라고 합니다. 그러므로 공하다는 것은 연기적인 존재의 보편적인 성질을 말하는 것입니다.

"무상한 것은 서로 연기되어 일어나고, 이렇게 존재하고 있는 성질을 공한 것이다."라고 한다면 '나'라는 존재는 저절로 공空해져 없는 것이 될 수밖에 없어 '무아無我'라 합니다. 이러한 원리로 볼 때, 무아는 내가 없다는 뜻이 아니라, 인간을 해체해서 자세히 들여다보면 나라고 할 만한 것은 없다. 즉, 자성이 없다(무자성無自性)는 뜻이 되고, 존재하기는 하나 "내가 아닌 것(비아非我)으로 구성되었다(오온: 색, 수, 상, 행, 식)."라는 의미가 됩니다.

이러한 사상은 공사상으로 발전하며, 무아사상은 인간의 문제(인무아人無我: 아공我空)뿐 아니라 모든 사물(법法)도 이와 같으므로 '법무아法無我(법공法空: 모든 것은 공하다)'라는 말을 낳게 됩니다. 만약에 우리의 몸 안에 나를 움직이고 조절하는 개체의 자아自我가 있다면 부모가 없어도 태어날 수 있어야 하고, 죽지도 않아야 하며 병에도 걸리지 말아야 하고, 설혹 병에 걸리더라도 "병아, 나아라!"하고 명령하면 병이 나아야 합니다.

 무상無常은 변화를 의미함으로 다양성을 뜻하는 말이며, 다양하다는 말은 서로 다르다는 것을 의미하기 때문에 이것보다 더 커다란 축복은 없습니다. 만약 세상의 모든 것이 다 똑같은 것으로 구성되어 있다고 생각해 보십시오! 지루하고 재미없는 삭막한 세상이 될 것입니다. 무상하기 때문에 우주를 구성하는 별들도 생겨나고 흩어지며, 우리들의 마음도 일어나고 사라집니다(생주이멸生住異滅).

 무상과 연기의 원리로 볼 때 만상은 인연(조건)따라 모이고 나타나서 우리의 눈으로 볼 수 있는 것이 되고 흩어지면 없어져 볼 수 없게 됩니다.

 모이고 흩어지는 과정에서 서로 주고받는 상호의존관계가 형성되기 때문에 인간의 몸에도 우주의 모든 것이 다 들어 있게 됩니다. 또한, 우리가 무생명체라고 하는 것들(돌, 금속 등)의 성분도 우리 생명을 이어가게 하는 절대적인 성분이 되므로 사실상의 무생명체는 없습니다. 다만, 생명체의 밖에 있을 뿐입니다.

 공, 인연, 연기, 무상, 무아를 하나로 만들면 "모든 것은 현재 서로 다르게 존재하고 있으나 있는 그대로의 모습으로 같은 것(다르지 않다)이다." 즉, "모든 것은 모양(상)과 작용(용)은 다르나 본질(체)에 있어서는 조금도 다르지 않다."입니다. 이 말의 의미는 너(객관)와 나(주관)라는 분별되고 차별된 일체의 개념을 초월한 것이어서 어디에도 걸림이 없습니다.

 이것은 '중도中道'라는 원리로 발전하며, 중도란? 서로 다른 양극단을 벗어나(초월) 서로 다른 것들이 화합하여 원융무애圓融无涯(만물과 융화하고 걸림이 없음)한 것을 의미합니다. 괴로움과 즐거움의 경우, 괴로움도 즐거움도 동시에 벗어나(양극단을 벗어남) 어디에도 끌려다니지 않고 늘 마음이 안락한 상태를 말하기 때문에 '묘락妙樂(묘한 즐거움)'이 중도의 즐거움입니다.

자기 자신을 영원한 실체라고 생각하거나 아니면 무언가 영원불멸하는 실체가 있다고 하는 믿음을 가지거나(상견常見), 반대로 "신神이고 무엇이고 다 필요 없다."라고 생각하여 영원한 자아에 대한 부정적인 생각 때문에 "죽으면 다 끝이다."라는 생각으로 현실적인 삶의 연속성(윤회)까지도 부정하여 자기 마음대로 살아가는 것(단견斷見)과 같은 이러한 두 가지의 관점에서 벗어나는 것입니다. 이것을 '단상중도斷常中道'라 합니다.

결국, '중도'는 존재가 스스로의 성품(자성적)으로 실재한다고 보는 견해(상견)와 존재하지 않는다고 보는(단견)두 견해를 다 떠나는 것입니다.

제자가 스승에게 묻기를, "'나(아我)'가 있다고 생각하십니까?"라고 세 번이나 물었으나 스승은 대답이 없었습니다. 제자는 대답이 없기에 그 자리를 떠났습니다. 그 뒤 다른 제자에게 스승은 이렇게 대답했습니다.

"내가 만일 '유아(有我, 내가 있다)'라고 한다면 그는 유아의 사견邪見만을 더할 것이요, 만일 무아無我라고 한다면 의혹에 의혹만을 더해 줄 뿐이다. 만일 '내가 있다'고 한다면 이는 상견常見이요, '내가 없다'고 한다면 이것은 단견斷見이다. 나는 이 두 극단을 떠나 중도에 서서 법을 설한다." 라고 하셨습니다.

- 잡아함경 권10 -

우리는 연기의 원리에서 일체 삼라만상(제법諸法)은 무상無常하고 무아
無我이므로 실로 있다든지 항상 한다든지 할 아무런 것도 없고 모든 현상
계 제법은 "이것이 있으므로 저것이 있고, 이것이 일어나므로 저것이 일
어난다."는 상의성相依性관계에 있기에 어떤 고정된 실체가 있는 것이 아님
을 살펴보았습니다.

그러나 무아이고 무상이라고 해서 제법(모든 것)이 '무無'에서 끝나는
것은 아닙니다. 인연으로 결합된 모든 것은 각기 그 인연대로의 모습을
지니고 있는 것입니다.

'잡아함경 권10'에 보면 이런 의문을 제시한 제자가 있었습니다.

"일체 법이 무아라면 이 중에 어떤 '나'가 있어서 이렇게 알고 이렇게
보며 이렇게 말하고 있습니까?" 무아라고 하지만 현재 나는 분명히 있지
않느냐는 것입니다. 그런 의문을 일으켰던 제자에게 스승은 다음과 같은
중도中道의 가르침을 펴십니다.

"세상 사람들은 '있다' 혹은 '없다'라는 두 극단에 의해서 미혹迷惑(마음
이 흐려서 무엇에 홀림)한다. 겉으로 드러나 있는 세간(세상)을 참으로
바로 관찰하면, 세간은 없다는 소견이 생기지 않을 것이요, 세간의 멸함
을 여실히(실답게, 있는 그대로) 관찰하면, 세간은 있다는 소견이 생기지
않을 것이기 때문이다. 여래如來는 두 극단을 떠나 중도中道를 말한다.".

세간世間(세계 또는 일체를 의미함)은 무명에서 연기한 것이므로 그저
없다고만 말해서는 안 됩니다. 연기해 있기 때문입니다. 그렇다고 해서
결정적으로 있다고 말해서도 안 됩니다. 왜냐하면, 실재성實在性이 없는

것(가립된 존재)을 실재한다고 착각한 망념妄念에서 연기한 것에는 실체가 있다고 볼 수 없기 때문입니다. 더구나 그러한 무명에서 연기한 것은 무명의 멸滅(깨달음)과 함께 없어지는 성질의 것입니다.

중도의 원리에서 독창적으로 주장하는 무아설無我說의 높은 뜻은 바로 여기에 있다고 할 것입니다. 다시 말하면 우리가 강하게 집착하고 있는 나에게는 실재성이 없으므로 무아인 것입니다. 그러나 이 무아는 망념에 입각한 나까지도 없다는 말은 결코 아닙니다. 제자가 스승에게 제기했던 알고, 보고, 말하는 그 '나'는 바로 이러한 '나(망아忘我, 가아假我)'라고 볼 수가 있습니다. 따라서 무아설은 유有와 무無의 두 끝을 떠난 중도적인 교설이라 볼 수 있으며, 그것은 곧 12연기설에 입각한 것입니다.

연기한 것은 유와 무의 두 끝을 떠난 중도적인 입장입니다. 그와 같이 단斷(없다)과 상常(있다), 일一(같다, 하나다)과 이異(다르다), 자작自作과 타작他作 등 두 극단도 초월해 있습니다.

"자작과 타작의 두 극단을 초월해 있는 것이 중도다."라는 말은, 중도는 어떠한 경우에도 자아自我(확정 짓는 것, 고정관념, 내세우는 것)를 설정하지 않는다는 '무아無我사상'을 의미합니다.

인간은 끊임없이 행위(업業)를 하면서 살아갑니다. 행위를 하게 되면 반드시 그 행위에 대한 결과(보報, 과果)가 있게 마련입니다. 이때 행위를 하는 자와 그 행위의 결과를 받는 자가 동일하다고 생각하기 때문에 '자업자득', '인과응보', '자작자수'라는 말이 성립될 수 있습니다.

자작은 '자작自作 자각自覺'으로서 행위(업業)를 한 사람이 행위의 결과(보

報, 과果)를 받는다는 뜻이고, 타작은 '타작他作 타각他覺'으로서 행위를 한 사람이 행위의 결과를 받는 것이 아니고 다른 사람이 받는다는 말입니다.

업을 짓는 사람과 보를 받는 사람을 같은 사람으로 인정하여 자작을 주장하는 것은 상견常見이며, 업을 짓는 사람과 보를 받는 사람을 다른 사람으로 간주하여 타작을 주장하는 것은 단견斷見이라 하는데 깨달음의 세계(중도)에서는 두 경우 모두 부정합니다.

두 경우 모두 업이나 업보에 대해 그것을 행하고 받는 자아를 설정하고 있기 때문입니다. 업業과 보報(과果)는 바늘과 실의 관계처럼 존재하기 때문에 인과응보는 존재하지만, 업의 주체와 보의 주체가 따로 존재할 수는 없습니다. 그렇다면 업은 어떻게 만들어지며, 업과 보의 인과응보는 어떻게 가능한지 이해하기가 어려울 것입니다. 이것을 자세하게 설명한 것이 바로 12연기법입니다. 무명(내 생각, 고정관념, 아상, 어리석음)이 있으면 업이 만들어지고 그 업에 의해 보가 생기고, 그 보는 새로운 업이 되고, 그 새로운 업은 또 다른 보를 만드는 것(유전문: 연기의 순관順觀)입니다. 따라서 무명이 없어지고 완성된 중도의 지혜로 세상을 살아가면 모든 업과 보가 다 소멸되는 것(환멸문: 연기의 역관逆觀)이 12연기설입니다.

예를 들어, 우리가 죽은 뒤에도 자아가 존속되는지 아니면 죽음과 함께 없어지는지 라는 물음에 대해 존속한다고 하면 상견이 되고 없어진다고 하거나 아니면 알 수 없다고 한다면 단견이 되기 때문에 무어라고 말해도 중도를 벗어나게 됩니다. 이러한 질문에는 침묵(무기無記)할 수밖에 없으며, 이것은 질문 자체가 무아의 원리에 어긋나는 것입니다. 물음에 이미 자아(자기 동일적 자아)의 관념이 전제되어 있기 때문입니다. 매우 어리석은 질문이라는 말입니다. 이유는 우리의 개념에는 자아가 있다는 것이 나도 모르게 무의식에 깊숙이 자리 잡고 있기 때문에 이런 질문을 하는 것입니다. 중도의 원리는 이러한 어리석음을 근본적으로 소멸시키는 것입니다.

이것을 깨달음의 세계에서는 이렇게 비유해서 설명합니다.

한 횃불에서 다른 횃불로 불을 붙인다고 할 경우 그 불이 그대로 옮겨갔다고 할 수 있겠습니까? 이 물음은 깨달음의 세계에서 윤회를 말한다고 해서 '자기 동일적 자아의 존재'를 전제해야 하는 것은 아니라는 것을 보여주는 반문입니다. 한 횃불에서 다른 횃불로 옮겨간 횃불이 되었든, 한 횃불에서 계속 타고 있는 횃불이 되었든 불의 성품(체)은 같으나 모양(상)은 같을 수가 없습니다. 불의 모양은 순간순간 다르듯이 자기 동일적 존재로 머물러 있지 않고 찰나에 생멸할 뿐이라는 무상의 원리를 말하고 있습니다.

우리에게 변하지 않는 자아는 없지만, 그래도 나로서 연속되는 그런 자아는 존재합니다. 그것이 바로 관계 속에서 존재하는 '연기의 자아(가립된 존재)'이며, 윤회의 주체인 '업의 자아'를 말하는 오온설五蘊說(오음五陰說)입니다. 그러므로 깨달음의 세계에서는 자아에 관한 상견과 단견을 모두 부정하면서 중도의 견해로서 연기와 업을 말합니다.

현대물리학에서는 물질은 물질이 아니라 하나의 사건event(진여의 작용)으로 규정지으면서 세상의 모든 것을 사건 중심으로 보는 것이 더 자연스럽다고 합니다. 인간도 사건 중심으로 기술하면 없어지지 아니하고 영원히 있는(상주불멸常住不滅) '나(아我)'는 없고(무아無我), 탐욕과 집착이 있는 오온(오취온五取蘊)이 인연 따라 관계를 맺고 인과관계를 갖는 사건이 끊어지지 않고 계속되는 것이 윤회입니다. 따라서 행위자(아我)는 없고 윤회의 주체가 되는 행위(업業)만 있는 것입니다.

언제나 상견과 단견의 양극단을 피하는 중도의 길로 제시되는 것이 연기의 원리입니다. 무엇이 되었든 고집하고 내세우는 것은 옳다고 하거나 그르다(사실 유무)고 하거나 하는 생각은 다르나 그것을 바라보는 관점은 두 경우 다 똑같은 것입니다. 신神이 있다고 주장하는 것이나 없다고 주장하는 것이나 그것을 바라보는 관점에 있어서는 다르지 않다는 말입니다. 이렇게 사람마다 자기 생각에 집착하는 현상 때문에 세상은 본래 조용하나 서로 주장하는 것이 달라서 늘 시끄러운 것입니다.

모든 것은 자성이 없이 조건적(연기)으로 존재함으로 실유實有가 아닙니다. 그렇다고 해서 아무것도 존재하지 않는 허무도 아닙니다. 이는 연기적인 존재를 실유라거나 허무라는 개념으로는 규정할 수 없다는 것입니다. 이런 개념들 자체가 이미 잘못된 관념에 의해 오염되어 있기 때문입니다. 실유론자는 '영원한 실체가 있다'고 하여 '있다'는 사실에 집착하고 있으며, 허무론자는 '그러한 존재는 없다'고 하여 '없다'는 것에 집착하기 때문에 결국, 바라보는 관점은 같은 것입니다. 그러므로 중도는 어떠한 것에도 한쪽으로 치우치면 그것은 중도가 아니기 때문에 어떠한 경우에도 '무엇이다'라고 설정하지 않습니다.

'중도'라는 말은 우주 만물의 실상을 하나의 말로서 나타낸 것입니다.

중도는 모든 것과 함께하면서 어디에도 물들지 않는 것이어서 주관과 객관이 분리되지 않음이며, 어떠한 것과도 최고의 조화를 이루어 모두를 이익되게 하는 것입니다. 또한, 중도로 생각하는 것이 가장 지혜로운 생각이며, 중도는 어떠한 것도 고정불변으로 내세우는 것이 없으므로 중도는 중도에도 머무르지 않아서 집착하지 않기 때문에 "중도만이 진리다."라고 절대 말하지 않습니다.

까닭은 모든 것의 생김새와 작용이 다르게 펼쳐져 있는, 있는 그대로의 세상이 중도의 모습이기 때문입니다. 중도는 어떠한 경우에도 분별하거나 차별하지 않아서 모든 것이 평등함으로 수직적인 관계가 아닌 수평적인 관계를 유지하기 때문에 지배하려 하지 않고 오직 화합할 뿐입니다. 이렇게 생각을 바꾸고 나면 만상이 있는 그대로 내가 되어 버리기 때문에 특별히 나(자아, 에고)라고 할 것이 없어지게 되어 그렇게도 찾아 헤매던 '자아(自我)'는 본래 없다는 진실을 알게 되고, 다만 모두 가운데 하나 되어 함께 하고 있는 나를 보게 됨으로 나는 없기도 하지만 있기도 한 것입니다.

이것이 '자아'의 실체이기 때문에 '자아'를 찾은 것입니다. 그래서 생사生死가 그대로 불생불멸不生不滅인 도리를 깨닫게 됩니다. 즉, 죽는 가운데서 죽지 않는 도리를 아는 것이고 이것을 가리켜 "생사를 초월했다."라고 말합니다.

연기적인 존재론은 영원한 실체가 있다, 없다로 보는 동일성의 관점을 초월하여 변화하면서 존재하는 모습 그대로를 참된 것(진리)으로 인정하는 것이며, 모든 것은 무상하고 연기적으로 상속되어 간다는 진리를 잘못 이해하여 잘못 설명된 세계를 부정할 뿐이지 현상계 자체를 부정하는 것은 아닙니다. 이것은 이미 있는 그대로의 세계는 인정하면서 이것을 바라보는 생각을 바꾸는 것입니다. 즉, 있는 그대로(유有, 존재하는 모든 것)에서 공空(무無, 비어 있음)을 보는 것입니다.

공, 인연, 연기, 무상, 무아의 원리를 이해하기 쉽게 하나로 회통시키기 위해서 예를 들어, 설명한다면….

만상의 본질(체體)은 소립자라는 것을 상기시키면서 이 글을 읽기바랍니다.

여기에 한 마리의 나비가 있습니다. 내가 그 나비를 바라볼 때 그것은 나의 인식(지각知覺)의 대상입니다. 나는 그 나비를 바라보면서 많은 생각을 합니다. 나비는 나와 인연 맺어지게 되었으며 나의 의식은 이미 나비를 구성하는 하나의 요소가 됩니다. 인식의 대상 없이 인식하는 자가 있을 수는 없기 때문에 인식하는 자와 인식의 대상은 항상 동시에 나타납니다. 나비를 바라보고 있으면 그 나비는 우주로 가득 차 있음을 봅니다. 햇빛 없이는 나비가 자랄 수 없고 활동할 수 없기 때문에 나는 그 속에서 햇빛을 봅니다. 꽃이 없다면 꿀도 없고 꿀이 없으면 나비는 자랄 수 없기 때문에 나는 나비 속에서 꽃도 봅니다. 그리고 공기, 물 등 수 많은 것들도 나비가 거기에 있게 한다는 사실을 압니다.

이렇게 한 마리의 나비 속에는 온 우주가 다 들어 있으나 어느 것 하나를 나비라고 할 만한 것은 없습니다. 모든 것이 함께 모여 그 나비가 거기에 있도록 도왔을 뿐입니다. 그저 나비는 나타남이 있을 뿐입니다. 만약에 나비가 우주 안의 모든 것으로 가득 차 있지 않고 나비라고 하는 고정불변의 실체가 있다면 나비는 '공空하다'라고 말할 수 없습니다.

우주로 가득 차 있기는 하지만 나비라고 하는 분리된 존재, 분리된 자아가 없기 때문에 비었다(공空하다)는 겁니다. 이 말은 나비라고 하는 스스로의 성품(자성自性)이 없다(무자성)는 뜻이 되어 무아無我(비아非我)를 의미합니다. 결국, 나비의 본성은 공이며, 공이기에 한 마리의 나비가 가능하듯이 모든 존재는 공이기 때문에 가능하다는 것입니다. 나비는 나비 아닌 요소 없이는 결코 존재할 수 없습니다. 한 마리의 나비는 영원하지 않습니다. 때가 되면 사라집니다. 한 송이의 연꽃은 물속의 진흙이 없으면 만들어질 수 없습니다. 진흙에서 연꽃을 보고 연꽃에서 진흙을 볼 수 있는 것은 이러한 까닭입니다. 이러한 도리를 알면, 장작에서 재를 보고 재에서 장작을 볼 수 있는 능력의 소유자가 됩니다.

이 원리는 너무도 간단합니다. 하지만 어리석게도 우리들의 말나식(제7 중간의식)은 이러한 원리를 무시하고 자아가 존재한다고 믿습니다. 그렇기 때문에 말나식은 환상에서 나왔다고 합니다. 말나식은 의식 저 아래 아뢰야식에 있는 청정하지 못한 씨앗들(번뇌, 망상의 종자)에 의해 표현됩니다.

우리는 자아가 있다고 믿기 때문에 괴롭습니다. 한 마리의 나비 속에 우주가 가득하다는 뜻은, 만물이 '나'이며, 내가 모든 것과 다르지 않다는 의미이므로 '내가 바로 너고, 네가 바로 나다'라고 말할 것입니다. 이렇게 되면 분별, 차별이 없어지기 때문에 비교할 것이 없습니다. 모든 것이 서로 연결되어 있고 그것이 연기의 진리입니다.

존재한다는 것의 진정한 의미는 서로 연결되어 있다는 사실입니다. 이것이 중도, 초월, 최고의 화합이기 때문에 이 원리를 체득體得(증득證得)해서 확실하게 알면 '참나'를 찾은 깨친 사람 즉, 자기계발이 완성된 사람이요, 대 자유인이요, 불생불멸이요, 언제 어디에서나 진정한 주인공이 됩니다.

이 공부의 핵심은 "모든 것은 둘이 아니다(불이不二), 다르지 않다(불이 不異) 그러므로 분별하고 차별하지 말아라!" 이기 때문에 깨달음의 교설 전체를 '불이법문不二法文'이라 합니다.

지금까지 이해도를 높이기 위해 조금 긴 설명이 있었습니다. 많은 가르침의 내용이 이 원리에서 나온 것이라고 해도 좋을 만큼 방대합니다. 그러나 공, 인연, 연기, 무상, 무아, 무자성의 원리를 하나의 공식(회통)으로 만들고 이것을 확실하게 깨닫고 불퇴전의 믿음이 생기면 어떠한 궁금증도 없어지기 때문에 누가 무슨 소리를 해도 그것에 끌려가지 않게 됩니다.

원리는 진여의 성품이기 때문에 진여와 마찬가지로 깨달음의 대상일 뿐 토론하는 지식(학문)의 대상은 아닙니다. 그러나 요즈음 깨달음의 세계에 대한 학술 토론(대회)을 자주하고 있을 뿐만 아니라 많은 저서가 발간되면서 지식적으로는 풍부해 졌으나 원리를 깨닫게 하는 데는 오히려 장애가 됨으로써 공부를 하는 사람들을 매우 혼란스럽게 하고 있는 것도 사실입니다.

이 공부를 하는데 있어 가장 중요한 것은,

첫째 무엇이 원리인지를 정확하게 알아야 한다는 점입니다. 원리를 모르기 때문에 원리를 가려내는 것이 쉽지를 않다는 것이 문제입니다. 이 문제를 해결하기 위해서는 눈 밝은 스승을 만나거나 아니면 그분들이 쓰신 서적을 읽고 익히는 것이 좋습니다.

둘째 이것저것 많이 알려고 하지 말고 원리를 각인시키고 거기서 일어나는 순수한 의심(내 생각으로 헤아리지 않은 의심) 길을 따라가면 됩니다.

이렇게 하기 위해서 이 원리를 간결하게 하나로 모아 보겠습니다.

공, 인연, 연기, 무상, 무아, 무자성의 각각의 원리는 표현하는 방식만 다를 뿐 서로 연결되어 있기 때문에 그 의미는 같으므로 이렇게 회통됩니다.

[모든 것은 무상無常(바뀌는 것)하기 때문에 공空이고(무상공 無常空), 서로 연결(연기緣起, 인연因緣)되어 존재하기 때문에 공한 것이며(연기緣起空), 이렇게 모든 존재의 실상이 공하기 때문에 고정불변의 자성이 없으며(무자성無自性), 존재의 원리가 이러하기 때문에 어떠한 경우에도 확정적으로 '이것이다', '저것이다'라고 말할 수 없으므로 모든 것은 있는 그대로 무아無我(비아非我)입니다. 이 모든 말을 하나의 말로 통합한 것이 '중도中道'라는 말입니다.]

이 내용을 과학적으로 설명한다면,

[소립자의 성품은 불확정적이고, 확률적이면서 많은 것이 중첩되어있고, 상보적이면서, 이중적(입자-파동)입니다. 그러나 관찰자에 의해 이중성(상보성), 중첩, 확률파의 성질은 붕괴되어 하나로 확정되어 나타납니다. 그리고 우주 만물은 양자적으로 서로 얽혀있기 때문에 떼려 해도 뗄 수 없는 하나의 생명공동체입니다.]

깨달음의 원리에서 엄청나게 많은 이론이 벌어져 팔만사천법문이 되었고 그중에서도 특히 무아無我의 원리에서 많은 이론이 벌어집니다. 그러나 무아의 원리에서 "어떠한 경우에도 주체적인 것(나我)은 없다."는 사실을 또렷하게 각인시키게 되면 아무리 많은 이론으로 벌어져도 혼란스럽지 않게 됩니다. 이유는 모든 것은 공空하기 때문입니다. 따라서 자아自我(에고ego)는 못 찾은 것이 아니라 본래 없다(본래공本來空)는 사실을 꼭 각인시키기 바랍니다. 본래 없다는 뜻은, 무無의 개념이 아니라 '나'라고 할 만한 주체가 없다는 말입니다. (존재의 원리인 '팔불중도'를 생각하면 이해가 빠를 것입니다.)

지금까지 공부한 것들은 모두가 이 내용으로부터 비롯된 말입니다. 깊이 사유하면서 공부를 진행하는 것이 필요합니다.

＊ 소승小乘의 공空과 대승大乘의 공空 ＊
(소승과 대승의 다른 점)

소승불교와 대승불교의 가장 다른 점은, 소승은 탐진치貪瞋癡(삼독三毒: 탐욕貪欲과 진에瞋恚와 우치愚癡, 곧 탐내어 그칠 줄 모르는 욕심과 노여움과 어리석음)와 싸워 타파함으로써 내가 열반에 드는 것이고, 대승은 탐진치도 그 본질에 있어서는 텅 비어(공空) 청정하기 때문에 잘 승화시켜 사용하면 본질(공空, 참나, 진여)과 똑같이 사용할 수 있다는 것입니다. 이것을 유식론唯識論에서는 전식득지轉識得智라고 합니다. 다시 말해서, 탐, 진, 치를 일으키는 마음이나 청정한 마음은 하나의 같은 마음인데 그 작용만 다르다는 것입니다. 이와 같이 소승에서는 나쁜 마음을 타파함으로써 삼계三界(욕계欲界, 색계欲界, 무색계無色界)를 벗어나 열반(절대계, 성불)에 들기 위해 수행을 하는 것을 말하고, 대승에서는 나쁜 마음과 싸우지 않고 본래심(청정심, 공空, 참나)을 회복하고 열반에는 들지 않기 때문에 현상계를 떠나지 않으며 중생과 함께하면서 중생의 고통을 해결해 주기 위해 수행을 합니다.

성불해서 부처가 되면 삼계를 떠나 절대계에 머물러야 하기 때문에 중생을 제도할 수 없으므로 보살菩薩이 등장하게 됩니다. 보살은 보리菩提[보디bodhi: 지혜, 불지(佛智)]와 살타薩陀(사트바sattva: 중생衆生, 유정有情)를 합친 말이기 때문에 절반은 중생이고 절반은 부처입니다. 관세음보살은 수행의 도량(장소)을 사바세계로 삼았고, 지장보살은 지옥을 수행의 도량으로 삼았습니다. 이러한 이유로 공空에 대한 소승의 교설敎說과 대승의 교설은 차이가 있을 수밖에 없습니다.

공空이란? 진여(참나)를 대신하는 말로서, 공은 참나(진여)의 성품이고, 공이라고 이름 하는 것은 자아自我(Ego, 가아假我)의 차원에서 볼 때는 있기는 있으나 알지 못하기 때문에 없다고 말합니다. 이것은 2차원에서는 3차원을 볼 수 없는 것과 같아서 3차원의 현상계에서는 참나는 보이지 않습니다. 참나는 실존하면서 잠시도 쉬지 않고 작용하며 그 작용으로 우주를 운영하고 있습니다. 물건을 아래로 떨어지게 하는 것(만유인력), 인간이 수많은 능력을 발휘할 수 있게 하는 것, 자연계에 존재하는 생명체가 생명활동을 하면서 각자의 삶을 살아가게 하는 것, 봄, 여름, 가을, 겨울이라는 법칙과 같은 것들이 모두 공(진여)의 작용 때문입니다. 사랑을 하게하고, 선악에 대한 인과(과보)가 있고 공에는 카르마 Karma(업業)라고 하는 무서운 법칙이 있습니다.

우리가 선업을 지으면 좋은 과보가 따르고 악업을 지으면 나쁜 과보가 따르는 것도 공의 작용 때문입니다.

참나가 아무것도 없이 텅 비어 있다면 어떻게 세상을 경영할 수 있겠습니까? 만법은 공에서 나왔다는 것입니다.

참나(공)는 감지할 수 없는 더 초월적인 영역을 말하고, 그 영역에 있는 정보 때문에 모든 것이 돌아가고 있는데 우리는 이 사실을 모르고 있습니다.

다만 '진공묘유眞空妙有'라고 합니다.

에고(자아, 만상)가 없으면 공도 무의미해 집니다. 공의 무한한 능력은 에고를 통해서 밖으로 나타나기 때문입니다. 이런 초월적인 영역이 에고를 만남으로써 우리들의 인생이 만들어집니다. 이 두 세계가 만나지 않으면 인생이라는 것은 없습니다. 에고와 공이 만남으로써 각자의 경험이 만들어지고, 이 우주사가 펼쳐집니다. 우주사가 만들어지기 위해서는 시간과 공간이 있어야 되는데 그러기 위해서는 에고(자아, 만상)가 있어야만 됩니다.

소승의 공에 대한 교설은, 오온으로 이루어진 나를 진정한 나로 생각하고 그것에 집착함으로써 일어나는 탐, 진, 치가 모두 공하다(불변하는 자아自我라는 실체가 없고 한시적인 가립假立된 존재)는 사실을 알고 탐, 진, 치와 싸우고 타파함으로써 아라한과阿羅漢果Arhan(더 닦을 것이 없으므로 무학無學이라 함)를 증득하고 열반에 드는 것입니다. 따라서 소승에서는 아공我空으로 수행이 끝나는 것입니다.

대승의 공에 대한 교설은, 나를 구성하고 있는 오온五蘊(색수상행식色受想行識)만 공한 것(아공)이 아니라 삼라만상 모든 것(만상, 우주)은 다 공(진여, 체體, 본질, 절대계絕對界)으로부터 나왔기 때문에 현상적(상相, 용用, 현상계, 상대계相 對界)으로는 비록 다르게 보이나 공의 입장에서 보면 색, 수, 상, 행, 식이 곧 공이고, 공이 곧 색, 수, 상, 행, 식이라는 말입니다. 다시 말해서, 만상은 공으로부터 나왔기 때문에 탐, 진, 치 삼독을 비롯한 모든 존재의 재료 그 자체는 청정하다(공)는 것이 대승의 입장입니다. 즉, 현상계 전체가 공입니다. 따라서 절대계絕對界와 현상계(상대계相對界)도 둘이 아니라는 뜻에서 '진속불이眞俗不二'라하고 생사와 열반의 본바탕이 한 경계라는 뜻으로 '생사열반상공화生死涅槃相共和'라 하였으며, '중생이 바로 부처다'라고 하였기 때문에 깨달음의 세계의 모든 가르침을 한마디로 불이법문不二法門이라고 합니다. 이것은 색즉공色卽空 공즉색空卽色과 같은 뜻이기 때문에 대승에서는 아공我空은 물론 법공法空이므로 현상계에 보살로 머무르면서 중생을 교화하는 것을 수행의 목적으로 삼기 때문에 오직 '향상일로向上一路'만 있을 뿐입니다.

반야심경은 소승의 공에 대한 생각을 대승의 공에 대한 생각으로 공격을 하고 있는 경입니다. 반야심경에서 색불이공色不異空 공불이색空不異色 색즉시공色卽是空 공즉시색空卽是色(색은 공과 다르지 않고, 공은 색과 다르지 않다. 색은 곧 공이요, 공이 곧 색이다.)이라고 한 것은 색즉공色卽空 공즉색空卽色이기 때문에 이것을 '당체즉공當體卽空'이라 합니다. 즉, 공(진여, 참나)과 색(가아假我, 에고)은 마치 불과 불빛의 관계와 같아서 서로 분리될 수 없음을 뜻합니다. 모든 것은 있는 그대로 다 공하다는 의미입니다.

대승에서는 색, 수, 상, 행, 식도 그 본바탕(재료, 본질, 체, 본성)은 모두 좋은 것(청정한 것, 공)이기 때문에 수행으로 깨달음을 체득하면 색色은 여래의 몸으로 바뀌고, 수受는 여래의 감정으로 바뀌며, 상想은 여래의 생각으로 바뀌고, 행行은 여래의 행동으로 바뀌고 식識은 여래의 지혜로 바뀌는데, 여래의 지혜는 4가지로 전환됩니다. 전오식前五識(안식眼識, 이식耳識, 비식鼻識, 설식舌識, 신식身識)은 여래의 몸으로 바뀌어 아미타불阿彌陀佛이 몸을 마음대로 바꾸어 중생을 제도하고 떠나버리는 성소작지成所作智로 전환되고, 6의식은 사물의 모양을 잘 관찰하여 선악을 가려내고 남을 교화하여 의혹을 끊게 하는 지혜인 묘관찰지妙觀察智로 전환되고, 7말나식은 평등성지平等性智로 전환되어 나와 남으로 분별하지 않고 너와 내가 평등해지는 지혜로 되며, 8아뢰야식은 무명의 때가 다 지워진 크고 맑은 거울과 같은 반야의 지혜인 대원경지大圓鏡智로 전환됩니다. 다시 말해서, 전5식에서 8아뢰야식 까지를 없애는 것이 아니라 승화시키는 것입니다. 이것이 소승과 대승의 차이입니다.

대승에서는 현상계 전체가 절대계의 공으로부터 나왔기 때문에 현상계의 모든 존재의 본질은 절대계의 공과 다르지 않다(불이不異)는 입장이므로 육근六根(안이비설신의 眼耳鼻舌身意, 감각기관)과 그 대상인 육경六境[물질(색色), 소리(성聲), 냄새(향香), 맛(미味), 촉감(촉觸), 현상(법法)] 그리고 이 육근육경을 연緣으로 하여 생기는 6가지 마음의 활동인 안식眼識, 이식耳識, 비식鼻識, 설식舌識, 신식身識, 의식意識 즉, 18계를 부정하였으며,

특히 소승에 있어서 깨달음의 내용의 전부라고 해도 과언이 아닌 12연기(무명無明─행行─식識─명색名色─육처六處─촉觸─수受─애愛─취取─유有─생生─노사老死)도 부정하고, 결국 마지막에는 사성제(고집멸도苦集滅道)도 부정합니다.

18계를 부정한 것은 절대계와 현상계를 둘로 보지 않기 위함이고, 12연기를 부정한 것은 생生의 시작을 무명無明으로 보기 때문에 생노사生老死를 미워하는 것이 됩니다. 대승에서는 무명도 청정하고 12연기 모두가 청정하여 진속眞俗이 둘이 아니라는 것입니다. 또한, 마지막으로 사성제를 부정하는 것은 사성제의 고苦를 '실체가 없다'라고 하면서 '고통도 청정하다'라고 함으로써 나머지 '집멸도集滅道 또한, 청정하다'는 것입니다. 다시 말해서, 괴로울 때 괴로운 마음이 일어났음을 알아차리고 괴로움도 공(청정)한 것을 알아차리고 있으면 그 괴로움은 나를 괴롭히지 않는다는 말입니다. 이것이 반야바라밀입니다. 그러나 소승에서는 고苦가 일어날 때마다 고와 싸워서 물리쳐야 하는 데 이것이 위빠사나입니다.

결국에는 깨달았다는 그 자체도 공이라고 합니다. 이와 같이 대승에서는 초기불교(소승)의 수행법을 전부 부정하고 있는데 이것은 부정해서 부정하는 것이 아니라 현상계를 떠나지 않고 모두를 이익되게 하기 위한 것입니다. 공을 진여의 성품으로 말하면서 공을 회복하는 것이 최고의 깨달음, 즉 아뇩다라삼먁삼보리(무상정등정각無上正等正覺)라는 것인데 이것이 반야심경의 내용이며 소승과 대승의 차이입니다.

- 윤홍식 강의 참고 -

* 마음에 새겨야 할 글 *

* 남을 내 생각처럼 바꾸려 하는 것은 상대방에게 바라는 것이 있기 때문이다. 바라는 마음이 있으면 반드시 미워하는 마음이 일어나게 된다.

나만 그런 것이 아니고 상대방도 나를 바꾸려 하기 때문에 서로 미워하게 된다. 이것이 모든 분쟁(고통, 불행)의 근원이다.

내가 좋아지고 행복해지려면 세상 모든 것을 다 사랑하라!

원리는 간단하다. 다만 실천이 어려울 뿐이다.

수행은 실천하는 힘을 키우는 것이다.

수행의 대상은 오직 원리를 깨우치는 일이다. 그러나 지금 안타깝게도 잘못된 수행을 하는 사람들이 너무나 많다. 원리를 깨우친 스승이 드물기 때문이다. 깊게 하는 기도, 명상, 삼매를 통해 생리적으로 일어나는 현상(마구니 장애)을 초월자의 능력으로 착각하여 신비주의에 빠진 수행자가 너무나 많다. 가르치는 사람(성직자, 착각도인)들이 이 길로 인도하는 경우가 많기 때문이다.

가장 위대한 초월자의 능력은 다투지 않고 조건 없이 나누는 삶이 끊어지지 않는 것이며, 가장 신비스러운 것(기적)은 존재하고 있다는 그것을 뛰어넘을 수는 없다.

제 10 강

업의 윤회와 자업자득의 원리

업業이란? 업의 사전적 의미는 직업을 줄여서 업이라고 하는데, 수행자의 입장에서 '업'이란? 몸으로(신身), 입으로(구口), 뜻으로(의意, 마음) 짓는 선악善惡의 소행을 이르는 말입니다. 쉽게 말해서 우리가 살아가면서 짓는 모든 행위를 업이라 합니다. 모든 행위는 한 생각을 일으키기 때문에 생기므로 한 생각을 일으키는 마음이 우리들의 업의 원인이 됩니다.

선악善惡은 본래 없는 것이나 못된 생각이 일어나면 일어나는 순간이 죄 되는 순간이고, 반대로 좋은 생각이 일어나면 복 되는 순간입니다. 일어나는 생각을 꺼버리면 죄도 복도 없습니다.

업식業識은 업의 작용을 말하고, 그 작용으로 말미암아 과보果報를 남기고, 그 과보는 하나도 빠짐없이 업장業藏(제8아뢰야식, 무의식: 업을 저장하는 창고)에 저장됩니다. 우리가 흔히 말하는 업장業障소멸消滅이라고 할 때의 업장業障은 '악한 행위를 저지른 과보로 받는 장애'를 의미합니다.

업이라는 말은 본래 산스크리트Sanskrit어語(범어梵語 또는 실담어悉曇語)로 카르마karma(갈마羯磨)라고 합니다.

업에는 공업共業과 사업私業(별업別業)이 있으며, 사업이란? 개개인이 짓는 업, 즉 지은 사람에게만 영향력이 미치는 업을 말하고, 공업이란? 개개인이 지은 업이 모여 전체에게 영향력을 미치게 하는 업(공동으로 짓고 공동으로 과보를 받는 업)을 말합니다. 공업은 사회제도, 문화, 풍습, 환경 보호 또는 환경 파괴 등으로 인해서 모든 사람에게 영향력을 미치는 업을 말하기 때문에 사업은 공업의 힘에 저항해서 이기기가 매우 어렵습니다.

우리의 몸은 '생노병사生老病死'하고 마음과 만물은 '생주이멸生住異滅'하며 우주는 '성주괴공成住壞空'한다. 이 뜻은 모든 것은 처음에 생겨나고 일정 기간 머무르다 다르게 변하면서 마지막에는 없어진다(사라진다, 흩어진다)는 '제행무상諸行無常'을 뜻하며 이것은 변화하는 과정을 의미하고 변화할 때는 반드시 다른 것들과 서로 주고받는 상관관계, 즉 연기에 의해서 이루어진다는 말입니다. 이렇게 변화하는 과정 전체를 끌고 가는 힘을 '업력業力'이라하고 이 힘energy은 불멸입니다.

따라서 세상에서 가장 큰 힘이 바로 업력입니다. 우주에서 일어나는 업력은 그 무엇으로도 바꾸거나 막을 수 없습니다. 업력으로 일어나는 현상은 시작도 없고 끝도 없기 때문에 계속 순환(윤회, 무시무종無始無終)할 뿐입니다. 업력은 에너지이며, 에너지는 소립자로 구성되어 있으며, 업의 윤회는 진여의 작용입니다.

인간의 업력도 매우 강하기는 하나 마음의 작용(인식작용: 업식業識)으로 만들어지는 것이기 때문에 마음(생각)을 바꾸면 업도 바뀌게 됩니다. 무의식(8아뢰야식, 업장)에 저장되어있는 업의 힘(95%)은 6의식과 7말나식에서 형성되는 인식작용(5%)을 지배하기 때문에 업력業力을 이길 수 있는 힘은 진리(원리, 법)를 깨달았을 때 생기는 법력法力뿐입니다.

무의식에 종자로 저장된 업(95%)은 과거(전생 포함)로부터 현재까지 형성된 것이며, 6의식과 7말나식 일부에서 일어나는 인식작용(5%)은 지금 내가 일으키는 생각입니다.

자기를 계발하는 일이 쉽지 않은 까닭이 바로 여기에 있습니다. 아뢰야식에 저장되어있는 업이 진리(원리)를 잘 받아들이면 자기를 계발하기가 비교적 쉽지만 받아들이지 않으면 자기를 계발하기가 어려워집니다. 잘 받아들이는 경우가 잘 받아들이지 않는 경우보다 훨씬 적습니다. 다시 말해서, 이 강의를 열심히 공부해야지 하는 생각이 일어나기는 했으나 무의식에서 잘 받아들이지 않으면 나도 모르게 번뇌 망상(내 생각)만 일어나고 결국, 힘이 들어 포기하게 됩니다. 이러한 현상은 모든 일에서 똑같이 일어납니다. 한번 습관된 것을 고치기 어려운 까닭도 여기에 있습니다. 이러한 경우는 하기 싫다는 마음이 일어났음을 알아차리기만 하고 즉시 내려놓고, 또 일어나면 또 즉시 내려놓기를 반복하다 보면 무의식에서 받아들이게 됩니다. 하기 싫다는 마음이 일어날 때 그 마음을 내려놓지 않고 열심히 해야 된다는 마음과 하기 싫다는 마음이 싸우게 되면 힘이 들어 포기하게 됩니다. 일어난 마음을 다만, 알아차리기만 하고, 내려놓고, 싸우지 않는 것은 명상에서 가장 중요한 부분이며, 이것은 명상 강의에서 자세하게 설명하겠습니다.

업력業力을 동물로 예를 들어, 설명한다면, 말(마馬)은 말대로의 살아가는 방법이 있고, 새는 새 대로의 방법이 있고, 나비는 나비대로의 방법이 있는데 이 각각 살아가는 방법에서 도저히 벗어날 수가 없습니다. 이것을 행동하는 힘, 움직이는 힘이라 하며, 본능에 의한 것(유전자: DNA)과 후천적으로 학습되어 습관화된 것에 의하여 계속 똑같은 움직임으로 살아가면 그쪽으로만 힘이 생겨 벗어날 수 없습니다.

인간에게도 업의 흐름(굳어진 습관, 무의식)이 있어서 그 업의 흐름대로 하지 않으면 불편하기 때문에 자기도 모르게 업의 흐름에 지배를 받게 되어 벗어나기가 어렵습니다. 낮이나 밤이나 바쁘고, 잠시도 멈출 줄 모르고 생각하는 것들도 업력 때문입니다. 마음이 편안하지 않은 것도 업력 때문이므로 원리를 깨달아 믿음이 생기면 편안해집니다.

따라서 자기를 계발한다는 것도 업(습관)을 바꾸는 일이며, 생각도 업(배우고 익힌 것)으로 인해서 만들어지기 때문에 자기 자신의 생각을 바꾸는 일도 쉽지 않은데 하물며 남의 생각을 바꾼다는 것은 거의 불가능한 일입니다. 그래서 나를 바꾸면 상대방은 스스로 바뀌는 것입니다. 까닭은 상대방은 내가 하는 데에 따라서 반응을 다르게 하기 때문입니다.

업과 인연(만남)은 서로 얽혀있는 관계이므로 업에 따라 인연이 정해지고 인연 따라 업이 새롭게 형성되기 때문에 업이 바뀌면 인연이 바뀌고 인연이 바뀌면 업도 바뀌므로 그 과보 또한, 바뀌게 되어 그 사람의 인생도 바뀌게 됩니다. 이것이 운명을 바꾸는 것이므로 운명은 있기도 하고 없기도 한 것이어서 절대적인 것은 아니기 때문에 흔히 말하는 숙명은 없습니다.

물의 본래 성품(본성本性)은 깨끗하고 무엇이나 젖어들게 하는 데 있습니다. 물이 찬 공기를 만나면 얼음이 되고, 증발하면 구름이 되기도 하고, 진흙을 만나면 흙탕물이 되고, 독毒을 만나면 독물이 됩니다. 여기서 물은 '인因'이 되고 찬 공기나 진흙, 더운 공기, 독과 같은 것들은 '연緣'이 되어 얼음, 구름, 흙탕물, 독물은 '과果'가 되기 때문에 이때의 얼음, 구름, 흙탕물, 독물은 물에 대한 일종의 '업業'이 됩니다.

이 문제를 우주로 확대시키면 별이 생겨나고 사라지는 것도 업의 문제가 되기 때문에 우주에서 벌어지는 모든 문제는 업 아닌 것이 하나도 없습니다. 마음에서 일어나는 모든 작용, 즉 생각의 결과는 말과 행동이 되어 밖으로 나타나고 그 나타난 현상은 업으로 남고 그 업은 다음에 일어날 마음의 작용에 영향력을 미치게 할 종자로서 마음의 가장 심층부인 8아뢰야식에 저장되는 것과 마찬가지로 별의 생성과 소멸의 과정도 이와 같기 때문에 우주를 아뢰야식이라고 비유해서 말하는 것입니다. 따라서 우주를 마음이라고도 합니다.

별이 소멸하면서 흩어지면 가스와 먼지의 형태로 되는데 이러한 것들이 많이 모인 것을 '성운星雲'이라 하고 성운은 다음에 생길 별의 먹이(구성요소)가 됩니다. 결국, 마음은 생각을 만들어 내는 공장이고 우주라는 공간은 별을 만들어 내는 공장입니다.

이처럼 만물은 인연(조건, 여건)따라 생기고(생生) 흩어지기(멸滅: 사死)를 반복(윤회)하면서 생길 때는 반드시 흩어진 것을 구성요소로 삼습니다. 그래서 우리의 몸은 물론이고 삼라만상 모두는 우주의 모든 역사를 다 담고 있습니다. 따라서 '하나 속에 모두 있고, 모두 속에 하나 있다(일즉다一卽多다즉일多卽一)'는 것이 법法의 성품性品입니다.

만상萬象(일체법一切法, 제법諸法, 모든 것)은 업력에 의해서 생기고 그 본성은 본래 원만하고 청정한 것이나 우리들의 분별심(아상, 고정관념, 자기 생각)이 없어지지 않고 살아 있기 때문에 견성見性을 하지 못하고 있습니다. 자기 방식으로 생각하고 행동하는 것이 자기만의 업식業識(습관)이되어 본성과 어긋남으로써 자기 업식을 벗어나지 못합니다.

업의 의미는 매우 깊고 넓어서 얼른 이해하기가 어려울 뿐만 아니라 특히 인간의 경우에는 사후死後의 문제인 윤회와 밀접한 관계를 맺고 있어서 더더욱 믿기가 힘이 듭니다. 인연법이나 연기법 또는 무아사상과 공사상 같은 것들은 과학과 잘 어울려서 이해하고 믿을 수 있게 하는 근거가 마련되어 있으나 업에 대해서는 입증할 만한 확실한 근거가 있기는 하나 확실한 믿음을 주기에는 아직은 미치지 못합니다. 그러나 우리가 살아가는 그 자체가 모두 업의 문제이기 때문에 모든 원리는 업의 문제와 연결되어 있다고 해도 과언이 아닙니다. 이제 양자물리학이 소립자(영점장)를 통해서 한 발자국씩 다가가고 있습니다.

인간의 삶에서 가장 중요한 것은 "긍정적인 사고방식을 가져라."입니다.

긍정적인 사고방식은 어떤 일에 부딪혔을 때 '그래 그렇게 생각하고 이 일을 조건 없이 받아들여야지!'라고 생각하는 것이기 때문에 의식적으로 하는 것에는 한계가 있습니다. 작은 일일수록 받아들이기가 쉽고 큰일일수록 받아들이기는 어렵습니다. 그러나 이렇게 되면 이 말은 지식에 불과할 뿐 거의 실천은 되고 있지 않은 상태일 것입니다. 이것이 우리들의 한계입니다.

긍정적인 생각이란? 어떤 일이 나에게 닥치더라도 당연하게 받아들여져야 실천할 수 있기 때문에 이 문제를 해결하기 위해서는 반드시 업의 윤회와 자업자득의 원리를 명확하게 알고 거기에 대한 믿음이 일에 부딪히기 전인 평상시에 강해져 있어야만 가능합니다.

우리가 하는 말과 행동(인因)은 상대방에게 전달되어(연緣) 반드시 어떤 결과(과果, 업業)를 남기고 그 결과의 영향력에 의해서 또 다른 결과를 남기게 되어(보報, 업業)있으며 이러한 현상은 대부분이 연속적으로 이어져 내려가게 됩니다(윤회). 이때 내가 어떻게 말하고 행동하느냐에 따라서 그 결과는 다르게 나타나며, 그 결과는 반드시 나에게 되돌아오기 때문에 '자업자득'이라고 합니다.

자업자득을 확실하게 알면, 함부로 생각하고, 말하고, 행동할 수 없습니다. 계율이나 법규를 지키지 않는 것은 자업자득의 원리를 확실하게 몰라서 믿지 않기 때문이며, 자업자득은 가장 두려운 자연의 섭리이기 때문에 이것처럼 정확한 것도 없습니다. '사필귀정事必歸正(무슨 일이든 결국, 옳은 이치대로 돌아간다)', '인과응보因果應報(원인과 결과는 서로 물고 물린다)', '종두득두種豆得豆(콩을 심으면 반드시 콩이 나온다)', '자작자수自作自受(자기가 저지른 죄로 자기가 그 악과惡果를 받음, 자기가 짓고 자기가 받는다.)'이기 때문입니다.

자업자득을 확실하게 알면, 과거에 어리석음으로 인해 저질러진 죄업은 반드시 참회하게 되고 앞으로는 그러한 잘못을 두 번 다시 하지 않게 되어 삶의 찌꺼기를 남기지 않게 됩니다.

윤회의 원리는 사후의 문제와 결부되어 있기 때문에 이해하기가 어려우므로 한 생生을 하루로 시간을 압축해서 살펴보기로 하겠습니다.

아침에 일어나서 온종일 일하고 집에 가서 잠자기 전까지의 시간을 금생이라 하고, 잠자는 시간은 생을 마감한 죽음의 시간이라 하고, 그 시간이 지난 다음 다시 새로운 아침을 맞는 것은 다시 태어나는 내생이 됩니다. 다시 말해서, 오늘(금생今生)이 지나가면 어제(전생前生)가 되고 내일(내생來生)이 다가오면 오늘(금생)이 된다는 말입니다. 이러한 시간은 끊임없이 흘러가면서 새로운 전생, 금생, 내생을 만들어 낼 것입니다. 본래 시간은 물 흐르는 것과 같아서 나눌 수도 없고 잡을 수도 없는 것이나 이렇게 시간을 나누어 놓은 것은 인간의 편의상 그렇게 하자고 만들어 놓은 약속, 즉 개념입니다. 굳이 우리가 시간이라고 말할 수 있는 것이 있다면 순간(찰나, 지금)이라는 이름이 있을 뿐입니다. 흔히 전생前生이라고 하면 태어나기 이전의 생生이라고 생각하기 쉬우나 조금 전의 시간도 전생이기 때문에 전생은 과거, 금생은 현재, 내생은 미래라고 보는 것이 맞습니다.

아침에 일어나서 종일토록 일하던 것은 대개 내일로 이어져서 또 하게 되고, 그 일이 끝났다고 할지라도 그때 익힌 것들은 그대로 몸에 익어져 있기 때문에 없어지지 않게 됩니다. 이러한 현상은 모든 부분에 있어서 똑같이 이루어지기 때문에 끊어지지 않고 이어져 내려가게 됩니다. 따라서 금생에 습관된 것들은 내생으로 이어질 수밖에 없습니다.

업의 윤회(전생 이야기)에 대해서 그동안 밝혀진 사실들이 여러 가지 있기는 하나 특이한 능력을 가진 몇몇 사람에 의해서 일어난 문제이기 때문에 이렇게 이해하는 방법 외에는 아직은 별다른 방도가 없습니다.

그러나 한 가지 확실한 것은 인간에게 이러한 초능력이 있다는 사실은 누구도 부정할 수 없습니다. 앞으로 과학이 지금보다 월등하게 발달될 미래에는 더욱 많이 밝혀지고 확실하게 증명될 뿐만 아니라 누구나 초능력자가 될지도 모릅니다. 시간과 공간을 초월하는 4차원의 생활이 가능해 진다는 말입니다.

초능력이란? 보편적인 능력을 뛰어넘는 것을 말하기 때문에 지금의 초능력이 보편화 되면 그때의 초능력은 초능력이 아닙니다. 그때는 지금의 초능력을 또 뛰어넘어야 합니다.

가끔은 어린아이가 어떤 사람의 전생을 그대로 기억하면서 자기가 전생의 그 사람이었다고 말하는 경우도 있습니다. 티베트에서 '달라이 라마'를 결정하는 것은 윤회의 원리를 근본으로 하는 것입니다. 생물학적으로 본다면 진화와 유전자도 일종의 윤회로 보아야 할 것 같으며, 성격, 생김새, 소질, 개성, 습관 등 태어나면서부터 타고나는 모든 것도 역시 업이 윤회하기 때문에 가능한 일입니다.

업의 윤회와 자업자득의 원리에서 가장 중요한 부분은 바로 긍정적인 사고방식을 만들어내는 데 있습니다. 어제(전생)의 일은 오늘(금생)에 이어지고 오늘의 일은 내일(내생)로 연결됩니다. 만약 오늘 친구에게 돈을 빌려 쓰고 일주일 뒤에 갚기로 약속했으나 갚지 못했다면 언젠가는 갚아야 할 것은 당연한 일일 것입니다.

이것을 윤회의 원리로 다시 살펴본다면, 금생에 친구에게 빌려준 돈을 받지 못했다면 전생에 그 친구에게 빌린 돈을 내가 갚지 못한 것이 원인이 되어 현재 돈을 돌려받지 못하는 것이라는 말입니다. 이렇게 생각하면 상대방을 원망하고 싸우거나 용서해야 할 일조차도 없어집니다. 그냥 자연스럽게(당연한 일) 받아들이게 됩니다. 이렇게 오늘(금생)의 일은 어제(전생)의 일과 서로의 입장이 바뀌게 되는 것입니다. 그래서 "오늘 나에게 잘 대해주는 사람도 어제의 나의 모습이요, 오늘 나에게 잘 못 대해주는 사람도 어제의 나의 모습입니다."

 가난한 집에 태어나는 사람, 부잣집에 태어나는 사람, 건강한 몸으로 태어나는 사람, 허약하게 태어나거나 장애를 가지고 태어나는 사람, 건강하게 오래 사는 사람, 고생하고 병들어 일찍 죽는 사람, 사람마다 삶과 죽음의 형태는 다 다릅니다. 이 원리를 모를 때는 좌절하거나 부정적인 생각으로 말미암아 극복하지 못하고 실패하는 인생, 불행한 인생을 살게 되나 이 원리를 깨닫고 나면 어떤 상황에서도 긍정적으로 받아들이게 되어 오히려 나쁜 여건이 긍정적으로 작용하여 행복하고 성공하는 삶을 살게 됩니다. 죽음을 초월한다는 것도 죽지 않는다는 것이 아니라 이 원리를 깨달아 언제, 어디에서, 어떤 모습으로 죽든 당연한 것이므로 긍정적으로 받아들이게 된다는 말입니다.

 우리들의 삶의 모든 문제는 이렇게 이루어지고 있기 때문에 자업자득의 원리를 벗어날 수 있는 것은 단 하나도 없습니다. 이와 같이 업의 순환원리(윤회)는 우리들의 살아가는 모습일 뿐 운명이라든가 숙명이라는 의미는 아닙니다. 다시 말해서, 전생의 업이 금생의 보복의 종자는 아니라는 뜻입니다.
 인간의 삶 전체가 이 원리 가운데서 벌어지는 일이기 때문에 각자의 일을 거울로 삼아서 생각해 보기 바랍니다. 이렇게 이해를 하고 원리에 대한 확고한 믿음이 생기면 어떠한 일도 긍정적으로 받아들일 수 있는 강력한 힘(절대긍정)이 생기게 됩니다. 이때의 힘은 어떠한 경우에도 물러나지 않습니다.

우리는 흔히 선업善業을 지으면 선연善緣을 만나고 악업惡業을 지으면 악연惡緣을 만난다고 합니다. 그러나 어떠한 만남(인연)에 있어서도 100% 좋은 관계(선연善緣)로 만나거나 100% 나쁜 관계(악연惡緣)로 만나는 경우는 없습니다. 선업과 악업이라는 관계가 적당히 섞여져서 만난다는 말입니다. 이때 선업이 되었든 악업이 되었든 서로 주고받아야 하는데 이것을 깨달음의 세계에서는 '연緣'이라고 합니다. '연'이 깊으면 깊을 수록(주고받을 것이 많으면 많을수록) 가장 가까운 인연인 부모나 형제 또는 부부, 절친한 친구가 되어 만날 것입니다.

이렇게 연緣이 닿아 만나게 되면, 선업 관계와 악업 관계는 그 결과를 가지고 알 수 있을 뿐, 결과가 발생하기 전에는 선업 관계다, 악업 관계다 라고 말할 수 없습니다. 다시 말해서, 도우려고 한 행위도 그 행위가 상대방에게 결과적으로 해害가 되었다면 한 행위와 관계없이 악업 관계가 되고 반대로 해치려고 한 행위일지라도 그 결과가 상대방을 이롭게 했다면 선업 관계라는 뜻입니다. 이러한 예는 수없이 많습니다.

예를 들어서 음식점 주방장이 주인과 사이가 좋지 않아서 주인 망하게 하려고 음식에 고기도 많이 넣고 반찬도 듬뿍 주었더니 가게는 점점 손님이 많아져 주인이 돈을 많이 벌었다면 이것은 좋은 인연이고, 주인과 사이가 좋아 주인 잘되게 하려고 반대로 했을 때 손님이 점점 줄어 주인이 망했다면 이것은 악연이라는 말입니다.

그래서 업이 업장業藏(제8아뢰야식: 무의식)에 저장될 때는 선업도 아니고 악업도 아닌 무기업無記業으로 저장되어지는 것입니다. 아뢰야식은 본래 깨끗하여 시是-비非, 선善-악惡, 고苦-락樂과 같은 어떠한 상대적인 분별이 본래 없습니다. 모든 분별은 인간이 개념으로 만든 것이기 때문입니다.

업은 삶의 찌꺼기이기도 하지만 우리의 모든 의식意識(행위)이기 때문에, 이것은 제8아뢰야식에 모두 종자로서 저장되어 우리의 금생의 모습(오온五蘊)이 흩어질 때(멸滅: 사死) 제1식에서 제7식까지는 함께 없어지나 제8식은 종자(업業)로서 남아 다음 생生(미래)의 모든 것을 결정하게 됩니다. 똑같은 사람이 하나도 없는 이유도 개개인의 업業(삶)이 모두 다르기 때문입니다.

업이 윤회할 때 금생의 모습은 전생의 영향을 받기 때문에 한번 윤회할 때마다 그 모습은 다르게 나타남으로 지금의 생김새로 세상을 사는 것은 금생 단 한 번뿐입니다.

업은 종자(인因)의 역할을 하며, 새로운 조건(연緣)을 만나면 또 다른 업(과果)을 만들어 내는 것을 끊임없이 반복(윤회)합니다. 업業은 삶의 찌꺼기(결과물)이므로, 이것을 흙탕물에 비유하여 설명한다면, 우리들의 마음은 항상 번뇌, 망상(무명無明: 내 생각)으로 인하여 흙탕물과 같습니다. 이 말은 업으로 만들어진 우리들의 모든 지식(알음알이)이나 습성 등은 고정관념으로 굳어져 제7말나식에 자아의식(이기심)으로 작용하게 되어 무엇이든 자기중심적(주관적)으로 생각하기 때문에 있는 그대로 깨끗하게 보지 않으므로 마치 흙탕물과 같다는 말입니다.

이렇게 더러워진 물도 번뇌, 망상의 파도가 잠잠해져 오랜 시간이 지나면 찌꺼기가 가라앉고 위에는 맑은 물만 뜨게 됩니다. 수행이 이 정도만 되어도 웬만한 일에는 마음이 일어나지 않아 업을 만들지 않습니다. 그러나 매우 심한 일(경계)에 부딪히면 가라앉았던 찌꺼기(번뇌, 망상, 아상我相, 자아의식)는 다시 일어나기 시작합니다. 그러면 찌꺼기를 가라앉히는 수행에서 없애는 수행을 하여야 하며, 완전히 없애고 나면 아무리 흔들어도 맑은 물은 더 이상 흐려지지 않게 됩니다.

맑은 물도 오랜 시간이 지나면 밖으로부터 먼지가 들어갈 수도 있을 것이며, 저절로 흐려지기도 할 것입니다. 물이 있는 이상에는 완전할 수가 없으므로 찌꺼기를 없앤 맑은 물마저도 없애 버리는 것이 수행의 완성입니다.

그래서 "공空도 공空해져야 한다."고 합니다.

업을 남기지 않기 위해서는 무슨 일이 되었든 본분사로 하여야 합니다. '본분사'란? 마땅히 해야 하는 일, 즉 호흡하는 일과 같은 것입니다. 호흡하는 일과 같이 무심無心(그냥 할 뿐)으로 행하기 때문에 업을 남기지 않으므로 '행하였으나 행한 바가 없는 행'을 말합니다. 즉, 위로는 깨달음을 향한 쉼 없는 노력과 함께 아래로는 일체의 모든 생명을 구하려는(상구보리上求菩提 하화중생下化衆生)원력願力의 삶을 말합니다. 무엇을 위해서 한다는 목적의식이 있으면 본분사가 아니어서 깨달은 자가 아닙니다. 오늘날 깨달음에 대한 제멋대로 식의 해석은 심히 우려하지 않을 수가 없습니다.

업은 마음(생각)으로부터 만들어지기 때문에 마음을 바꾸면 업이 바뀌게 되고, 업을 지으면 선업善業이든 악업惡業이든 다 되돌려받아야 되기 때문에 윤회를 벗어나지 못합니다. 따라서 선업도 업이고, 악업도 업이므로 모든 업을 짓지 않는 마음으로 바꾸려면, 망념妄念(중생심衆生心)을 일으키지 않는 무심無心으로 바꾸어야 합니다. 무심이란? 어디에도 집착하지 않아서 머무름이 없고, 머무르지 않으니 걸림이 없으며, 걸림이 없으니 어디에도 물들지 않고, 구求할 것이 있어도 구求하는 마음이 없이 구求하게 되어 모두를 이익되게 하고 중생을 구제하게 되는 것입니다. 무심은 『금강경』의 "마땅히 머무는 바 없이 그 마음을 내라(응무소주 應無所住 이생기심而生其心)."는 말과 같은 의미입니다.

원리를 깨달아 무심(중도)으로 행한 일은 행하였으나 행한 바가 없는 행이므로 선악이라는 구별이 없어지기 때문에 찌꺼기가 남지 않아 윤회하지 않는 '공덕功德'이 되고, 깨치지 못해 내 생각(중생심)으로 한 일은 선업이든 악업이든 삶의 찌꺼기로 남아 다시 되돌려받기 위해 반드시 윤회해야 합니다. 따라서 이렇게 짓는 선업은 공덕이 되지 못하고 '복덕福德'이 되는 것입니다. 공덕은 무한하고 복덕은 유한하기 때문에 지은 선업이 다하면 다시 복덕을 더 지어야 되기 때문입니다.

무심의 실천은 오직 지금, 여기에 있는 자신의 일로서 하는 것이며, 이것을 반야般若의 지혜智慧로서 살아가는 '중도中道의 삶' 또는 '원력願力의 삶'이라고 합니다.

업이 순환하는 원리(윤회)가 이러하기 때문에 업은 윤회의 주체이기는 하나 보복의 종자는 아니기 때문에 운명이나 숙명은 아닙니다. 다만, 원인에 의한 결과가 현실로 나타날 뿐입니다. 이것은 모든 것은 연기관계에 있다는 사실을 말해주는 것입니다.

* 윤회, 즉 전생에 대한 몇 가지 밝혀진 사실을 살펴본다면……

1) 중국 진나라 때 삼국을 통일한 영웅 '양호羊祜(221년 ~ 278년)'의 전생 이야기는 중국의 역사에도 기록되어 있습니다.

'양호'가 다섯 살 되던 해 어느 날, 자기가 가지고 놀던 금으로 만든 고리를 달라고 해서 무슨 금 고리를 달라고 하는지 부모는 알 수가 없었습니다. 자기를 따라오라고 해서 따라갔더니 옆집에 있는 커다란 나무가 쓰러져 있는 땅 밑으로 구멍이 뚫려있는 곳으로 손을 집어넣고 금 고리를 끄집어내더니 "이것이 내 것이다."라는 것이었습니다.

그 집주인이 이 광경을 바라보고 있다가 하는 말이, 자기 집 아이 하나가 몇 해 전에 죽었는데 그 아이가 가지고 놀던 금 고리였습니다. 그 집 아이가 죽어서 '양호'가 되었다는 이야기입니다.

2) 미국의 최면술사인 모레이 번스타인 Morey Bernstein, 1919년 ~ 1999년의 저서 '브라이드 머피를 찾아서(The Search for Bridy Murphy)'라는 책이 1954년 출간되었으며 이 책의 내용은 그 당시 구십여 개의 미국 신문에 실렸습니다. 우리나라에서는 '사자死者와의 대화'라는 이름으로 번역되기도 하였습니다.

미국에 사는 '시몬' 부인이라는 28세 된 사람을 최면술로 연령후퇴를

시키고 전생조사를 해보니 아일랜드의 '코크시'에 살았던 '브라이드 머피'였습니다. 이 여인은 아일랜드에는 한 번도 가본 일이 없었으나 약 100년 전 그곳에 살던 가족과의 얘기며, 주변 환경이며, 모든 것을 정확하게 아는 것은 물론 그 당시의 아일랜드 언어로 말하는 것이었습니다.

3) 미국의 '에드가 케이시 Edgar Cayce (1877년 ~ 1945년)'는 '20세기 최고의 예언자', '잠자는 예언자'라고 불리며, 1929년 미국의 대공황과 소련 공산주의가 붕괴되고 민족국가로 분열된다는 것을 정확히 예언했습니다.

이 사람은 20세기 중반에 약 2500명 정도의 전생을 읽었습니다.

미국에는 '에드가 케이시 재단'이 있는데 이런 전생을 읽어낸 기록을 체계적으로 정리하여 보관 중이며, 수많은 학자가 이 자료들을 연구하고 있습니다. 또한, 이들 자료를 연구한 결과가 책으로도 많이 나왔는데 우리나라에서는 '윤회의 비밀'이란 이름으로 출간되었습니다.

에드가 케이시가 읽은 전생의 자료들은 진위를 밝히기 위해 전생의 시대상황과 고대지명을 찾아 답사하고 고고학, 역사학자들의 검증까지 거친 결과, 조금도 틀림이 없었기 때문에 당시 이 책이 출판되었을 때 미국 사회에 큰 반향을 일으켰습니다.

4) 무의식 상태에 대해 큰 공을 세운 영국의 '알렉산더 케논 Sir Alexander Cannon' 박사는 원래 정신과 의사인데 영국, 프랑스, 이탈리아, 서독, 미국 등 5개국 학술원의 지도교수이기도 합니다. 그는 또한, 영국에서 주는 가장 최고의 명예인 나이트Knight 작위까지 받은 학자

로 그의 가장 큰 공적은 전생 조사에 있습니다.

그도 처음에는 과학자의 입장에서 영혼도 있을 수 없고 윤회도 없다고 철두철미하게 부정하였습니다. 그러나 최면술을 이용한 무의식 상태에서 전생회귀를 시켜보니 자꾸 전생이 나타나는 것이었습니다. 연령을 역행하여 10살, 1살 출생 이전으로 역행시키면 전생, 삼생, 십생…. 저 로마 시대까지로 역행되어 전생이 나타나는 것이었습니다. 이런 것들을 다른 사실의 기록과 조사해 보면 모두 맞는 것입니다. 이렇게 하여 1,382명에 대한 전생자료를 수집하여 '인간의 잠재력The Power Within'이라는 책으로 출판하였습니다(1952년). 케논 보고서에 의하면 병이 들어서 아무리 치료를 해도 낫지 않는데 전생회귀를 통해서 조사해 보면 그런 병들이 전생에서 넘어온 것으로 확인되어 그 전생의 발병 원인에 의거해서 치료하니 병이 낫는 것이었습니다. 이것이 유명한 전생요법입니다.

어떤 사람이 물만 보면 겁을 냅니다. 바다를 구경한 적도 없고 큰 강 옆에 살지도 않았습니다. 그런데도 물만 보면 겁을 내는데 아무리 치료를 해도 소용이 없었습니다. 그래서 전생회귀를 시켜보니 그는 전생에 지중해를 내왕하는 큰 상선의 노예였습니다. 그런데 상선의 상인들은 잘못한 죄를 지어서 쇠사슬에 묶인 채 바닷물 속으로 던져져서 빠져 죽었던 것입니다. 그때 얼마나 고생했겠습니까? 그러니 금생에 물만 보면 겁을 내는 것입니다. 이 원인에 의거해서 치유를 하니 병이 나았습니다.

또 한 사람은 높은 계단을 무서워서 오르지 못하는 것입니다. 그 사람의 전생을 보니 그는 전생에 중국의 장군인데 높은 낭떠러지에서 떨어져 죽었던 것입니다. 그래서 높은 곳만 보면 겁을 내는 것이었습니다.

이런 케논 보고의 사례에 의거해서 학자들이 요법을 개발하여 요즈음 세계적으로 크게 유행하고 있습니다. 1977년 10월 3일자 타임Time지에 보면 이에 관해 자세히 소개되어 있습니다.

그러면 전생이 있고 윤회를 한다고 할 때 어떤 법칙에서 윤회를 하는가? 내가 마음대로 김씨가 되고 남자가 되고 할 수 있는가? 케논 보고서에 의거해서 살펴봐도 인과법칙(업의 순환 원리)에 따라야 하기 때문에 내가 마음대로 할 수 없다는 것이 판명되었습니다. 인과법칙이란 선인선과善因善果 악인악과惡因惡果입니다. 콩 심은 데 콩 나고 팥 심은 데 팥 난다. 이것은 자연의 법칙입니다. 착한 원인에는 좋은 결과가 생기고 나쁜 원인에는 좋지 않은 결과가 생깁니다.

전생 일을 알고자 하느냐? (욕지전생사 欲知前生事)
금생에 받는 그것이다. (금생수자시 今生受者是)
내생 일을 알고자 하느냐? (욕지내생사 欲知來生事)
금생에 하는 그것이다. (금생작자시 今生作者是)

전생에 내가 착한 사람이었는지 아니면 악한 사람이었는지를 알고 싶으면 금생에 내가 받는 것, 즉 지금 내가 행복한 사람이냐 아니면 불행한 사람이냐를 살펴볼 것입니다. 내생에 내가 행복하게 살 것인가 불행하게 살 것인가를 알고 싶으면 지금 자신의 하는 일을 보면 알 것이라는 뜻입니다.

현대의 정신과학에서는 인과因果를 인도 말인 카르마Karma(업業)라고 하여 이제는 세계적인 학술 용어가 되어 있습니다.

인과문제에 대해 가장 큰 공을 세운 사람은 미국의 에드가 케이시 Edgar Cayce입니다. 그에 관해서는 전기도 많이 나와 있는데 그를 '기적인'이라고 부르는데 기적을 행사하는 사람이라는 뜻입니다. 어떤 기적을 행사하느냐 하면 남의 병을 진찰하는데 주소 성명만 가르쳐 주면 수 천리나 멀리 떨어져 있어도 그 병을 모두 진찰할 수 있습니다. 그리고서 처방을 내고 병을 치료하는데 다 낫는 것입니다. 이렇게 하여 무려 30,000명 이상이나 치료를 했습니다. 미국 뉴욕에 앉아서 영국 런던에 있는 귀족들을 진찰할 수 있으며 이탈리아의 로마에 있는 사람들도 진찰하는 것입니다. 이것뿐만이 아닙니다. 어떤 사람은 자기 친구가 영국 런던에 갔는데 지금 어디서 무엇을 하고 있는지 케이시에게 물어봅니다. 그의 답을 듣고서 바로 뉴욕에서 런던에 전화해 봅니다. 그의 말이 그대로 맞습니다.

이리하여 병 치료하는 것은 그만두고 전생조사를 본격적으로 시작하여 2,500명의 전생을 조사하였습니다. 그가 죽은 뒤 그의 원거리 진찰과, 전생투시前生透視에 대한 수많은 기록을 많은 학자가 연구하고 있으며 많은 책이 발행되고 있습니다. 그중에서도 특히 '초능력의 비밀'과 '전생의 비밀'이 두 권은 그 당시 공산 국가를 제외한 거의 모든 국가에서 번역되었습니다.

에드가 케이시의 전생투시에 의해 전생과 금생과의 인과를 보면 이렇습니다. 어떤 사람은 자식을 낳고 사는 부부간인데도 그 사이가 무척 나쁩니다. 그 전생을 알아보니 서로가 원한이 맺힌 사이입니다. 내외간에 잘 지내는 사람을 알아보니 전생에 아버지와 딸 관계이었거나 어머니와

아들 관계였습니다. "그럴 수가 있을까?" 하겠지만 우리가 몰라서 그렇지 본래 인과란 그렇게 맺어지는 것입니다.

이와 같은 초능력은 8아뢰야식(무의식)에 누구에게나 본래 다 갖추어진 능력이나, 6의식과 7말나식의 일부에서 일어나는 번뇌 망상(내 생각) 때문에 그 기능을 발휘하지 못하는 것입니다.

- 성철 스님 백일 법문 참고 -

위에서 열거한 것들도 초능력이기는 하지만 진정한 초능력은 원리를 깨달아 얻어지는 완성된 중도의 지혜로 삶을 살아간다면 그 삶 전체가 초능력의 삶이 될 것입니다. 이유는 아무리 어려운 일도 간단명료하게 처리됨으로 조금의 찌꺼기(업)도 남기지 않아 생사윤회의 고통을 벗어나기(해탈, 열반, 구원, 영원한 행복) 때문입니다.

* 자기계발은 어떻게 하며, 왜 하는가? *

* 원리는 보편타당한 진리이기 때문에 우리들의 어리석음으로 인해서 아직 잘 알지는 못하지만 우선 믿는 마음으로 그냥 그대로 받아들이면서 받아들인 것에 대한 더 알고자 하는 순수한 마음(의심)이 자연스럽게 일어나야 합니다. 다시 말해서, '왜 그럴까? (이 뭣꼬)'에 대해서 내 생각으로 헤아려서 아는 것이 아니라 정법正法을 꾸준히 익히면서 저절로 알

게 되어야 한다는 말입니다. 그래서 "깨달아야지."라는 마음을 일으키면 오히려 그것이 또 다른 번뇌가 되어 영원히 깨닫지 못하게 됩니다. 알고 자 하는 마음을 의식적으로 일으키면 자기도 모르게 내 생각이 개입되 게 되고 공부에 힘이 들게 됩니다. 이렇게 원리를 조금씩 깨치게 되면 실 천이 따르게 되는데, 원리를 생활에 접목시키는 것 역시 너무 애를 쓰면 안 됩니다.

원리를 깨치는 공부가 되었던, 실천하는 공부가 되었던 잘 안 되는 것 이 정상입니다. 꾸준히 하다 보면 저절로 되기 때문에 다른 사람과 나를 비교할 필요도 없으며, "나는 왜 잘 안 될까?"라는 생각도 할 필요가 없 습니다. 따라서 이 공부를 함에 있어서 가장 중요한 것은 편안한 마음으 로 중단 없이 정진하는 것입니다.

 * 마음의 움직임을 알아차린다는 것은 원리를 실천에 옮기는데 있어서 가장 중요합니다. 알아차림은 행동을 하기 전에 먼저 일어나는 마음의 움직임을 알아차림으로써 행동으로 나타내기 전에 일어난 그 마음을 가 라앉게 하는 것이므로 알아차리기만 하고 즉시 내려놓아야 합니다. 알아 차린 그 마음(이미 습관으로 굳어져 8무의식에서 나도 모르게 일어나는 마음)과 6의식과 7말나식에서 일어나는 지금의 인식작용(이러면 안 되는 데 하면서 지금 일어나는 마음)과 싸우게 되면 공부가 힘이 들어 계속하 기가 힘들어집니다. 원리대로 해야지 하는 마음(6의식과 7말나식의 마 음)과 이미 습관이 되어 무의식(8아뢰야식)에서 일어나는 마음(원리와 반 대되는 마음)은 둘 다 내 마음이기 때문에 서로 싸우게 되면 나만 손해 를 봅니다.

따라서 알아차림은, "어! 또 일어났네!"라고 알아차리기만 하고 즉시 내려놓고 다른 어떠한 생각도 그것과 연결해서 또 다른 생각을 만들지 마라는 말입니다. 이렇게 꾸준히 같은 것을 그냥 반복하다 보면 자연스럽게 고쳐진다는 뜻입니다. 이 공부는 알든 모르든 믿는 편안한 그 마음을 가지고 서두르거나, 애쓰거나, 힘들이지 않고 그냥 끊임없이 묵묵히 하는 것이 가장 잘하는 것입니다.

* 무소유는 다 가진 자만이 누릴 수 있는 특권입니다. 아무것도 가지지 못한 자는 나눌 수 있는 것이 없기 때문에 무소유가 아닙니다.

자기를 계발하는 이유는, (영원히)행복해지기 위해서, 잘 살기 위해서, 성공하기 위해서 등 철저하게 이익을 추구하는 공부입니다. 다만, 이익을 취하되 나만을 이익 되게 하는 것이 아니라 모든 것과 함께 이익을 나누고자 함입니다. 원리를 깨우치면 모두에게 이익을 주는 길을 가장 정확하게 볼 줄 압니다. 이것을 정견正見이라 합니다. 정견에는 옳고 그릇됨이 없습니다. 모든 것을 초월(해탈: 모든 경계로부터 벗어 남)해야 비로소 가능해집니다. 그래서 중도는 모두에게 이익되는 일이라면 물불을 가리지 않기 때문에 남이 가든 말든 무소의 뿔처럼 혼자서라도 가는 것입니다. 그 누구의 눈치도 보지 않습니다. 누가 잘했다고 하던 잘 못했다고 하던 그것은 모두 그들의 생각일 뿐, 다 바람 지나가는 소리입니다.

잊지 마십시오! 이 공부는 가장 현실적인 것이어서 이익을 추구해야 됩니다. 내가 이 일의 주체가 되는 주인공의 삶을 살아야 됩니다. 현실과 동떨어진 이상향을 추구하는 것이 이 공부의 목적이 아닙니다.

그래서 무욕無慾이 대욕大慾입니다.

* 마음에 새겨야 할 글 *

* 무아無我라는 것은 본래 나라는 것이 없다는 말인데, 이 말은 나라는 것이 없다는 무無의 뜻이 아니라 있기는 있으나, 나라고 할 만한 고정불변의 것은 없다는 뜻이다. 다시 말해서 근본도리(진리, 원리)로 볼 때는 없지만, 인연 따라 가립된 존재(연기적인 존재)로서의 나(가짜 나)는 있다는 의미다. 그것이 현상적으로 있는 나다. 한시적인 나다.

본래 나라는 것은 없다는 사실을 분명하게 알면(깨달으면) 나를 내세우지 않으므로 주관과 객관이 서로 분리되지 않아서 분별이 없지만, 그렇지 못하면(깨닫지 못하면) 모든 것은 상대적으로 분별된다.

인간의 본성本性(본래의 성품, 참 마음)은 본래 청정해서 맑고 깨끗한 거울과 같고 아무것도 그려지지 않은 백지와 같다. 그러나 가립 된 존재로서의 나는 개개인이 배우고 익힌 것이 다 달라서 깨끗한 백지(본성, 본래심)에 자기만의 그림을 그려 놓았기 때문에 다른 그림을 그릴 수가 없다.

자기만의 그림을 업業 또는 상相이라 하는데, 수행은 무엇을 구해서 얻는 것이 아니라 업과 상을 없앰으로써 본래의 자리(본성)를 회복하는 것(되돌아가는 것)이다.

제 11 강
발심과 자업자득과 업의 윤회

우리가 무슨 일을 이루기 위해서는 제일 먼저 발심發心(하여야 하겠다는 마음을 일으키는 것)을 해야 하며, 이때에 어떠한 마음을 일으키느냐는 매우 중요합니다.

목적의식에 떨어지는 발심은 이루려고 하는 대상에 집착하게 되어 욕심을 일으키게 되고, 그 욕심은 화禍를 자초하게 되므로 무심으로 하는 원력願力(바라는 마음 없이 최선을 다 하는 것)으로써 발심을 하여야 합니다.

예컨대 돈을 많이 벌기 위해서 돈에 목적을 두게 되면, 돈을 많이 벌기 위해서 갖은 수단과 방법을 쓰게 되어 좋지 않은 많은 일들이 동시에 일어나게 됩니다. 그러나 돈에 목적을 두지 않고 일을 함에 있어 무심으로 최선을 다한다는 생각으로 하루하루 일을 하다 보면 그 일에 있어서 최고를 이루게 되고 돈은 부수적으로 따라오게 됩니다. 목적의식으로 돈을 모은 사람은 돈에 집착하면서 일을 했기 때문에 그 돈을 사회에 다시 되돌리기가 어려우나, 원력으로 일을 성취한 사람은 돈에 집착하지 않고 하는 일에 집중(무심)했기 때문에 되돌리기(나눔, 무소유)가 쉬워집니다.

이와 같이 같은 일을 하더라도 처음에 먹은 마음(발심)에 따라서 그 결과는 어마어마한 차이를 가져오게 됩니다. 이 모든 것들은 자업자득으로 다시 현실에 나타나게 됩니다.

자업자득이란? 자기가 행한 일체의 것은 그대로 자기에게 되돌아온다는 뜻이면서 이것은 한 번으로 끝나는 것이 아니라 연속적이라는 사실입니다.

자업자득을 뜻으로만 알고 깊게 알지 못하여 믿음이 약하기 때문에 다른 것을 원망하게 됩니다. 자업자득이기 때문에 복을 받든 벌을 받든 그것을 만드는 사람은 바로 자기 자신입니다.

우리는 흔히 "배신당했다."라는 말을 많이 합니다. 그러나 조금만 깊게 살펴본다면, 인간은 누구나 이기적이어서 자신의 이익을 위해 항상 주변을 살피게 되고 이익이 적은 곳에서 이익이 많은 곳으로 옮겨가는 일은 너무나도 당연한 일입니다. 이 일은 나도 마찬가지여서 무언가 상대방에게 기대하는 마음(욕심, 이익을 보려는 마음)이 있었기 때문에 배신당했다는 마음이 일어나는 것입니다. 따라서 근본도리(원리)로 보면 배신이라는 것은 본래 없습니다. 그래서 기대하는 마음(바라는 마음)이 없으면 미워하는 마음도 일어나지 않을 뿐만 아니라 배신당하거나 사기당할 일은 결코 없습니다.

나의 생명을 유지하기 위해서는 내가 먹고, 자고, 입고, 배설해야 합니다. 이 일은 누구도 대신해 줄 수 없습니다. 다른 사람이 음식을 먹었는데 내 배가 부를 까닭은 결코 없습니다. 이 사실은 너무나 당연해서 누구나 잘 알고 있기 때문에 아무도 의심을 하지 않습니다. 그러나 내가 한 일의 잘못된 결과에 대해서는 자기의 과실을 인정하지 않으려 하고 남을 원망하게 됩니다. 내가 먹었기 때문에 내 배가 부른 것이고 내가 먹지 않았기 때문에 내 배가 고프듯이 나로 인해서 일어나는 모든 일의 결과는 모두가 다 내 책임입니다. 특히, 내가 기억하고 있는 과거(금생)의 일은 그래도 이유를 알고 있기 때문에 부분적이나마 인정을 하나, 나도 모르는 과거(전생)의 잘못으로 금생에 그 대가를 치루는 일은 전생을 모르기 때문에 "내가 잘못한 것이 없는데 어째서 나에게 이런 가혹한 일이 일어나느냐?"라고 생각하게 됩니다. 그러나 자업자득과 윤회의 원리를 알게 되면 모든 것은 내 탓임을 알게 되어 어떠한 경우에도 남을 원망하거나 탓하지 않고 항상 문제의 해결점을 나로부터 찾게 되어 다툼이 없어지고, 긍정적으로 받아들이게 됨으로써 극복할 수 있는 힘이 강해집니다.

암이나 생명을 위협하는 병에 걸리면 거의 모든 사람이 "내가 무슨 죄를 지었다고 이런 병에 걸리는지 모르겠다."라고 생각하기 때문에 긍정적으로 받아들이지 못함으로써 더욱 괴로워하게 되고 결국에는 그 병을 극복하기가 더 어려워집니다.

그 이유는 자업자득은 윤회한다는 원리(전생에 있었던 일의 과보)를 알지 못해서 기억에 남아있는 일(금생)만 생각하기 때문입니다.

자업자득에 대한 강력한 믿음이 생기려면, '삼세인과법三世因果法'을 알아야 합니다. "너의 전생前生(과거)을 알려면, 지금今生(현재) 네가 살아가는 모습을 보고, 너의 내생來生(미래)을 알려면, 지금 내가 무엇을 어떻게 하고 있는지를 보면 알 수 있다."라고 하였습니다.

금생(현재)에 열심히 노력하는데도 성과가 좋지 않은 것은 전생(과거)에 게을리하였다는 증거고, 현재 조금 게을리하는 데도 성과가 있는 것은 과거에 열심히 하였다는 증거입니다. 이렇게 자업자득이 윤회한다는 사실을 모르고 금생만을 생각하면 '어차피 죽으면 다 끝난다(단견斷見)'라고 생각하기 때문에 세상을 막살게 됩니다. 따라서 '자업자득은 윤회한다'는 원리를 분명하게 알면 어떠한 어려운 일도 긍정적으로 받아들이게 되어 이겨낼 수 있는 용기를 얻게 됩니다.

그러므로 운명이란? 모두가 자업자득의 결과일 뿐 원래 없는 것입니다. 내가 짓고 내가 받는 것입니다. 자업자득이기 때문에 발심은 무엇보다도 중요합니다. "시작이 반이다.", "처음 먹은 그 마음이 깨달음을 이룬 때다(초발심시初發心時 변정각便正覺).", "천리 길도 한 걸음부터."입니다.

행복한 삶을 사는 방법은, 남과 비교하지 않으면 금방이라도 행복해집니다. 그러나 이것을 실천하려고 하면 잘되지 않습니다. 원인은 나의 수행이 이것을 실천할 수 있을 정도가 되지 못했기 때문입니다. 발심하십시오! 발심은 모든 일을 이루어 내는 것의 첫걸음입니다. 발심은 끊어지기가 쉽습니다. 끊어지면 포기하지 말고, 하루에 열 번이라도 다시 하십시오. 그러면 언젠가는 이루어집니다. 시작하는 그 순간이 가장 빠른 때입니다!

내가 살아온 삶의 결과(업業)가 미래의 나에게 어떻게 다가오는지 또 이것이 얼마나 오랜 시간 동안 나에게 영향력을 미치게 되는지 여러 가지를 보다 더 세밀하게 관찰해보도록 하겠습니다.

업에는 나와 남을 이익 되게 하는 선업善業과 나만을 이익되게 하는 악업惡業, 그리고 이익되게도 하지 않고 불이익 되게도 하지 않는 무기업無記業이 있습니다. 내가 한번 지은 업은 육신肉身은 사라져도 업은 절대로 없어지지 않고, 언젠가는 내가 다시 되돌려받기 때문에 자업자득이라고 하며, 이업은 과거(전생)는 현재(금생)에, 현재는 미래(내생)를 끊임없이 돌아가면서 그 영향력이 미치게 됩니다.

우주를 구성하고 있는 근본요소는 질량(물질)과 에너지입니다.

원자물리학에서는 유형인 물질(색色)을 무형인 에너지(공空)로 전환시키고, 에너지를 물질로 전환시켰습니다(색즉공 色卽空 공즉색空卽色). 전환 될 때 거기에는 증감이 없다는 사실(0=0)도 증명되었기 때문에 불생불멸不生不滅과 부증불감不增不減도 과학적으로 분명하게 밝혀진 상태입니다.

업業은 정신 에너지이기 때문에 불멸입니다. 그래서 전생의 에너지는 금생에, 금생의 에너지는 내생에 끊임없이 윤회하면서 그 영향력을 미치게 되는 것입니다. 어제의 연속은 오늘이고, 오늘의 연속은 내일입니다.

이업이 나타나는 데는 3단계가 있는데 첫째, 금생의 업이 금생에 바로 나타나는 것을 '순현보順現報'라 하며 이것은 금생에 지은 죄를 금생에 교도소에서 죗값을 치르는 것과 같은 것이며 또는 열심히 공부해서 좋은 대학에 들어가는 것도 순현보입니다. 둘째, 금생에 지은 업이 다음 생에 나타나는 것을 '순생보順生報'라 하며 셋째, 금생에 지은 업이 한참 후의 생(3생 이후)에 나타나는 과보를 '순후보順後報'라 합니다. 금생에 열심히 일하지 않는데 잘 사는 사람이 있는가 하면 열심히 일하는데 잘 살지 못하는 사람이 있게 됩니다. 따라서 미리 지어놓은 복을 받기만 하지 말고 다시 복을 지어가면서 복을 받아야 복이 다 하지 않을 것이며, 금생에 복을 더 짓지 않고 받기만 하면 전생에 지은 복이 다하면 갑자기 못 살게 되는 것입니다. 이것을 우리는 운명이니 팔자니 하는데 결국은 자업자득입니다.

이렇게 자업자득이 윤회할 때에는 부모, 형제, 친구, 친인척, 직장동료 등 가까운 사이일수록 인연이 깊기 때문에 다음 생에도 다시 가깝게 인연이 맺어질 가능성이 매우 큽니다. 그래서 부모가 자식에 대한 의무를 다하고, 자식이 부모에게 효도하고, 부부지간에 서로 사랑하고, 모든 것들을 미워하지 않는 것은 결과적으로는 모두가 나를 이익 되게 하는 것입니다.

지금 나에게 고통을 주는 것은, 과거에 내가 그것에게 고통을 주었기 때문이므로 용서해 주어야 마땅한 도리이며, 미래에 좋은 인연을 만들고 업의 윤회를 끊으려면 잘 대해 주어야 할 것입니다. 그러나 이러한 문제는 매 경우마다 대처해야 하는 방편이 다르므로 그때그때 마다, 모두에게 가장 이익이 많이 되게 하는 중도의 지혜로 대처해야 할 것입니다. 이것이 진정한 용서이며, 긍정적인 사고방식이고, 범사에 감사하고, 원수를 사랑하며, 이웃을 내 몸과 같이 사랑하는 것이며, 너와 나의 모든 분별심, 차별심이 다 끊어지는 것입니다.

만일 고통(역경계逆境界)이 없다면 수행을 해야 할 절실함이 없을 것입니다. 따라서 모든 고통은 고통이 아니라 수행의 문(스승)이 되는 것이며, 나를 괴롭히는 대상을 용서해 줌으로써 그 고통은 나로 하여금 복을 짓게 하는 좋은 복 밭이 되며, 윤회의 고리를 끊게 하는 방편이 되기 때문에 고통을 어떻게 받아들이고 대처하느냐에 따라서 깨칠 사람과 깨친 사람으로 나뉘게 되는 것입니다.

아무런 잘못을 하지 않았는데 누가 한 대 때리면 매우 화가 날 것입니다. 이때 잘잘못을 가리고 싸워서 이겨야만 한다고 생각하는 것이 우리들의 생각이고 또한, 그렇게 하여야만 마음이 편안해지고, 그렇지 않으면 억울해서 견디기가 어렵습니다. 이것이 우리들의 고정관념이고 현상에 얽매여 현상 속에 숨어있는 본질(업의 윤회)을 보지 못하는 어리석음(무명無明) 때문에 생기는 일입니다.

이 세상에 원인 없는 결과는 있을 수 없습니다. 이것이 자업자득입니다.

아무 잘못 없이 한 대 맞았다는 것은 반드시 그 까닭이 있습니다. 이 공부는 까닭(원인)을 찾는 공부입니다. 우리는 시간을 분리해서 보는 지금까지의 습관(고정관념)으로 인해서 까닭을 현재(금생)에서만 찾으려 하기 때문에 찾지 못하나, 깨달은 사람은 인과因果에 의한 윤회를 알기 때문에 현재만 보지 않고 과거(전생)와 미래(내생)도 나누지 않고 연결해서 하나의 시간으로 동시에 보게 됨으로 이유 없이 맞은 까닭은 내가 모르는 과거(전생)에 그 사람을 때린 일이 있기 때문에(인因, 까닭) 지금 이유 없이 맞았다(과果)는 사실을 알게 됨으로써 지금 이 사실을 어떻게 처리하는 것이 앞으로 서로에게 가장 유익하겠는가를 지혜롭게(정견正見) 판단할 수 있다는 말입니다. 과거에 때리지 않았다면 지금 맞을 일은 결코 없습니다. 그래서 긍정적인 생각을 하게 되고 비로소 용서할 수 있게 됩니다.

여러분이 이러한 원리를 체득體得하면 모든 불안으로부터 해방되어 마음이 늘 편안하고 한결같이 됩니다.

어떠한 업을 지었을 때 어떠한 과보로 나타나는지에 대해서는 '삼세인과경三世因果經'에 자세하게 설명되어 있으며, 그중 한 가지를 예로 든다면, 살생을 많이 한 사람은 명이 짧거나, 오래 살아도 몸에 병이 많아집니다. 이처럼 돌려받을 때는 선업(좋은 일)은 선과善果를 낳고, 악업(나쁜 일)은 악과惡果를 낳는데, 선업이 악과를 낳지 못하고, 악업은 선과를 낳을 힘이 없습니다.

"하나님께서는 우리에게 감당해 낼 수 있는 만큼의 고통만 주십니다." 이 말을 뒤집어 보면 모든 고통은 우리가 다 해결할 수 있다는 뜻입니다.

업은 새로운 인因을 창출하게 되고, 인이 연緣을 만나면 다시 새로운 업을 만드는 것이 끊임없이 이어져 나가게 되므로 업을 남기지 않는 것이 생사윤회를 벗어나는 길이고, 이것을 해탈解脫이라고 합니다. 이때 만들어지는 업과 인과 연은 적당한 때가 되어야 과보로서 나타나게 되는데, 이것을 '시절인연時節因緣'이라 합니다.

시절인연이란? 때가 꼭 들어맞아 어떤 결과가 오는 시점을 말합니다. 이것은 마치 봄에 피는 꽃은 봄이 되어야 꽃을 피우는 것과 같아서 무슨 일을 할 때 억지로 만들어서 하지 말고, 최선은 다하되 물 흐르듯이 때를 기다리면서 순리대로 하라는 뜻입니다. 될 일은 노력하는 것보다 성과가 좋아서 반드시 되게 되어 있고, 안될 일은 아무리 노력하여도 성과가 좋지 않아서 이루기가 어려운 것은 이 때문입니다. 그러나 우리는 미래에 다가올 시절인연을 알기 어려우므로 시절인연에 가장 지혜롭게 대처하는 방법으로는 최선을 다해서 오늘 할 일은 오늘 다해 마치는 것, 즉 원력(무심)으로서 살아가는 것이 그 해답이 될 것입니다.

오늘날 심리학에서는 어릴 때 겪었던 모든 경험(업業, 종자)이 무의식에 숨겨져 있어 자신도 인식하지 못하고 있으나, 어른이 되어서 나타나는 행동의 모든 것에 영향력을 미친다는 것인데, 이것을 '무의식적 동기'라고 하며 성격장애를 치료하는데 많이 응용하고 있습니다.

업(정신 에너지)이 윤회의 주체가 된다는 것은 무의식(업장業藏)의 윤회를 뜻합니다. 이러한 사실을 자기계발(수행)에서는 현재의 일로서만 보는 것이 아니라 전생, 금생, 내생을 분별하지 않고 한 선상으로 연결해서 보는 것입니다.

나의 문제는 어떤 누구도 대신해 줄 수 없습니다. 하나님을 믿든 부처님(불법佛法)을 믿든 아니면 다른 그 무엇을 믿든, 믿는다는 그 자체는 반드시 내가 하여야 합니다. 자업자득이기 때문입니다.

* 양자물리학과 업業의 순환 원리 *

양자물리학에서 소립자는 어떠한 경우에도 없어지지 않는다는 것(불멸)을 확인하였습니다. 이 사실을 실험적으로 보여준 것은, 열이 완벽하게 제로(0)상태인 섭씨 영하 273도인 절대영도absolute zero에서는 어떠한 생명체도 존재할 수 없으나 광자, 전자, 양자 등의 소립자는 여전히 왕성하게 진동하며 활동하고 있는 것이었습니다. 소립자는 영원히 죽지 않는다는 사실을 가장 쉽게 확인시켜 주는 것으로는, 밤하늘에 반짝이는 별빛들입니다. 우주가 생긴 이래 최초의 빛도 희미하나마 찾아내고 있기 때문입니다. 최초의 빛을 비롯해서 백 억 년 전의 빛도, 십 억 년 전의 빛도 지금을 지나 앞으로도 영원히 사라지지 않고 우주를 여행할 것입니다.

양자물리학에서 측정할 수 있는 한계의 기준치를 '플랑크 상수Planck constant (h)'라 하는데 측정한계를 벗어난 그 이하의 세계에 존재하는 전기장(에너지)을 '영점장zero-point field'이라 하며, 이 에너지를 '영점에너지zero point energy'라 합니다.

플랑크 상수 이내의 짧은 시간대에서는 관찰할 시간적인 여유는 없으나 그 짧은 시간에도 무수히 많은 입자와 반입자들이 생기고 사라집니다. 이 요동에 의해 생기는 전기장이 영점장입니다. 이 전기장이 절대영도에서도 죽지 않는다는 것입니다. 다시 말해서, 소립자는 불확정성원리에 의해 위치와 운동량을 동시에 확정할 수 없으므로 위치에너지가 최소인 경우에도 입자가 정지된 상태(즉 위치에너지 0일 때 운동에너지가 0이 되는 상태)를 실현시킬 수 없고, 에너지가 아무리 낮더라도 0보다 크게 됩니다.

예를 들어, 원자핵 둘레에서 전자가 궤도운동을 할 때 그 최저에너지 상태(바닥상태)에서는 당연히 궤도운동은 정지되어야 할 것입니다. 그러나 실제로 전자의 궤도운동은 계속되며, 이때의 궤도운동을 끊어지지 않게 하는 에너지가 바로 영점에너지입니다. 열이 완벽하게 제로(0)상태에서는 당연히 정지하고 있어야 할 물체가 정지하지 않고 그 온도 부근에서(또는 저항 0에서) 초전도 현상(물질이 일정한 온도에서 갑자기 전기저항을 잃고 전류를 무제한으로 흘려보내는 현상)이나 초유동 현상(액체헬륨이 흐르거나 하는 것)을 일으키는 것은 이 영점에너지 때문입니다.

진공이라고 해서 텅 비어있는 것이 아니고 입자들이 끊임없이 요동치고 있는 세계입니다. 우리들의 기억은 뇌 안에 있는 것이 아니라 과거의 정보 파동이 계속 유지되면서 영점장에 저장된다는 것입니다. 양자물리학자들이 이렇게 말하는 이유는 어떠한 경우에도 죽지 않고 살아있는 것이 소립자(영점장)이기 때문에 끊어지지 않고 이어져 내려오는 모든 것들은 영점장에 저장된다고 하는 것입니다. 죽어버리면 이어져 전해질 수 없기 때문입니다.

미립자 차원의 세계(우주)를 영점공간(영점장 zero-point field)이라고 하며, 소립자를 영원히 죽지 않는 '영혼'이라고 말합니다. 영점공간이라고 한 것은 소립자들은 절대영도에서도 죽지 않고 살아있기 때문에 붙여진 이름입니다. 영혼(소립자)은 모든 정보(모든 가능성)를 다 가지고 있는 전지전능한 존재라고 합니다.

물리학자인 '라즐로Ervin Laszlo' 박사는 "미립자들이 가득한 영점공간은 무한한 가능성의 바다."라고 말했으며, 독일의 '막스 플랑크Max Planck'는 "영점공간은 형체를 지닌 모든 것에 대한 설계도를 가지고 있는 것으로 보인다."라고 말했습니다. 다시 말해서, 영점공간인 미시의 세계는 무한한 가능성을 가진 진동하는 에너지로 가득 차있으므로, 신神의 마음, 신의 공간, 무한한 정보창고, 영혼의 공간이라고 불려집니다.

영점공간은 무한한 정보창고이므로 생물학적인 진화, 유전과 문화적인 것들(전통, 풍습 등)이 이어져 내려가는 현상, 사람마다 기질, 성격, 특성을 결정하는 것, 국민성, 지방색 등이 다른 것은 영점공간에 저장되었던 정보와 지혜가 이어져 내려가는 현상입니다. 이러한 현상은 많은 실험을 통해 과학적으로 확인되고 있습니다.

- 김상운 저 『왓칭』 참고 -

거시의 세계(고전물리학: 뉴턴역학)와 미시의 세계(현대물리학: 양자물리학: 양자역학)를 빨리 이해하기 위해서는, 소립자가 모여 개체를 이루고 개체가 모여 형성된 것이 거시의 세계이기 때문에 물리적으로 적용되는 역학이 다를 수밖에 없습니다. 거시의 세계에서는 미미한 운동량이나 위치(거리)는 무시 되어도 별 상관이 없으나 미시의 세계에서는 상대적으로 아무리 적은 운동량이나 거리도 무시되어서는 안 된다는 사실을 알아야 합니다. 즉, 고전역학에서는 플랑크 상수를 무시해도 상관없으나 양자역학에서는 무시하면 안 된다는 말입니다. 미시의 세계는 너무나 미미해서 우리가 확인할 수 없는 사건들이 무수히 일어나고 있기 때문입니다. 미시의 세계가 팽창(빅뱅: 대폭발)하면서 생긴 것이 거시의 세계입니다.

양자물리학이 말하고 있는 소립자와 영점공간(영점장)에 대해 깨달음에서 말하는 업의 순환(윤회)원리로 살펴본다면,

깨달음의 세계에서는 자아自我는 없고(행위자는 없음, 무아無我) 오직 원인을 일으키는 행위(인因)와 그 행위의 결과(과果, 보報)만 있기 때문에 영혼(아트만 ātman)을 부정합니다. 영혼이 없는 대신 행위(작용, 업)가 상속相續(다음 차례에 이어 주거나 이어받음)의 주체가 되며, 상속되는 첫 번째 원인을 무명無明이라 하고 무명으로부터 연기되어 일어나는 것을 설명한 것이 12연기설緣起說 [1)무명無明, 2)행行, 3)식識, 4)명색名色, 5)육입六入, 6)촉觸, 7)수受, 8)애愛, 9)취取, 10)유有, 11)생生, 12)노사老死]이며, 지금의 나는 오온五蘊(오음五陰: 색色, 수受, 상想, 행行, 식識)의 결합으로 설명하는 것이 오온설입니다.

깨달음의 세계에서는 모든 행위를 업(업식)이라 하고, 업은 정신 에너지이며 에너지는 소립자이기 때문에 불멸이고, 업이 윤회할 때는 인연이 깊은 곳에 다시 태어날 가능성이 매우 크며, 지금의 모습(성격, 기질, 생김새, 직업 등)도 과거(전생)의 업에 의해 결정된다는 것이 업의 순환 원리입니다.

이 문제는 의심하기 위한 공부로서 더 이상 설명을 하지 않겠습니다. 여기에 서술한 내용으로 지금까지 한 공부와 앞으로 공부하면서 양자물리학과 업의 순환 원리를 하나로 만들어 보기 바랍니다.

- 마음에 두지 마라 -

 만행을 하는 스님이 날이 저물어 작은 암자에 들었다.

다음 날 스님이 길을 떠나려 할 때 암자의 노승이 물었다.

"스님은 세상이 무엇이라고 생각하는가?"

"세상은 오직 마음뿐이라고 생각합니다."

그러자 노승은 뜰 앞의 바위를 가리키면서 말하였다.

"이 바위는 마음 안에 있느냐? 마음 밖에 있느냐?"

"마음속에 있습니다."

스님이 대답하자 노승은 웃으면서 말하였다.

"먼 길을 떠나는 사람이 왜 무거운 바위를 담아 가려고 하는가?"

[윤회는 순환하는 것을 의미하고, 순환하는 것은 연기를 의미한다. 따라서
윤회는 연기와 같은 말이기 때문에 매우 과학적이다. 업이 윤회하는 것을 우리
는 '운명'이라고 이름 한다. 이 원리를 깨달으면 운명, 팔자, 숙명이라는 말에 끌
려다니지 않는다.]

제 12 강
중도^{中道}의 원리

양자물리학에서 말하는 상보성 원리(이중성), 중첩, 확률, 모든(무한한) 가능성은 중도의 의미와 비슷하기 때문에 이 글을 읽으면서 다시 상기시키기 바랍니다.

여러 가지 가능성(모든 가능성)을 다 지니고 있는 것이 중첩重疊, Superposition이고 여러 가지 가능성을 다 포용하고 수용함(초월)으로써 서로가 화합하고 융합하여(원융무애 圓融無礙) 최고의 조화를 이루는 것이 중도입니다. 따라서 중도는 중간이나 평균을 말하는 것이 아닙니다. 중간이나 평균은 또 다른 무엇을 설정하는 것이기 때문입니다.

중도의 핵심 교설敎說은 '쌍차쌍조雙遮雙照'입니다. 현실세계(세간)에서는 전체가 상대적으로 대립되어 있습니다. 음-양, 물-불, 선-악, 고苦-락樂, 생-사, 나-너, 남자-여자, 시是(옳다)-비非(그르다), 주관-객관 등, 모든 것이 양변兩邊으로 되어 있으며 서로 상극입니다. 상극은 서로 싸우기 쉽고, 제일 많이 싸우는 것은 시是와 비非입니다. 그러나 우리가 바라는 것은 평등한 평화입니다.

쌍차雙遮는 양끝(양변)을 막아 대립적 모순을 함께 버리는 것(쌍차이변雙遮二邊)을 뜻하며, 쌍조는 양변을 모두 버리면 곧 양쪽 세계가 모두 비추어져 양변이 서로 융합(화합)하는 것(쌍조이제 雙照二諦)입니다.

예를 들어, 구름이 걷혔다는 것은 쌍차라는 말로서 양변(분별)을 떠났다는 뜻이고, 구름이 걷히면 해가 비치는 것은 당연한 것인데 이것은 쌍조의 의미이기 때문에 쌍차나 쌍조는 같은 의미입니다. 구름이 걷혔다는 말이나 해가 드러났다는 말은 같은 것이기 때문입니다.

쌍차는 내 생각(무명無明) 버리기입니다. 내 생각을 버리고 나면 쌍조는 저절로 됩니다. 내 생각을 버린다는 것은, 모든 존재는 있는 그대로 다 놔두고 다만, 분별하고 차별하지 않으면 서로 통한다는 말입니다.

생멸이 그대로 있는 가운데(쌍존雙存) 생멸이 없다는 원리를 확연히 깨치면 생멸이 없어져(쌍민雙泯) 불생불멸하는 양변이 절대적인 양변이 되기 때문에 생멸에서 벗어나는 해탈(열반)에 이르게 된다는 말입니다.

쌍민쌍존雙泯雙存은 쌍차쌍조雙遮雙照와 같은 말로서 이때의 쌍존은 분별이 그대로 살아있는(생멸의 양변이 그대로 있는 경우) 쌍존이 아니라 쌍차한 쌍존이기 때문에 유有-무無(양변)가 서로 통하는(융합, 화합) 쌍존입니다. 이것은 중도적인 쌍존을 말하고 유有와무無는 불이不二로서 유有가 무無고 무無가 유有입니다(유즉시무 有卽是無 무즉시유 無卽是有).

결론적으로 중도적인 쌍존은 어떠한 것을 막론하고 원융무애圓融無礙한 것을 말합니다.

중도사상이란? 반야심경을 중심으로 해서 '공空'의 논리를 체계화한 중관파中觀派의 시조인 용수龍樹 Nagarjuna의 중관사상입니다.

용수 보살의 '중론中論'에서 반야심경의 '공空사상'의 이해의 폭을 넓히기 위해 연기의 중도적 성격에 의해서 사물이 존재하는 원리를 설명한 것이 '팔불중도八不中道'입니다. 따라서 우리들의 참나(진아眞我)도 이와 같이 존재하고 있습니다.

팔불 중도는 소립자의 존재원리와 같습니다.

팔불중도란?

불생역불멸不生亦不滅[① (새롭게)생겨나지도 않으며, ② (완전히)소멸하지도 않는다.],

불상역불단不常亦不斷[③ 상주하는 것도 아니며, ④ (깨끗이)단멸하는 것도 아니다.],

불일역불이不一亦不異(⑤ 같지도 않고, ⑥ 다르지도 않다.),

불래역불출不來亦不出[⑦ (어디선가)오는 것도 아니고, ⑧ (어디론가)가는 것도 아니다.]

중도사상은 깨달음(자기계발, 마음경영)의 모든 원리를 '중도'라는 하나의 말로서 회통시킨 것이기 때문에 이해하기가 쉽지 않습니다. 중도를 가장 알기 쉽게 한 마디로 설명한다면, 중도는 서로 대립하는(상반되는) 모든 경계를 벗어나 있으면서(초월)동시에 상반되는 모든 것들을 완전하게 융합融合(원융무애 圓融無礙)하는 것(하나로 만든다)을 말합니다. 음과 양, 생生과 사死(滅멸), 존재(상常)와 비존재(단斷), 같다(불이不異)와 다르다

(불일不一), 옴(내來)과 감(출出), 옳다와 그르다, 선과 악, 높다와 낮다, 행복과 불행, 슬픔과 기쁨 등과 같이 어떠한 상대적인 말에도 머무르지 않는다는 뜻입니다. 다시 말해서, 생生(태어남: 삶)과 사死(죽음)를 초월해서 생과 사를 다르게 보지 않고 하나로 봅니다. 즉 삶과 죽음을 있는 그대로 인정하면서 그 안에서 죽지 않는 원리를 깨달아 영원히 살 수 있는 길을 가는 것입니다.

행복과 불행도 마찬가지여서 불행을 극복한 것이 행복이기 때문에 행복과 불행을 다르게 보지 않고 하나로 봅니다. 불행이 없고 행복만 있다면 행복 또한, 없어지기 때문입니다. 이것은 마치, 아무리 좋은 곳이라도 한곳에 오래 머물러 있으면 그곳이 좋은 곳이라는 사실을 모르게 되는 것과 같습니다. 삶에는 행복도 있고 불행도 있다는 사실을 그대로 인정하면서 깨달음(중도를 체득하는 것)을 통해 영원한 행복의 길(해탈, 열반, 구원)로 가는 것입니다. 이것이 중도적인 삶(선禪, 도道)입니다.

존재의 원리를 중도적인 측면에서 살펴보는 것은 이미 앞의 여러 강의에서 설명되었기 때문에 여기서는 중도를 존재의 원리에서의 측면보다는 주로 우리들의 생활에서 중도의 원리를 어떻게 활용할 것인가? 의 문제를 중점적으로 살펴보겠습니다.

중도는 자기계발(마음경영)의 핵심원리인 동시에 본질적으로는 모든 종교의 궁극적인 가르침입니다. 결국, 중도적인 사고방식으로 의식전환을 하고 동시에 중도를 실천에 옮겨(나눔의 실천) 우리의 삶을 고통 없는, 항상 만족하는 삶으로 전환시키는데 종교의 근본 목적이 있으나, 인간의 욕심으로 인해 종교의 중도적인 본질이 훼손되고 있는 것은 매우 안타까운 일입니다. 중도는 내용 또한, 너무나 방대하기 때문에 같은 내용을 단편으로 표현방식만 조금씩 다르게 해서 설명하겠습니다.

중도는 나에게 닥치는 어떠한 일도 피하지 않고 다 받아들여 완성된 지혜로서 그때그때 가장 알맞게 해결하는 절대적인 긍정을 말합니다. 절대적인 긍정은 절대적인 믿음을 뜻하며 진리를 체득하는 것(깨달음)을 말합니다. 중도의 실천은 부정적인 사고방식에서 긍정적인 사고방식으로 나의 의식(생각)을 바꾸어야만 가능합니다. 왜 이렇게 바꾸어야만 하며 그때에 과연 무슨 이익이 발생하는지 중도를 통해서 살펴보겠습니다.

우선 긍정과 부정에 대해서 그 뜻을 명확히 하여야 합니다. '부정적이다'라는 말은 '무엇을 아니다'라고 하는 것이며, '아니다'라는 생각을 하는 것은 그 무엇을 내 것(고정관념)으로 세워두었다는 뜻입니다. 이것은 "내 생각에는 그것이 옳다."라고 생각하는 것입니다. 설혹 진리(종교)라 할지라도 내 것으로 만들어 세우면 그것은 중도가 아닙니다. 중도적인 사고방식은 내(주관, 내 생각)가 없는 것(無我무아, 無心무심)이기 때문에 내 것으로 만들어 세울 것이 아예 없습니다.

이 원리를 기독교적으로 보면, 내(내 생각)가 없어져야 하나님의 말씀에 절대적인 순종을 하게 되며, 이것은 내 생각이 아닌 하나님의 생각(진리)으로 바뀌어지는 것을 의미하고, 이러한 마음으로 바뀌어졌을 때 현존하는 성령님이 나에게 임하시게 되는 것입니다. 이렇게 되려면 끊임없는 기도를 통하여 하나님과 내가 일치되게 하여야 합니다. 그래서 기도는 호흡과 같은 것입니다. 호흡이 끊어지면 우리는 살 수 없는 것과 마찬가지로 기도 또한, 끊어지면 하나님께로 가는 길이 끊어져 없어집니다. 그래서 "쉬지 말고 기도하라."고 하신 것입니다.

불교의 수행 원리도 이와 똑같습니다. 요즈음 불교의 조계종단에서 수행원칙으로 하고 있는 '간화선' 역시 '이뭣꼬(대 의심: 화두참구)'가 끊어지면 깨달음을 얻지 못합니다.

쉬지 않고 기도하려면 철저한 믿음과 간절함이 없으면 이루어지지 않으며, 깨닫기 위해서는 믿음이 투철할 때 격외의 말이나 행동 또는 원리에 대한 간절한 의심이 끊어지지 말아야 합니다. 따라서 기독교는 기도를 통해서 구원을 얻고 불교는 화두 참구를 통해서 깨달음을 얻음으로써 열반(구원)에 드는 것입니다. 가는 길은 달라도 목적지는 같습니다.

중도적인 절대 긍정의 사고방식은 옳다 그르다 등의 모든 분별심이 없으므로 진정한 중도는 중도에도 머무르지 않기 때문에 어디에도 머무르지 않아서 모든 것과 함께하나 어떠한 것에도 물들지 않습니다. 그렇다고 해서 아직 중도를 체득하지도 못한 수행자가 착각하여 아무것이나 함께하면 수행을 그르칠 뿐만 아니라 자칫 오해를 받을 소지가 있기도 하고, 때로는 수행자들이 자기의 행위를 합리화하는 데 쓰이게 되므로 조심하여야 합니다.

계戒는 지키는 것이 원칙이나 중도를 체득하여 정견正見이 확립되었을 때 비로소 계에도 머무르지 않게 되므로 함부로 계에서 벗어나서는 안 됩니다. 이것은 건강이 좋아 면역력이 강할 때는 병에 걸리지 않으나 그렇지 못할 때는 병에 걸리기 쉬운 것과 이치가 같습니다.

세상 모든 것은 항상 시시각각으로 변하기 때문에 고정불변이 없으며(무상無常), 그 까닭으로 고정된 옳고 그릇된 것도 없습니다(무자성). 내 것으로 세워놓은 고정관념은 빠르게 변하는 것에 대처하는 능력을 잃어버리게 되지만 긍정적인 사고방식은 변화에 빠르게 대처할 수 있게 됩니다. 윤리관, 도덕관, 풍습, 문화, 전통과 같은 것들은 인간에 의해 만들어진 것이므로 고정불변이 될 수 없고 수시로 바뀌기 때문에 이것을 기준으로 선악善惡이나 옳고 그릇됨을 정해놓으면 변화에 대처하지 못해 늘 다툼이 일어나게 됩니다. 중도는 이 모든 것으로부터 벗어나기 때문에 어떠한 것과도 다툼이 없습니다. 이것을 해탈이라 합니다.

가정이나 사회에서 일어나는 모든 분쟁(고통, 불행)은 고정관념(내 생각) 때문입니다. 따라서 중도적인 삶은 우리를 가장 행복하게 해주며 내가 원하는 모든 것을 이루게 하는 원동력이 됩니다.

특히, 윤리 도덕과 같이 인간이 인간답기 위해 인간에 의해 만들어진 것은 진리가 아니기 때문에 고정불변이 아니라 나라마다 시대에 따라 달라서 이것을 고정관념으로 가지고 있으면 내 것과 다른 것들을 만나면 서로 부딪힐 것은 불을 보듯 환한 일입니다. 그래서 중도는 진리마저도 내 것으로 삼지 말라는 말입니다. 더욱 중요한 사실은, 사람이 살다 보면 윤리 도덕관에 어긋나는 경우가 누구에게나 있을 수 있습니다. 이때 윤리 도덕관에 지나치게 집착해서 절대로 용서해 주지 않는다면 상대방은 커다란 시련에 빠지게 되고 결국에는 한 사람의 인생은 물론이고 그 사람과 가까운 가족 전체의 인생도 어긋나게 됩니다. 이러한 일은 성폭행과 같은 좋지 않은 일이 나에게 닥쳐왔을 때 생기게 됩니다. 그래서 윤리 도덕관은 지키되 때에 따라서는 초월하라는 의미입니다. 이와 같이 중도는 모든 것에 가장 이익을 줄 수 있는 최고의 융통성을 통해서 모두가 화합하는 것을 말합니다.

중도는 아는 깨달음(지식)이 아니라 실천하는 깨달음(지혜)입니다. 깨달음을 통해서 얻어진 지혜를 우리의 실생활에 반영하여 현실적으로 나타내는 보살행菩薩行(사랑과 나눔)을 말합니다. 중도를 체득하면 "깨달음을 얻었다." 또는 "도道를 얻었다."라고 합니다. 도를 얻었다는 것은 똑같은 일을 함에 있어서 깨달음의 지혜(완성된 중도의 지혜, 지혜바라밀)가 작용하느냐, 작용하지 않느냐에 달렸기 때문에 따로 도道라는 것이 어디에 있어 구할 수 있는 것은 아닙니다.

따라서 도인道人(선禪)이란? 원리를 확실하게 깨닫고 원리(순리)대로 살아가는 사람을 이르는 말입니다. 오늘날 외모(상相)를 마치 도인처럼 하고 도인을 모방하는 삶(상相)을 살아가는 사람을 도인으로 착각하는 사람들이 매우 많습니다. 도인은 어떠한 모양(상相)도 짓지 않기 때문에 어디에도 걸림이 없고 구애받지 않으면서 어떠한 것에도 물들지 않습니다.

아내에게는 남편 노릇 잘하고, 아이들에게는 아버지 역할을 잘하고, 동네에 나가면 친절한 동네 아저씨가 되고, 친구를 만나면 친한 친구가 되어 주고, 어디에 가든 주어진 조건에 따라 거기에 맞는 모양으로 바뀔 뿐 "나는 도인이다."라는 것처럼 어떠한 고정된 모양도 만들지는 않습니다.

중도는 여러 가지 말로서 설명할 수가 있는데 공空, 연기, 체體와 상相, 용用, 지혜智慧, 도道, 선禪, 무심無心, 무아無我, 해탈解脫, 열반涅槃, 한마음一心, 진여眞如, 여래如來, 여여如如, 일미一味, 원각圓覺 등 깨달음의 세계에서 말하는 모든 가르침은 중도의 다른 의미라고 보아도 무방합니다. 이러한 까닭은 진리는 하나로 통하기 때문(원리의 연기)이며 중도는 너와 나의 모든 분별심이 없어진 것이므로 '우주는 하나다'라는 진리를 다른 말로 표현한 것이기도 합니다.

　중도는 모든 것을 초월하여 있는 그대로를 인정해줌으로써 최고의 조화(화합)를 이루어 내며 모든 것이 평등하고, 서로 존중하며, 서로 조건 없이 나누는 것을 말합니다. 이것이 하나 되는 것이며 진리를 나의 삶으로서 실천하는 것입니다. 모든 것을 초월한다는 것은 사실상 나 자신을 초월하는 것입니다. 나는 주관적인 것이며 나 외의 다른 것들은 객관적인 것이기 때문에 객관은 주관으로 인해서 생깁니다.

　무엇을 주고 그 대가를 바라는 것은 인간뿐입니다. 어떤 것이 자기가 준 것에 대해서 대가를 바란다는 말입니까? 공기, 물, 불, 흙, 나무, 꽃, 그 어느 것도 바라는 마음으로 우리에게 주는 것은 없습니다. 이러한 것들이 없으면 우리 인간은 결코 존재하지도, 존재할 수도 없습니다. 그런데 우리는 인간의 이익을 위해서 하나하나 파괴해 나가고 있으며, 이것은 결국, 모든 것은 하나(중도)이기 때문에 중도를 모르는 사람은 스스로를 죽이고 있는 것입니다.

　중도는 흑과 백을 적당히 섞어놓은 회색과는 의미가 전혀 다릅니다. 중도는 어떠한 것도 대상(경계)으로서 세워놓지 않는 것입니다. 회색이 중도라고 하면 이것은 또 다른 회색이라는 하나의 대상을 만들어 버리고 맙니다. 흑과 백을 다 초월한 것, 즉 둘 다 인정해 주는 것이므로, 흑도 아니고 백도 아니며, 그렇다고 해서 회색도 아니기 때문에 흑과 백을 섞어서 만들어질 수 있는 모든 색을 다 인정해 주는 것이므로 그 모든 것을 다 초월해 버린다(떠난다)는 말입니다. 다시 말하면 때로는 완전히 검은색도 될 수 있으며 완전히 흰색도 될 수 있는 것입니다. "완성된 지혜(중도)는 능히 어두운 곳에서는 어두울 줄 알고 밝은 곳에서는 능히 밝을 줄 안다." 이 말은 '로마에 가면 로마의 법을 따르라'는 것과 같습니다. 한마디로 '최고의 융통성'입니다. 사람의 눈이 두 개 있는 것이 정상이라고 생각하면 그것은 이미 고정관념입니다.

빛이 관찰자가 없을 때는 파동으로 있다가 관찰자가 나타나면 즉시 입자의 성질로 바뀌는 자연의 원리와 같은 것이 중도의 원리입니다. 나 혼자 있을 때는 중도에 머물러 있다가 다른 사람과 함께 할 때는 중도에도 머무르지 않기 때문에 진리라는 말입니다.

흔히 중도를 설명할 때 바다에 비유를 많이 합니다. 육지에 있는 모든 물은 바다에서 만납니다. 바다는 어떠한 물도 차별하지 않고 다 받아들이며, 일단 바다에 들어오면 모든 물은 평등해져 그 맛은 짠맛(하나의 맛)으로 통일됩니다(일미一味).

선善과 악惡에 대한 일반적인 개념은 서로 상반되는 것이어서 선은 지양하고 악은 멀리하라고 가르칩니다.

그러나 선악의 개념은 주관적이어서 시대에 따라 국가에 따라 또는 처해있는 상황에 따라 바뀌기 때문에 고정불변이 아닙니다. 많은 것에 이익을 주면 그것을 '선'이라 하고 자기만을 이익되게 하면 그것을 '악'이라 할 뿐 본래 선악이라고 하는 것은 없습니다. 선을 지양하고 악을 버리는 것은 선과 악을 고정해 놓고 선과 악을 구별하여 선이라는 대상에 집착하는 것이 되므로, 악을 차별하게 되어 전체로서의 조화를 이루지 못하기 때문에 악은 점차로 소외되어 영원히 선으로부터 멀어지게 됩니다. 현재 착한 사람이 바뀌어 나빠질 수도 있고 현재 나쁜 사람이 바뀌어 착한 사람이 될 수도 있기 때문입니다. 그래서 "죄는 미워하되 사람은 미워하지 마라."는 것입니다.

우리는 무엇을 판단할 때 흑백(선-악, 옳다-그르다)논리로 많이 합니다. 그러나 세상을 살아가면서 평생을 바르게 살아가기도 어렵지만, 평생을 한결같이 그릇되게 사는 것도 어렵습니다. 선악의 비율이 문제입니다. 선의 비율이 높다고 해서 악을 선으로 다 덮어서도 안 되며 악의 비율이 높다고 해서 악으로 선을 다 덮어서도 안 됩니다. 평가하려면 세밀하게 해서 선악의 비율을 정확하게 말해 주어야 합니다. 가장 중요한 것은 현재 그 사람이 어떠한 사람이냐? 입니다. 까닭은 우리가 쓸 수 있는 시간은 오직 현재라는 시간뿐이기 때문입니다. 그러나 우리는 현재의 그 사람보다는 과거의 그 사람에 더 집착하는 경우가 많습니다.

우리나라는 좌파와 우파로 나뉘어 정쟁政爭을 한 지가 오래되었습니다.

이 문제의 해답도 중도의 원리로 풀면 그것이 가장 알맞은 답입니다. 까닭은 중도는 좌우를 떠나서 전체를 보는 것이기 때문에 좌우를 하나로 융합시킵니다.

한 부부가 있었습니다. 어느 날 남편이 몇몇 사람과 함께 방에서 대화를 나누고 있었는데 한 사람이 말을 마치고 나면 남편이 "그래 자네 말이 맞네!"라 하고, 또 다른 사람이 말을 하고 나면 역시 "그래 자네 말도 맞네!"라고 하였습니다. 모든 사람이 말을 하고 나면 똑같은 대답을 하였습니다. 밖에서 이것을 지켜본 부인은 사람들이 가고 나서 남편에게 물었습니다. "조금 전 당신은 사람들이 무슨 말을 하면 똑같이 자네 말이 맞다고 하였는데 도대체 누구 말이 맞는 말이에요?"라고 묻자 "그래 당신 말도 맞아!"라고 대답하였습니다.

만약에 남편이 고정관념(개념)을 가지고 있었다면 틀림없이 논쟁이 벌어졌을 것입니다. 그러나 하는 말마다 "다 맞다."라고 했기 때문에 서로 대화(소통)가 잘 이루어진 것입니다. 이 남편은 무자성의 원리를 잘 활용했기 때문에 무아(무심)와 함께 중도적인 입장을 잘 나타내고 있습니다.

또한, 이 얘기는 일반적인 경우로 볼 때 무슨 말을 하든 말하는 그 사람의 생각과 처지에서 보면 틀리는 말이 없기 때문에 "다 맞다."라고 한 것이며, 또 하나의 의미는 깨달음의 세계에서는 진리(본성)는 어떠한 말로 나타내도 그 말이 진리 자체는 될 수 없기 때문에 "다 맞다."라고 해 주는 것입니다. 따라서 "다 맞다."라는 말은 "다 틀리다."라는 의미를 포함하고 있습니다.

대화에서 가장 중요한 것은 서로의 얘기를 귀담아 잘 들어 주는 일입니다. 각자의 의견을 경청하다 보면 공통점이 보이게 되고 이것이 보완되면 합의점이 나오게 됩니다. 따라서 대화를 할 때는 자기 생각(고정관념, 개념)을 서로 내려놓고 중도(무심無心)로 하는 것이 가장 잘하는 일입니다.

깨닫기 전에는 선악善惡의 구별이 있어서, 남을 도우면 선이라 하고, 남을 해치면 악이라고 합니다. 그러나 깨치고 나면 선과 악이라는 상대적인 개념을 완전히 버리고 선악이 완전하게 융합하는 것을 진정한 선(진선眞善) 또는 중도라고 합니다. 이것은 소립자의 이중성(상보성, 자연의 이중성)이 밝혀짐으로 그동안 상대적으로 분리되었던 모든 개념이 하나로 합쳐진 것과 같습니다.

중도는 바닷물이 모든 물을 분별하지 않듯이 선악을 분별하지 않고 초월하기 때문에 선악이 조화를 이루어 하나가 됩니다. 이렇게 될 때 선이 악으로 변하는 것을 막을 수 있고 악이 선으로 바뀌도록 도울 수 있게 됩니다.

수행자는 선악을 분별해서 다르게 보지 않고(불이不二), 십선十善과 십악十惡의 계戒를 설정하여 십선은 행하게 하고(작선문 作善門) 십악은 행하지 못하게(그치게 함: 지악문止惡門)할 뿐, 구별하거나 차별하지 않습니다. 그래서 "선도 생각지 말고 악도 생각지 말아라(불사선不思善 불사악不思惡). 다만, 둘 다 초월하라."고 합니다.

* 십악十惡 은 다음과 같습니다.

(1) 몸으로 짓는 악업

　① 살생殺生: 살아있는 생명을 죽이는 것.

　② 투도偸盜: 남의 물건을 도적질하는 것.

　③ 사음邪淫: 삿된 음행을 하는 것으로 아내나 남편 이외의 타인과 음행을 하는 것.

(2) 입으로 짓는 악업

  ④ 양설兩舌: 이간질하는 말.

  ⑤ 악구惡口: 남을 성내게 하는 나쁜 말.

  ⑥ 기어綺語: 겉만 좋아 보이고 실속 없는 말.

  ⑦ 망어妄語: 망령되고 이치에 맞지 않는 말.

(3) 마음으로 짓는 악업

  ⑧ 탐심貪心(탐애貪愛): 마음속으로 남의 물건을 탐하거나 음탕한 마음.

  ⑨ 진심瞋心(진에瞋恚): 성을 낸다든가, 화로써 타인을 괴롭히는 불쾌한 마음.

  ⑩ 치심痴心(치암痴暗): 어리석은 마음. 사견邪見, 인간의 도리를 무시하는 망견妄見.

* 십선十善 은 다음과 같습니다.

십악十惡의 반대되는 것으로, 불살생不殺生, 불투도不偸盜, 불사음不邪淫, 불망어不妄語, 불양설不兩舌, 불악구不惡口, 불기어不綺語, 불탐욕不貪欲, 불진에不瞋恚, 불사견不邪見.

  ① 방생放生(불살생不殺生): 남을 살리는 생활을 하라.

  ② 근면勤勉(불투도不偸盜): 남을 돕는 생활을 하라.

  ③ 정음正淫(불사음不邪淫): 깨끗한 생활을 하라.

  ④ 정어正語(불망어不妄語): 성실한 말을 하라.

⑤ 진어眞語(불양설不兩舌): 정직한 말을 하라.

⑥ 애어愛語(불악구不惡口): 화합될 말을 하라.

⑦ 실어實語(불기어不綺語): 고운 말을 하라.

⑧ 보시布施(불탐욕不貪欲): 욕심을 버리는 생각을 하라.

⑨ 자비慈悲(불진에不瞋恚): 기뻐하는 생각을 하라.

⑩ 지혜智慧(불사견不邪見): 슬기로운 생각을 가지라.

우리의 삶에는 명확한 해답이 없습니다. 나의 문제를 잘 해결해 주었던 방법을 나와 똑같은 경우의 다른 사람들에게 적용 시켰을 때, 누구에게나 다 들어맞지 않습니다. 여러 사람이 똑같은 병에 걸렸을 때 똑같은 방법으로 치료하였으나 어떤 사람은 낫고 어떤 사람은 낫지 않는 경우도 이와 같습니다. 만약 그러한 것이 있다면 그것은 진리일 것입니다. 그러나 그러한 진리는 없습니다. 다만, '모든 것은 하나다(중도)'라는 진리를 깨달아 얻어진 지혜의 칼로서 중도의 삶을 살아가는 것이 가장 정확한 해답이 될 뿐입니다. 따라서 중도적인 삶은 답 없는 답이 됩니다.

중도는 어떠한 것도 고정 지어 설정하지 않는 이유는, 고정된 법法을 설정해 둘 수 없는 것이 자연의 원리(진리)이기 때문입니다. 모든 것은 항상 변하기 때문에 잠시도 머물러 있지 않을 뿐만 아니라(무상無常) 서로 연기緣起되어 있으며 자성이 없기 때문입니다(무자성無自性, 자연의 이중성).

우주공간에 만상이 펼쳐진 그대로(연기緣起)가 가장 완벽한 중도의 모습이므로 중도는 모든 것을 다 소유합니다. 계절마다 산과 들이 바뀌고, 매일매일 날씨도 바뀌고, 태어나서 죽는 날까지 우리들의 몸도 바뀌고,

바뀌는 것(무상無常) 때문에 우리는 살맛이 나는 것입니다. 우리가 여행을 좋아하는 것도 새로운 것을 접하는 것에 있는 것이지 더 좋은 것을 접하는 즐거움이 아닙니다. 아무리 좋은 것도 조금 지나면 싫증을 느끼는 것이 인간의 속성입니다. 바뀌지 않고 모든 것이 고정되어 있다면 무슨 재미가 있겠습니까? 인간이 행복할 수 있는 것은 죽음이 있기 때문입니다. 만약에 영원히 죽지 않는다면 인간에게 행복이 있을 수 있을까요? 바뀌는 것을 긍정적으로 인정하고 받아들여 다 소유하는 것이 중도이며 이것이 순리대로 살아가는 것입니다. 바뀌는 것은 업력 때문이므로 여기에는 옳다 그르다, 좋다 나쁘다가 본래 없습니다. 이러한 분별은 인간에 의해서 만들어지는 것이기 때문에 인간만이 가지고 있는 개념입니다.

모든 것이 다 '나'이므로 그때그때 상황에 따라 나를 바꾸어 가면서 조화롭게 쓸(작용) 뿐입니다. 따라서 중도는 어떠한 경우에도 나를 고정시키지 않습니다. 믿음의 생활, 즉 종교도 하나를 선택해서 믿되 이웃 종교도 인정해 주면서 배척하지는 말아야 합니다. 믿음의 대상은 진리이며, 하나님(신神)과 부처(법法)는 진리의 다른 이름일 뿐입니다.

중도는 중도에도 머무르지 않기 때문에 '묘법妙法'이라고 합니다. 무주無住(머무르지 않으므로 집착이 없다)가 아니면 묘법이 아닙니다. 원칙이 있는 가운데 자유롭고 자유로우면서도 원칙에 철저합니다. 중도(완성된 지혜)는 빨리 가야 할 때는 빨리 갈 줄 알고, 느리게 가야 할 때는 느리게 갈 줄 알고, 쉬어가야 할 때는 쉬어갈 줄 알아야 합니다.

중도는 깨달음의 중심사상이기 때문에 깨달음은 깨달았다는 테두리

안에도 갇혀서는 안 됩니다. '불법佛法' 또는 '법'이라고 하는 말은, 항상 恒常 (불변不變)하여 가장 보편적이고 타당할 수밖에 없는 '그 무엇(진리)'을 가리키는 말이므로 이 말은 진리를 일컫는 우리끼리의 약속에 불과합니다. 법이라는 것은 지혜가 작용하는 하나의 기준(원리)의 가르침일 뿐, 고정된 법은 없습니다. 그래서 법을 법이라고 단정 지어 말하면 그것은 이미 법이 아닙니다. 이러한 까닭으로 부처님의 말씀도 내 것으로 삼아서(고정관념) 밖으로 세우지 말고, 조사 스님들의 말씀도 밖으로 세우지 말라는 뜻에서, 수행할 때 "부처를 만나면 부처를 죽이고, 조사를 만나면 조사를 죽여라(살불살조殺佛殺祖)."라는 말을 합니다. 이 말의 의미는, 부처나 조사의 가르침도 진리의 당체는 아니기 때문에 거기에 머무르지 말라는 뜻과, '부처나 조사의 가르침이 최고다'라는 생각을 하여 그것에 집착하면, 또 다른 분별하고 차별하는 망상이 일어나 깨달음과는 영원히 멀어진다는 뜻입니다. 언어 문자(모든 견해)는 진리를 깨닫게 하기 위한 하나의 방편일 뿐 그것이 진리 자체는 아니라는 의미입니다. 다시 말해서, 진여(진리)의 입장에서 보면 법이라는 것도 한 생각 일으킨 망념(번뇌)이라는 말입니다. 그래서 바른 견해(개념)는 내 것으로 세워두는 어떠한 견해도 없는 것을 말하며, 이것은 모든 견해를 벗어나는 것입니다. 우리는 견해(가르침)를 방편으로 해서 통찰(깨달음, 지혜)에 이르게 됩니다. 통찰은 견해가 아니므로 통찰과 견해를 잘 구분할 수 있어야 합니다. 그래서 깨달음은 번뇌로 번뇌를 끊는 것입니다.

공성空性, 연기緣起, 무상無常, 윤회輪廻, 무아無我와 같은 원리는 견해가 아닙니다. 역대 스승들은 이것을 제자들이 견해로 받아들일까 봐 매우 염려하셨습니다. 무아는 자아自我라는 견해를 극복하도록 돕기 위한 가르침입니다. 무아라는 것은 다른 사람 안에서 자신을 보고 자신 안에서 다른 사람을 볼 수 있게 하려는 것, 즉 연기緣起(관계성)를 보게 하려는 것입니다. 이것을 견해로 받아들이면 자아라는 견해는 벗어나는 대신 무아라는 견해에 사로잡히게 됩니다. 그러므로 우리는 두 견해로부터 자유로워야 합니다. 이것이 중도입니다.

부처(깨친 사람)라는 말도 중생(깨칠 사람)을 변화시키기 위한(자기계발) 말일 뿐, 깨치고 나면 쓸모없는 말입니다. 병이 나서 아플 때 약(지혜)이 필요한 것이지 병이 낫고 나면 약은 더 이상 필요 없게 됩니다. 우리가 지금 부처가 되느니, 깨치느니, 윤회하느니, 무엇을 하느니 하는 모든 것들은 깨치지 못한 중생이 어리석어서(미迷하다) 꿈에서 깨어나지 못해 꿈속에서 하는 말입니다. 이 공부는 우리들의 삶이 꿈인 것을 알고 꿈에서 깨는 공부입니다.

자칫 달을 가리키는 손가락(가르침, 견해)에 걸려 영원히 달(진리)을 보지 못하게 되는 것을 우려해서 하는 말입니다. 새겨두어야 할 것은 이 공부(자기계발, 마음경영)는 어디에도 걸림이 없어야(무주無住) 깨달음을 얻을 수 있습니다.

세상에는 수많은 종교와 종파가 있기 때문에 종교의 자유는 헌법으로도 보장되어있는 개개인의 절대적인 권리입니다. 따라서 무슨 종교를 믿든 아니면 어떠한 것도 믿지 않든 그 누구도 간섭할 수는 없습니다. 그러나 진정한 종교에 대한 믿음은 자기가 믿는 종교의 틀에서 벗어났을 때 비로소 자신의 종교가 될 수 있을 것입니다.

이웃 종교와 분별하고 차별 짓고자 기독교, 이슬람교, 불교, 천주교, 힌두교라고 이름 한 것은 결코 아니기 때문입니다. 세상에는 수많은 신앙(믿음)과 종교가 있습니다. 이 모든 것들을 하나도 버리거나 취하지 않는 것이 종교라는 이름의 보편적인 진리입니다. 그래서 모든 종교의 가르침에는 사랑, 자비, 용서, 믿음, 순종과 같은 가르침이 근본을 이루고 있습니다. 중도적인 믿음은 자신이 믿는 종교에도 머무르지 않습니다. 따라서 너무나도 타당하여 너무나도 보편적인 이 진리(중도, 법法)를 벗어나서 존재할 수 있는 것은 우주에 단 하나도 있을 수 없습니다.

세상에는 '옳다-그르다', '사랑-미움', '길다-짧다', '높다-낮다', '행복-불행', '나-너', '음-양'과 같이 모든 것은 두 가지의 성격으로 서로 대립하고 있습니다. 중도는 어느 한 쪽을 취하지도 버리지도 않기 때문에 서로 융합하여 하나 되므로 분별하거나 차별하지 않아서 서로 싸울 일이 없습니다. 이렇게 중도를 체득(증득)하는 것을 '깨달음을 얻었다', '해탈했다', '중도를 정등각正等覺 했다'고 말합니다.

예를 들어, 사랑하는 것도 나와 너를 분별하여 사랑하면 늘 시비와 분쟁을 일으킵니다. 나만을 사랑하고, 내 가정만을 사랑하고, 자기 직장만을 사랑하고, 내 나라만을 사랑한다면, 사랑으로 말미암아 끝없는 분쟁을 일으키게 됩니다.

중도적인 사랑이 진정한 사랑입니다. 중도적인 사랑은 내가 없는 무아無我의 사랑이기 때문에 모든 것을 다 사랑하는 박애博愛입니다. 박애는 어떠한 것도 미워하지 않고 어떠한 경우에도 미워하지 않으며, 싫어하는 것을 하지 않습니다. 사랑하되 아무런 것을 바라지 않고 그냥 무심無心으로 하기 때문에 미워하는 마음이 일어나지 않습니다. 아뢰야식에 미워하는 작용을 일으키는 업의 종자를 소멸시킨 사랑입니다. 이것이 바라밀 수행입니다.

무심無心으로 하는 것은 어디에도 머무름이 없어(무주無住, 무집착無執着) 마음이 일어났으나 일어나지 않은 것과 같습니다(응무소주 應無所住 이생기심而生其心: 마땅히 머무는 바 없이 그 마음을 내라). 따라서 무슨 일을 하든 무심으로 한다는 것은 '하는 바 없이 하는 것'이 되며 이것을 '중도로 한다'라고 합니다. 중도는 모두에게 이익이 되는 일이라면 무엇이든 다 하는 것을 말하기 때문에 때로는 무심(진심)으로 사랑하기 때문에 미워하는 마음 없이 화내는 방법도 알아야 합니다. 그래서 중도는 묘법妙法입니다.

결혼하기 전(연애 시절)에는 남자가 여자를 위하는 일이라면 거의 모든 것을 맞추어 주기 때문에 여자는 남자가 잘해주는 그것이 좋아서 결혼하게 됩니다. 그러나 결혼하고 나면 얼마 안 가서 결혼 전에 잘해주던 것들을 하지 않게 됩니다. 이때 거의 모든 여성이 하는 말은 "결혼 전에는 그렇게 잘해주던 당신이 어쩌면 결혼 후에는 그렇게 변할 수가 있느냐?"입니다. 이것은 대단한 착각입니다. 왜냐하면, 결혼 후에 바뀐 것이 아니라 연애 시절에 하던 것은 오히려 평상시에 하던 것과 잠시 바뀐 것이고 결혼 후에 다시 평상시의 본래 모습으로 되돌아간 것입니다. 이렇게 되는 까닭은 사랑했기 때문에 별짓도 다 할 수 있었고 그래서 결혼하였으며 결혼 후에는 점차로 사랑이 식게 되어 본래대로 되돌아간 것입니다. 이 것은 진정한 사랑이 아니라 상대방으로부터 무엇인가를 얻고자 하는 이 기적인 사랑입니다. 우리가 하는 사랑의 대부분은 이기적인 사랑입니다.

진정한 사랑을 하기 위해서는 중도의 원리를 알아야 가능해집니다. 중 도의 마음은 너와 나의 구별이 없는 마음이기 때문에 모든 것(미운 짓을 하는 것까지도)을 다 사랑하게 됩니다. 이것이 하나 됨입니다.

"한 물건도 미워하지 않으면 한 물건도 나에게 원한이 없습니다." 미워 하지 않는 것은 나와 너를 초월한 중도이기 때문입니다. 애국심은 중도가 아니므로 전쟁을 일으키기도 합니다. 오늘날 중국이 조작하고 있는 '동 북공정'은 중국의 입장에서 보면 애국심일 것이고, 일본이 과거사를 왜곡 시키고 독도를 자기네 땅이라고 우기는 것도 그들의 입장에서 보면 역시 애국심일 것입니다.

중도는 우주를 하나로 보는 것이므로 사랑도 우주 전체를 사랑하는 것이어야 합니다. 이러한 까닭으로 '호국불교'라는 말도 잘못 해석되면 중 도에 어긋나는 말이 됩니다. 믿음도 중도로 하지 않으면 종교 때문에 일 어나는 분쟁은 결코 없어지지 않을 것입니다.

매우 친한 세 사람이 있었습니다. 하루는 두 친구가 말다툼하고 있었 습니다. 이것을 본 다른 친구가 그 이유를 물어보니, 한 친구는 감자를 먹을 때 소금에 찍어 먹어야 더 맛있다 하고, 또 한 친구는 설탕에 찍어 먹어야 더 맛이 있다고 하는 것이었습니다. 이때 다른 친구가 하는 말, "이 친구들아! 그런 것을 가지고 말다툼을 하고 있느냐? 우리 집에서는 케첩에 찍어 먹는다."라고 하였습니다. 이념전쟁, 종교분쟁, 사상, 개념 등은 모두 이와 같습니다.

곰과 같은 부인과 여우 같은 부인 중에서 누가 더 나을까요? 곰도 아니고 여우도 아닙니다. 때로는 곰같이, 때로는 여우같이, 그때그때 가장 지혜롭게 대처하는 곰과 여우를 자유자재(무애자재)하게 쓸 줄 아는 이가 가장 지혜로운 부인입니다. 까닭은 곰이 되었든 여우가 되었든 변화가 없고 한쪽으로 치우치게 되면, 좋은 것도 오래가지 못하고 싫증을 느끼기 때문입니다. 남녀가 결혼 후 사랑이 오래가지 못하는 이유도 여기에 있으므로 결혼생활도 중도로 하는 것이 가장 바람직합니다. 고정관념은 중도의 원리를 모르기 때문에 어리석어서 내가 만들어 가지고 있는 것으로서 나와 남을 고통스럽게 만드는 원인이 되는 경우가 대부분입니다.

옛날 어느 고을에 두 아들과 사는 아버지가 있었습니다. 큰아들은 불효자라고 마을에 소문이 나 있었으며, 작은아들은 효자라고 알려져 있었습니다. 어느 날 아침, 형은 자고 있는 아버지의 곁에서 아버지의 옷을 입고 앉아있는 동생의 모습을 보았습니다. 그 후로도 매일 아침 동생은 그렇게 하였습니다. 이상하게 생각한 형은 동생에게 그 까닭을 물었습니다. 동생이 대답하기를, "아버지가 일어나서 옷을 입을 때 차지 않게 하려고 몸으로 옷을 따뜻하게 하는 중이다."라고 하였습니다. 이 말을 들은 형은 감동하여 자기도 내일부터 그렇게 하겠다는 결심을 하고 그 다음 날 일찍 일어나 아버지의 옷을 입고 앉아있었습니다. 아버지가 잠에서 깨어나 보니 큰아들이 자기의 옷을 입고 있는 것을 보고는 "이놈이 이제는 아비의 옷까지 빼앗아 입으려 한다."라고 고함을 치면서 나무라고 내쫓아 버렸습니다.

이처럼 동생은 효자고 형은 불효자라는 고정관념을 가지고 있으면 사실을 진실 되게 보지 못하므로, 대상의 옳고 그릇됨을 이미 자기 마음대로 결정해 버리게 되어 어떠한 문제가 생겼을 때, 일차적인 원인을 찾기가 어렵게 되어 문제 해결의 가장 큰 방해요소가 됩니다.

이것은 우리들의 모든 불행의 씨앗이 됩니다. 고정관념이 만들어지는 이유는 현상적(용用, 상相)으로 차별되어 다르게 나타나 있는 것에 집착하여 그 뒤에 감추어져 있는 본질(체體)을 보지 못하기 때문입니다.

"범사에 감사하라.", "항상 기뻐하라."는 하나님의 말씀도 그 본질에 있어서는 중도의 가르침입니다. 까닭은 항상 기뻐하고, 어떤 일에도 감사하는 마음을 가지려면 긍정적으로 다 받아들여야 하기 때문입니다.

그래서 중도는 종교공부의 열매며 자기를 바꾸는 것의 완성입니다. 모든 불행, 분쟁의 씨앗은 바로 내 생각(아상我相)으로부터 나오기 때문에 이것만 버리면 분별심은 다 사라져 버립니다. 아상은 바로 나 자신이므로 나를 버리면 됩니다.

오늘도 TV를 보면서 아상(내 생각)으로 보고 계십니까? 중단 없는 실천을 하십시오! 분명한 것은 이것도 실천하지 못한다면 살아가면서 이루어 낼 수 있는 것은 단 한 가지도 없다는 것을….

중도의 실천은 지금, 여기에 있는, 나의 일로서 하면 됩니다.

중도는 골고루, 적당하게, 알맞게 라는 의미가 있습니다. 이러한 말은 어떠한 것이든 확실하게 선을 긋지 않습니다. 그때그때 마다 달라지기 때문입니다. 음식도 골고루 먹는 것이 가장 건강에 좋으며, 이것은 우리의 몸을 구성하는 요소가 외부의 많은 것들과 연기되어있기 때문입니다.

일상의 생활도 한 가지 일에만 집착하게 되면 나머지 다른 일들을 소홀히 하게 됨으로써 설혹 집착한 하나의 일이 이루어진다 하더라도 결국은 행복해지기가 어렵습니다. 하나의 일에만 집착하지 않고 여러 가지 일을 골고루 해야 합니다. 다만, 그때그때 가장 중요한 일에 시간 배당을 가장 많이 하고 나머지 것들은 하루에 조금씩이라도 골고루 해야 잃어버리는 것이 가장 적어집니다.

직장 일을 충실히 하느라고 가정을 등한시한다든가, 아니면 건강관리를 하지 않아 건강이 나빠지는 경우, 또는 자기가 좋아하는 취미생활에 빠져 다른 일을 등한시하다 부인과 다투는 경우 등 많은 사례가 있을 것입니다.

"중도는 중도에도 머무르지 않는다." 이 말은 인간이 구사할 수 있는 말 가운데 이 말보다 더 아름답고 완벽한 말은 없습니다. 만상을 평등하게 만들고, 조건 없이 나누게 하며, 모든 것을 서로 소통하게 하며, 화합하게 하기 위해 자기를 완전하게 버리는 말이기 때문입니다.

중도는 모든 원리를 하나로 회통시킨 가장 아름다운 말이기 때문에 어떤 것도 버리거나 취하지 않습니다. 중도(진리)를 모르는 사람들과 어울릴 때는 중도마저도 자기 것으로 삼으면 그들과 화합할 수 없기 때문에 자신(내 생각, 중도)을 버리는 것입니다.

만약 "중도만이 진리다."라고 생각해서 자기 것으로 삼았다면 중도를 모르는 그들과 소통하지 못하고 서로 배척했을 것입니다. 중도를 모르는 그들은 고통스러운 가운데 잠깐의 행복을 누리면서 삶을 살아갈 수밖에 없을 것이나 중도를 깨친 사람은 지혜가 충만함으로 자기 자신은 물론 어리석은 그들의 삶까지도 지혜로운 삶으로 점차 바뀌게 합니다.

　만상은 무상無常한 것이 진리이기 때문에 중도는 중도에도 머무르지 않는 것입니다.

['불이不二(불이不異)', '중도中道의 원리'는 바다와 같아서(여해如海) 대통합, 대화합, 상생, 융합의 대명사다.]

[중도는 불이不二(불이不異)다. 불이는 때로는 침묵(무기無記)하는 것이다.]

"난 못해."

이 말을 한다면 아무것도 이루지 못할 것이다.

"해볼 거야."

이 말을 한다면 기적을 만들어낼 것이다.

용기를 내지 않으면 아무것도 되지 않는다.

제 13 강

진리란? (총론)

　지금까지 깨달음의 세계의 핵심 원리를 총정리하였으며, 이 강의에서는 진리라는 이름으로 양자물리학과 깨달음을 하나로 융합시킴으로써 이해도를 높이는 동시에 새로운 의심이 생기도록 하겠습니다.

　진리란? 어떠한 것에도 똑같이 적용되고(보편성, 공통점), 이치적으로도 딱 들어맞는 것(타당성)을 말하며, 본래부터 있었던 것이기 때문에 무엇으로 인해 만들어진 것이 아닙니다. 따라서 끊임없고, 내내 변함이 없어서 항상恒常한 것(영원불변)을 진리라고 말합니다. 이것을 깨달음의 세계(불교)에서는 '진여眞如' 또는 '법法'이라 합니다. 진여眞如란(범어 tathata)? 우주 만유에 보편普遍한 상주불변하는 본체 또는 모든 현상의 차별을 떠나서 있는 그대로의 참모습을 이르는 말입니다. 그래서 "내 생각을 빼고 있는 그대로를 보는 것이 진여를 보는 것이다."라는 말입니다.

　역사적으로 인류는 "무엇이 진리다."라고 많은 말을 해 왔습니다. 특이하게도 깨달음의 세계에서는 "법法(진리, 진여眞如)을 법이라 말하면 그것은 이미 법이 아니다."라고 말하면서, "개구즉착開口卽錯(입을 여는 순간 곧 틀리다. 말을 하면 그 참모습과는 어긋난다.)이며, 언어도단言語道斷(말로는 도저히 표현할 수 없는 심오한 진리)이며, 심행처멸心行處滅(분별, 망상이 끊어진 상태. 마음 작용이 소멸한 상태.)이며, 교외별전敎外別傳(언어를 떠나 마음에서 마음으로 깨달음을 전하는 것)이며, 불립문자不立文字(문자로는 깨달음을 세울 수 없다)다." 하였습니다.

진리가 도대체 무엇이기에 이런 말을 했을까요? 진리는 여러 개가 있을 수는 없습니다. 오직 하나만이 진리가 될 수 있습니다. 다시 말해서, 하나의 진리가 어떠한 것과도 걸림이 없이 모든 것과 하나로 소통(회통, 통섭)이 되어야 한다는 말입니다. 그 진리는 바로 ["만상은 공空으로부터 나왔기 때문에 있는 그대로 다 공空하다. 공하다는 의미는 변한다, 바뀐다, 즉 모든 것은 고정불변이 아니기 때문에(무자성無自性) 그 어떠한 것도 다 가능하다(전지전능全知全能).") 이것만이 우주(법계法界)의 진리이고, 진여의 성품입니다. 그러므로 진여는 만상을 만들어 내는 에너지라 할 수 있으며, 진여의 작용은 어떠한 것으로부터 간섭받지 아니하고 인연(조건, 주어진 여건) 따라 스스로 그렇게 하고 있을 뿐입니다. 이 말을 '제행무상諸行無常(우주 만물은 항상 돌고 변하여, 잠시도 한 모양으로 머무르지 않는다.)'이라고 합니다. 따라서 모든 원리는 이 하나의 진리로부터 비롯된 것입니다.

모든 것은 변한다(무상無常: 항상 하지 않다)는 것이 우주의 진리이기 때문에 인간의 몸을 비롯한 모든 물질(존재)과 마음(생각)은 생주이멸生

住異滅(생겨나고, 머물다가, 변하여, 소멸하는 모습.)하고 우주는 성주괴공成住壞空(생성되고, 머무르다, 파괴되고, 없어진다.)을 반복하면서 영원히 흘러가는 것(윤회, 무시무종無始無終)입니다.

이와 같이 성주괴공은 우주의 양상을 제행무상의 원리로 설명한 것이며, 생주이멸은 만물의 양상을 제행무상의 원리로 설명한 것이고, 생로병사는 인간의 삶을 제행무상의 원리로 설명한 것입니다.

제행무상이 진리이기 때문에 "무엇이든 이것이 진리다."라고 단정 지어 말하면 이렇게 한 말은 변하지 않아야 하기 때문에 변한다는 진리에 어긋나고 맙니다. 그래서 '개구즉착'이고 '언어도단'이라 말하는 것입니다.

모든 것은 바뀌는 과정에 그냥 바뀌는 것이 아니라 이것은 저것에게 저것은 이것에게 서로 주고받는 관계 속에서 바뀌기 때문에 이것은 저것으로 말미암아 있고 저것은 이것으로 말미암아 있게 됨으로 이것이 없어지면 저것도 없어지고 저것이 없어지면 이것도 없어지는데 이러한 현상의 법칙을 '연기법緣起法'이라 합니다.

서로 주고받아야 하기 때문에 반드시 상대방(대상, 경계)이 있어야 하며 이것을 '인연因緣'이라 합니다. 이때 서로 주고받는 행위의 결과를 '업業'이라 하며, 연기의 현상은 일회성으로 끝나는 것이 아니라 끊임없이 일어나기 때문에 '윤회'라 합니다. 따라서 업은 윤회의 주체가 되며, 업이 윤회할 때는 반드시 '선인선과善因善果 악인악과惡因惡果(좋은 인연을 지으면 좋은 결과가 오고, 나쁜 인연을 지으면 나쁜 결과가 온다.)'로 되돌려받기 때문에 '자업자득'이라 합니다.

윤회라는 말도 근본도리(본질, 진여의 입장)로 보면 맞지 않는 말입니다. 시간을 과거(전생), 현재(금생), 미래(내생)라는 개념으로 나누었을 때 어쩔 수 없이 필요한 말이기 때문입니다. 시간은 본래 무시무종無始無終이기 때문에 물 흐르는 것과 같아서 나누려야 나눌 수 없는 것이므로 윤회라는 말은 본래 없는 말입니다.

"모든 것은 변한다(무상無常).", "모든 것은 서로 주고받는 연기적인 존재다(연기緣起)." 그렇기 때문에 "모든 것은 독립되어 고정된 스스로의 성품이 없다(무자성無自性)." 따라서 "'나(아我)'라고 할 만한 것은 없다(무아無我).", '나'라고 하는 것은 있기는 하나 '나' 아닌 요소로 되어 있는(비아非我) 가립假立된 존재存在다." 이 모든 현상을 "공空 하다."라고 말하기 때문에 '무상공無常空', '연기공緣起空', '아공我空', '법공法空'이라 합니다.

"모든 것은 변한다."라는 하나의 진리에서 이와 같은 모든 존재의 원리가 나오고, 이 모든 원리는 '중도中道'라는 하나의 말로 모아지고(회통, 융합, 소통, 화합), "만상은 중도이기 때문에 본질적으로는 하나다(불이不二 : 둘이 아니다, 불이不異: 다르지 않다, 즉화卽化: 같다)."라는 말이므로 이 또한, 진리입니다.

무자성의 원리가 진리라는 사실을 과학적으로 밝혀낸 것은 20세기에 들어서면서부터 등장하기 시작한 양자물리학에서 찾아낸 빛(광양자, 소립자)의 이중성(상보성)입니다. 빛은 관찰자가 관찰하지 않으면 파동의 성질로 나타나고 관찰하면 입자의 성질로 나타난다는 사실입니다. 이 사실은 자연은 논리적으로 양립될 수 없는, 즉 서로 상반된 성질을 둘 다 갖추고 있다는 말입니다. 다시 말해서, 자연의 모든 것을 보다 더 정확하게 설명하기 위해서는 어떤 하나의 논리만으로는 불가능하기 때문에 상반된 두 가지의 논리가 동시에 필요하다(상보성)는 뜻입니다.

상반되는 것이 있다는 것도 고정되어 있지 않고 변하기 때문에 가능한 것입니다. 상반되는 것이 있는 것은 인간의 문제일 뿐, 인간을 제외한 다른 것들에는 없을 뿐 아니라 근원적으로는 본래 없습니다. 다만, 인간의 개념에 의해 만들어졌을 뿐입니다. 행복이 있다는 것은 불행이 상대적으로 있기 때문이고, 행복은 불행이 변함(극복)으로써 생기는 것입니다. 그래서 분별해서 보면 모든 것은 다 다르나 분별하지 않고 근원적(진여의 입장)으로 보면(내 생각을 버리고 있는 그대로 보면) 그것은 그것일 뿐입니다. 따라서 만상은 둘이 아니다(불이不二), 다르지 않다(불이不異), 같다(즉화卽化)는 말도 '제행무상'의 진리에서 나온 진리를 대변하는 말입니다.

무자성의 원리를 증명해 주는 자연(광양자, 빛, 전자, 소립자)의 이중성이 왜 일어나는지는 현대물리학(양자역학)으로도 전혀 알 길이 없기 때문에 물리학자들은 "자연의 수수께끼(비밀)." 또는 "신이 부리는 요술."이라 말하고 있습니다.

이중성을 처음 발견했을 때 물리학자들은 하나의 전자가 넓은 공간에 퍼져 있기 때문에 일어나는 현상이라고 생각했습니다. 그러나 관찰하면 언제나 전자는 하나의 점點과 같이 공간적 크기를 갖지 않는 점입자(Point Particle)였으며, 입자가 어느 곳에 있는지를 관찰하지 않으면 하나의 점이 동시에 여러 곳에 있는 것처럼 행동하고, 열린 공간이라면 전 공간에 퍼져 있는 것처럼 행동하는 것이었습니다.

이러한 자연의 이중성은 논리적으로는 맞지 않으나 어쨌든 관측결과
(현상)는 그렇게 나오는 것이기 때문에 과학이론은 아니며, 현재로서는
그냥 관찰결과가 그렇다고 받아들일 수밖에 없습니다. 진여(진리)의 세
계, 즉 연기의 세계는 이래서 깊고도 깊고 복잡하고도 복잡한 것입니다.

그래서 물리학자들은 이중성에서 말하는 파동은 실체(매질媒質)가 없
는 파동으로 해석하면서 '확률파確率波'라 이름 하고 이론을 정립하였습니
다. 이러한 이유로 확률파의 이론적 해석은 어렵다고 말하는 것이 당연
하다고 봅니다. 삼라만상은 본질적(양자적)으로 이렇게 행동하고 있기 때
문에 있는 그대로의 것을 본(관觀) 깨달은 사람들은 진여(진리)의 세계는
"개구즉착開口卽錯이요, 불립문자不立文字요, 언어도단言語道斷이요, 심행처멸
心行處滅이요, 교외별전敎外別傳이다."라고 말한 것입니다.

이와 같이 아직은 과학(학문)으로 풀지 못하는 문제를, "모든 것은 변
한다(제행무상諸行無常)."라는 하나의 진리에서 비롯되는 원리를 깨달음을
통해 직관적인 통찰력으로 한꺼번에 확실하게 체득體得(증득證得)함으로써
얻어지는 '완성된 중도의 지혜'로 나의 삶과 자연의 원리가 하나 되게 하
여(순리) 최고의 행복(만족), 즉 해탈 열반(구원)에 이르고, 더불어 가장
많은 것을 이익되게 하고자 하는 것(보살菩薩)이 이 강의의 목적입니다.

진여(진리, 법)를 체득(확실한 깨달음)한 완성된 지혜(지혜바라밀)로 만
상을 분별하지 않고(불이不二, 불이不異, 즉화卽化) 있는 그대로 하나로 보
는 해탈 열반의 세계를 '출세간出世間'이라 하고 내 생각(무명無明, 개념, 알
음알이, 고정관념, 아상我相)에 집착해서 있는 그대로의 진리의 세계(진

여)를 보지 못하고 각자의 나름대로 만들어 분별하고 차별하는 어리석은 중생의 세계를 '세간世間'이라 합니다.

출세간의 특징은 너(객관)와 나(주관)의 분별이 없기 때문에 어떠한 차별도 없고 절대 긍정의 세계이므로 어떠한 고통도 없으나, 세간에서는 내 생각과 같으면 옳다하고 내 생각과 다르면 그르다고 분별하고 차별함으로써 항상 분쟁과 다툼으로 인한 고통이 없어지지 않습니다.

학문(과학)은 양자물리학이 등장하기 이전까지(뉴턴역학, 고전 물리학)는 하나의 논리(개념, 학설)로 모든 것을 설명할 수 있다고 생각하였으나 양자물리학이 발달되면서(빛의 이중성, 자연의 이중성) 하나의 개념으로는 모든 것을 명확하게 설명할 수 없다는 것을 조금씩 인식하게 되었습니다. 그러나 지금으로부터 약 2500년 전 인도(지금의 네팔)의 '고타마 싯다르타Gautama Siddhārtha'는 수행(자기계발)을 함으로써 우주(법계)의 진리를 직관적으로 깨닫고 일찍이 자연의 신비스러움(비밀)을 통달하였습니다. 양자물리학이 이 사실을 이제야 알게 된 것입니다. 다시 말해서, 원리(중도)를 체득한 깨달음의 세계에서는 이미 약 2500년 전에 "모든 것은 있는 그대로 다 다르나 각각의 것을 이루고 있는 근본(본질, 진여, 체體)에 있어서는 조금도 다르지 않다(불이不異). 따라서 모든 것은 있는 그대로 평등하기 때문에 어떠한 차별도 본래 없다. 그러므로 모든 것이 '나' 아닌 것이 없고 진리(하나님, 부처, 법, 진여) 아닌 것이 없다." 라고 말한 것을 이제야 양자 물리학이 수많은 소립자를 통해 조금씩 접근해 가고 있다는 말입니다.

이 강의는 인간에 의해 만들어진 모든 개념을 벗어나(버리고, 내려놓고) 있는 그대로의 진리(진여)를 탐구함으로써 우리도 큰 깨달음(자기계발)을 얻고 '완성된 중도의 지혜'로 영원히 행복할 수 있는 삶(구원)을 살아가고자 함입니다.

　과학(학문)이 발달되기 이전에는 신神이 있다고 믿으면서 신에 대한 경배심敬拜心(믿음)이 강했기 때문에 신의 가르침(말씀)에 순종함으로써 구원받고 영원한 행복을 누릴 수 있다고 믿었습니다. 그러나 과학이 급속도로 발전하면서 인류의 궁금증이 하나씩 풀어지고 과학이 인간에게 주는 즐거움이 점차 늘어나면서 신에 대한 신앙심(경배심)은 흐려지고 인간에게 행복(유토피아)을 가져다줄 수 있는 대상이 정신적인 것(신불神佛을 경배하는 것, 신의 나라, 천국)에서 물질적인 것으로 옮겨갔습니다. 그러나 물질도 영원한 행복을 가져다줄 수 없다는 사실을 알고 난 다음부터는, 행복이란? 물질도 아니요, 신불神佛을 경배하고 그들에게 구원받는 것도 아니요, 그 어떠한 대상에 있는 것이 아니라 오직 내 마음가짐에 있다는 사실을 알게 된 것입니다.

　"범사에 감사하라, 긍정적으로 받아들이라, 남과 비교하지 마라, 사랑하라, 내 탓이요, 나누는 삶을 살아가라, 무소유."와 같은 말을 실천하는 삶이 가장 행복한 삶이라는 것입니다. 그러나 이것을 실천한다는 것이 쉽지 않다는 사실입니다. 이러한 가르침이 어디로부터 나온 것인지 그 원리를 모르고 의식적(결심)으로 하기 때문에 금방 한계에 부딪히고 맙니다.

　진리로부터 나온 원리를 깨닫게 되면 지혜(통찰력)가 생기고 그 지혜로 세상을 살게 되면 생활화되어 이러한 가르침을 힘들이지 않고 실천할 수 있게 됩니다.

'아인슈타인'은 이렇게 말했습니다. "종교 없는 과학은 불구자이고, 과학 없는 종교는 맹목적이다." 이 말은 "우주적 종교 감각이야말로 과학적 탐구의 가장 강렬하고 숭고한 동기라고 생각한다. 종교적 신앙은 대체로 무조건적 믿음을 중시하거나 방편설에 치중함으로 자연의 이법理法을 경시한다. 따라서 자연의 진리를 다루는 과학이 없는 종교는 맹목적이다." 라는 의미로서 종교(형이상학)와 과학(형이하학)을 분리시켜 보던 지금까지의 개념은 더 이상 의미가 없으며, 빛(전자, 소립자)의 이중성에서 보았듯이 입자(유有)와 파동(무無)을 분별하지 않고 하나로 보아야 모든 것을 보다 더 명확하게 알 수 있다는 말과 같습니다. 이와 같이 양자물리학이 등장하면서 가장 많은 변화를 가져온 것으로는 모든 것을 분리해서 보던 개념을 하나로 통합해서 상의상관성相依相關性(인연화합 因緣和合, 연기緣起)으로 보는 개념으로 바뀌었다는 사실입니다.

오늘날 과학은 새로운 많은 학설을 발표하고 있습니다. 깨달음(진여, 진리)은 무엇으로 분석하고 파헤치고 정리 정돈하는 알음알이가 아닙니다. 자연(진여)이 스스로 그냥 그렇게 순환(변화)하면서 존재하고 있듯이 깨달음도 내 생각(알음알이, 고정관념, 지식, 무명無明)으로 만들어보지 않고 있는 그대로를 그냥 바라보는 것입니다. 깨달음은 몰라서 있는 그대로 보는 것이 아니라 훤히 다 알고 있기 때문에 그냥 보는 것입니다. 이것은 분별하지 않고(무분별無分別) 무심無心(무집착)으로 보는 것을 말하는데 『금강경』의 "응무소주應無所住 이생기심而生其心(마땅히 머무는바 없이 마음을 내라)하라."는 말과 그 뜻이 같습니다. 이렇게 보면 어떠한 것과도 다툴 일이 없습니다. 있는 그대로 본다는 것은 어떤 것이든 다 받아들이는 절대 긍정을 의미하기 때문입니다. 이것이 진여의 입장(전체의 입장)에서 자연을 바라보는 것입니다. 양자물리학이 발전하면서 진리(진여, 존재의 원리)에 대해 많은 사람이 과학적으로 수많은 말들을 쏟아내고 있습니다. 그러나 학설은 자꾸 바뀌고 진리를 깨닫기는 어렵기 때문에 학설(과학)로서 진여(진리, 원리)를 "무엇이다."라고 단정 지어 말하면 자칫 오류를 범하기 쉽습니다. 물론 오류가 생긴다 할지라도 이러한 시도 자체는 매우 의미 있는 일이기는 합니다.

그동안 모르고 있다가 양자물리학에서 밝혀진 한 가지 확실한 것은 자연의 '이중성(상보성)', 즉 어떤 하나의 고정된 개념(학설)만으로는 자연을 정확하게 말할 수 없다는 사실입니다. 따라서 이 강의에서는 자연의 핵심인 '이중성'과 깨달음의 세계에서 핵심적으로 말하는 '중도中道'와 소통(회통)시키고자 합니다. 다시 말해서, 과학에서 알아낸 자연의 본질(이중성, 상보성)과 깨달음의 본질(중도)이 둘이 아님(불이不二)을 말하고자 합니다.

만상은 진여(진리)의 작용, 즉 원리에 의해서 만들어져 겉으로 드러난 모습입니다. 이 모습이야말로 진정한 기적입니다. 존재의 모습보다 더 경이로운 것은 없기 때문입니다. 따라서 "모든 것은 있는 그대로 하나도 빠짐없이 진여(하나님, 진리, 부처, 법法) 아닌 것이 없다."는 말입니다. 이 사실을 확실하게 아는 것이 깨달음입니다. 따라서 본래 하나도 부족함이 없이 완벽하게 다 갖추어져 있기 때문에 '얻을 바 없다'는 사실을 깨닫는 것입니다.

있는 그대로 본다는 것은 내 생각을 죽이고 보는 것입니다. 이중성은 인연(조건, 여건, 원인)에 따라 스스로 그러한 자연의 법칙(원리)이기 때문에 그냥 본래 그러하다는 사실을 인정하고 받아들여 내버려 두는 방법 외에는 다른 도리가 없습니다. 이유는 무엇에 의해서 만들어진 것이 아니기 때문입니다. 결국, 과학도 분석하고, 해명하고, 증명하고, 도전하다가 마지막에는 본래 그러한 것(진여, 진리)은 어떠한 것(인간의 생각, 개념)으로도 그 당체를 똑같이 나타낼 수 없다(증명할 수 없음)는 사실(인간의 한계)을 알게 될 것입니다. 그러므로 이 강의에서 하는 어떠한 말도 진여의 당체는 될 수 없습니다. 다만, 진여를 깨닫게 하기 위한 하나의 문자 방편의 역할(인연을 맺어주는 역할, 찾아가는 길)을 할 뿐입니다. 진여는 머리로 아는 지식(학문)이 아닙니다. 수행(자기계발)을 통해 체득體得(증득證得, 확철대오廓徹大悟)하는 것이며, 체득하고 나면 자기만의 독창적인 언어로 개개인의 근기에 적합한 수많은 방편의 말을 할 수 있는 능력이 생기게 됩니다.

과학(학문)으로 진여를 직접적으로 "진여란 이러한 것이다."라고 증명해 보일 수는 없을 것이나 진여의 작용을 연구 발전시킴으로써 우리의 생활을 보다 더 편리하게 할 것입니다. 깨달음은 진여를 관觀(마음으로 깊게 보고 확실하게 아는 앎)함으로써 정신적으로 만족감(자족自足)을 얻게 하여 영원한 행복(구원, 해탈, 열반)을 얻게 할 수는 있으나 반도체를 만들고 생활을 윤택하게 하는 물질을 만들 수는 없습니다. 따라서 정신적인 것(형이상학, 종교)과 물질적인 것(형이하학, 과학)을 골고루 발전시켜야 할 것입니다. 이것은 자연의 이중성, 즉 있는 그대로를 다 포용하는 중도의 원리(진리)를 따라야 된다는 의미입니다.

깨달음의 세계(정신세계)를 다루는 언어(문자방편, 깨닫게 하기 위한 수단)와 경험세계의 물질현상을 인간의 이성으로서 파악하려는 자연과학의 언어(학설)를 그 외형적인 유사성으로 인해 지나치게 하나로 합치려 하는 것은 아직은 조심스럽게 하여야 합니다. 자연과학의 어떤 구체적인 발견이 깨달음의 어느 특정한 부분을 입증하는 것으로 성급하게 결론짓는 것은 삼가야 하며, 또 깨달음을 체득하는 것이 어떠한 과학보다도 더 과학적이라는 사실에 우월감을 가지거나 머물러서도 안 됩니다. 그것은 깨달음 스스로 "모든 것은 변한다."는 진리를 외면하는 결과를 초래할 뿐이기 때문에 중도의 원리를 거슬러 지혜롭지 못한 일이 되고 맙니다. 따라서 깨달음(진리)을 얻을 수 있는 인연을 만들어 주는 문자 방편도 그 시대에 따라 알맞게 바꾸어야 합니다. 다만, 아무런 관련성이 없어 보이던 깨달음의 세계와 학문(과학)이 서로 만나기 시작했고 그러기에 더욱 서로를 필요로 할 것이라는 점과 깨달음의 세계에서 말하는 전체적인 흐름이 양자역학의 흐름을 무리 없이 수용할 수 있다는 점에서 상호보완적(상보성, 중도적)으로 이해되어야 합니다.

과학은 깨달음의 세계에서 체득되는 '중도中道'의 깊은 의미를 늘 되새겨 보아야 할 것이고, 깨달음의 세계는 지난날 과학이 발전되지 못했던 시대의 수행 방편에서 벗어나 오늘날 획기적으로 발달한 과학을 반영시켜야 할 것입니다. 그리하여 이 시대를 살아가는 진리를 깨닫고자 하는 수행인(자기계발)으로서는 깨달음의 세계관이 서구과학문명의 모순과 한계를 어떻게 극복하고 인류의 미래를 함께 열어갈 수 있을까에 대한 적극적이고 진지한 노력이 있어야 할 것입니다.

- 네이버 블로그 글 참고 -

자! 이제 자연(법계)의 진실을 깨달음의 세계에서 약 2500년 전 '고타마 싯다르타'께서 깨달음으로 관觀하신 내용과 현대물리학(양자역학)이 밝혀낸 자연의 성품(비밀, 수수께끼)을 하나로 회통시켜 논리적으로 말해 보겠습니다.

깨달음의 세계에서는 우주의 근본을 '진여'라 말하고 이것을 '참 마음'이라 했습니다. 진여를 물리적으로 설명한다면, 모든 것을 가능하게 하는 일종의 에너지이며 이 에너지의 작용으로 모든 존재가 존재할 수 있기 때문에 본래 언어 문자(일체의 개념)로는 "이것이 진여다."라고 나타낼 수 없으므로 개구즉착開口卽錯입니다.

빅뱅이 우리가 속해있는 우주의 시작이며 빅뱅은 진여의 작용으로 일어난 현상입니다. 만일에 빅뱅이 우주의 근원(시작)이 아니고 다른 것이 우주의 근원이라는 새로운 학설이 나온다면 그것도 역시 진여의 작용(연기법 緣起法)에서 비롯되었다는 사실에서 벗어나지는 못할 것입니다.

빅뱅이 일어나고 3분이라는 시간이 흘렀을 때 지금의 우주가 형성될 수 있는 모든 조건을 거의 다 갖추었습니다. 우주 전체로 볼 때 수소 75%와 헬륨 25%가 이 시기에 형성되었기 때문이며 나머지 원소들은 수소와 헬륨의 양에 비하면 극소수 일 뿐이기 때문에 우리는 이것을 '최초의 3분'이라고 합니다. 따라서 모든 소립자(미립자)는 빅뱅, 즉 진여의 작용에 의해 만들어진 것입니다. 소립자는 만물을 구성하고 있는 가장 작은 알갱이들이며 이 알갱이들이 인연 따라 모이고(생生) 흩어지는 것(멸滅, 사死)이 모든 존재의 모습입니다.

진여의 성품을 저자는 '원리'라 이름 하고, 만상은 이 원리를 근본바탕으로 만들어졌기 때문에 원리는 어디에나 똑같이 들어있는 만상의 공통점입니다. 그래서 만상을 진여(원리, 체體, 본질, 진리, 법法)의 입장에서 보면 있는 그대로 둘이 아니다(불이不二), 다르지 않다(불이不異), 같다(즉화卽化)고 말하는 것은 너무나 당연한 일입니다.

진여는 모든 것을 다 가능하게 하는 능력을 지니고 있기 때문에 진여의 작용으로 인해 만들어진 소립자(미립자) 또한 진여와 같은 능력을 갖추고 있습니다. 그러나 진여와 소립자는 그 작용에 있어서는 매우 다릅니다.

진여는 우주 전체를 하나로 묶어서 우주를 하나의 생명공동체로써 다스리기 때문에 인연(조건, 상항, 여건) 따라 누구의 간섭도 받지 않고 스스로 그 능력을 발휘할 수 있는 인간의 상상을 초월하는 무한대의 에너지입니다. 소립자 하나하나에도 무한한 가능성은 갖추어져 있으나 그 가능성을 스스로 작동시키지는 못합니다. 다만, 다른 소립자와 소통함으로써 영향을 받아 반응할 뿐입니다. 지금 많은 사람에 의해 가장 잘못 전해지고 있는 부분이 바로 여기에 있습니다. 마치 소립자 하나하나에 인식할 수 있는 기능(지능)이 있어 소립자가 인간의 마음을 척척 읽어내는 것으로 전해지고 있는 경우가 대부분입니다.

소립자는 수많은 알갱이들이 모여 어떤 기능을 발휘할 수 있는 하나의 개체로 거듭났을 때 다른 개체와 주고받는 관계성(연기緣起)으로 연결되면 비로소 자기의 기능을 스스로 발휘할 수 있습니다. 예를 들어, 인간의 몸을 구성(오장육부)하고 있는 최소한의 단위는 모두 소립자입니다.

이 소립자가 오장육부라는 각 기관을 만들고 각각의 기관은 서로 연결(연기, 관계성)되어 작용함으로써 한 사람의 생명이 유지될 수 있다는 말입니다. 또한, 소립자는 인간이 간절하게 소망하면서 꾸준한 노력을 하면 거기에 반응을 일으키기도 하며, 특히 한번이라도 인연을 맺은 소립자끼리는 시간과 공간에 관계없이 서로 정보를 주고받는다는 사실이 과학으로 밝혀졌습니다.

이 문제는 소립자를 말할 때 상세하게 서술하겠습니다.

진여의 성품인 원리에는 무상無常의 원리, 연기緣起(인연因緣)의 원리, 무자성無自性의 원리, 무아無我의 원리, 공空의 원리, 업業의 순환(윤회)원리가 있으며 각각의 원리는 서로 연기되어 하나로 통하기 때문에 중도中道의 원리로 회통됩니다. 그래서 고타마 싯다르타께서 큰 깨달음을 얻고 맨 처음으로 하신 말씀이 "나는 중도를 정등각正等覺(일체의 참된 모습을 깨달은 더할 나위 없는 지혜)했노라."입니다.

진여의 작용에 의해서 소립자가 만들어졌기 때문에 진여의 성품과 소립자의 성품은 같습니다.

소립자는 자연을 구성하고 있는 최소구성 물질이기 때문에 소립자의 성품은 곧 자연의 성품(본질, 원리)입니다. 그렇다면 양자물리학에서 밝혀낸 소립자의 성품은 무엇일까요? 소립자의 '이중성(상보성), 불확정성, 확률파(이중성에서의 파동), 중첩, 모든 가능성'이 그것입니다. 앞으로 자세하게 설명될 것이지만 이 모든 성품이 '중도의 원리'와 거의 흡사합니다. 이로써 깨달음의 세계에서 말하는 원리를 오늘날 양자물리학(학문)

이 하나씩 증명해 내고 있는 것입니다.

진여는 인간의 모든 개념을 벗어나 있기 때문에 언어 문자로 나타낼 수 없지만, 진여의 성품인 원리에 대해서는 확실하게 말할 수 있는 것이며, 우리는 이 원리를 방편으로 삼아 깨달음으로써 진여를 체득(증득)할 수 있는 것입니다.

이러한 이유로 진여는 참마음이요, 진여의 작용으로 만들어진 것은 소립자요, 그러므로 진여의 성품과 소립자의 성품은 같으며, 그 성품을 원리라 하며, 소립자는 우주 만상의 최소구성 물질이기 때문에 진여(소립자, 원리, 진리, 본질, 체體)의 입장에서 보면, 만상은 각기 다른 모습(상相, 용用)으로 나타나 있지만, 그 모습 있는 그대로 둘이 아니고(불이不二), 다르지 않기 때문에(불이不異), 같다(즉화卽化)고 말하는 것입니다.

진여와 소립자와 원리(성품)의 관계는 마치, 기독교에서 말하는 "성부聖父와 성자聖子와 성령聖靈은 그 자리는 다르나 하나다."라고 하는 '삼위일체三位一體 사상'과 같고, 불교에서 말하는 "법신法身, 보신報身, 화신化身은 비록 몸은 다르나 하나다."라고 하는 '삼신일체三身一體 사상'과도 같습니다.

이 관계를 삼위일체 사상으로 본다면, 진여는 성부요, 소립자는 성자요, 원리는 성령입니다. 성령은 현존하는 성부(하나님)와 성자(예수님)입니다. 그러므로 "성령이 나에게 임할 때 비로소 구원받을 수 있다."는 말은 "원리를 체득(깨달음)하고 그것을 실천에 옮겨야 비로소 구원받을 수 있다."는 뜻이 됩니다.

삼신일체 사상으로 본다면, 진여는 법신을 뜻하고, 원리는 보신을 뜻하고 소립자는 화신을 뜻합니다. 따라서 원리(보신)를 통해서(인연) 진여(법신)를 체득하면 해탈(열반, 구원)에 이를 수 있다는 말입니다.

이와 같이 하나님과 법신을 진여라는 하나의 말로 통합시키면 모든 종교적인 논리는 가장 조화롭게 됩니다.

우리는 종교가 다 다르다고 말하면서 내가 믿는 종교가 가장 좋다고 생각하기 때문에 분별하고 차별해서 서로 배척하고 있습니다. 이것은 원리를 모르는 어리석음에서 나오는 현상입니다.

이러한 이유로 깨달음의 세계에서는 "모든 것에는 중도를 체득할 수 있는 무한한 가능성(불성佛性)이 있다(일체중생一切衆生 개유불성皆有佛性)." 고 하였습니다. 이유는 만물은 무한한 가능성을 갖추고 있는 소립자가 본질(체體)이기 때문입니다.

한 가지 특이한 점은 깨달음의 세계에서는 수천 년 전부터 진여를 참마음이라 하면서, 우주 전체를 마음의 본바탕인 제8아뢰야식(무의식, 모든 업業을 저장하는 창고)에 비유하였습니다. 아뢰야식에는 무한한 가능성이 잠재해있는데 이것을 계발하는 것이 수행(자기계발)입니다.

이것을 양자물리학자들은, 소립자는 무한한 가능성을 지니고 있다는 사실을 알고, "도대체 소립자를 누가 창조해 냈을까?"라는 의문에 대해 독일의 노벨물리학상 수상자인 플랑크Max Planck는 "고도의 지능을 가진 배후의 마음이 존재한다."고 하였으며, 아인슈타인Albert Einstein은 "우주에는 인간의 상상을 초월하는 거대한 마음이 있다."고 말했습니다.

1965년 노벨물리학상을 공동 수상한 미국의 이론물리학자 리처드 파인만(Richard Phillips Feynman, 1918.5.11~1988.2.15)은 "양자론은 논리와 상식으로는 이해되지 않는 신비한 과학체계다."라고 말했습니다. 이 말은 자연은 인간의 개념을 뛰어넘는 기기묘묘奇奇妙妙한 세계라는 뜻이기도 합니다. 일반적으로 우린 우리가 볼 수 있고 만질 수 있는, 즉 오감으로 느낄 수 있는 어떤 인식 가능한 것들을 현실로 알고 있습니다. 그러나 우리가 인식하는 현실 너머의 '무한한 의식(마음)'이 있다는 사실을 알아야 합니다. 그것이 양자물리학 이론입니다. 여기서 '고도의 지능을 가진 배후의 마음', '인간의 상상을 초월하는 거대한 마음', '현실 너머의 무한한 의식'이란? 깨달음의 세계에서 말하는 '진여(하나님, 법신, 부처)'를 의미한다고 보아야 할 것입니다.

- 김상운 저『왓칭』참고 -

모든 것은 무상無常(항상하지 않다. 변한다.)하기 때문에 시작(기원)이 있고 끝이 있습니다. 고정되어 있다면 시작도 끝도 없습니다. 다만, 시작과 끝이 일회성이 아니고 계속해서 반복(윤회)되기 때문에 전체적으로는 시작도 없고 끝도 없는 것입니다.

기원基源(시작)이 있다는 것은 학문을 하는데 있어서 매우 중요합니다.

* 이 강의에서는 이러한 자연의 원리를 있는 그대로 드러내고 원리를 깨달음으로 체득하고 얻어지는 완성된 중도의 지혜로 세상을 살아가게 함으로써 모든 고통으로부터 자유로워지는 해탈(열반)의 삶을 살 수 있도록 하고자 합니다.

* 진리의 다른 이름 *

인간은 모든 것에 이름을 붙여 놓고 "그것은 무엇이다."라고 함으로써 의사소통을 합니다. 이것을 깨달음의 세계에서는 '명자상名字相'이라고 합니다. 따라서 '진리'라고 하는 것도 인간이 "그것은 진리라고 이름 하자."라고 약속한 것입니다. 세상에 존재하고 있는 어떠한 것도 스스로 "내 이름은 무엇이다."라고 말한 것은 없습니다.

진리를 의미적으로 나타내는 말에는, 신神을 모시고 있는 종교에서는 신을 진리라 하고, 신을 모시지 않는 종교(불교)에서는 진여眞如라고 합니다.

신은 헤아릴 수 없을 정도로 그 숫자가 많고 진여라는 말도 다른 이름이 여러 개 있습니다.

진리에 대해 공통적으로 말하는 것은 세상을 만든 '창조주'라는 데 있습니다. 종교 갈등은 이 문제로부터 시작됩니다. 진리(창조주)가 세상을 어떻게 만들었느냐를 놓고 종교마다 이론이 다 다르며, 종교마다 진리라고 규정한 신앙의 체계(교리)에 있어서는 서로 자기 종교의 교리(가르침의 말씀)가 가장 정확하다고 주장하기 때문입니다.

진리에 대해서는 어떠한 말을 해도 그것은 진리가 될 수 없습니다. 뿐만 아니라 인간의 오감(눈, 귀, 코, 혀, 몸)으로 느낀 것을 언어 문자로 제아무리 명확하게 설명한다고 할지라도 직접 체험해 보는 것과 같을 수는 없습니다. 따라서 깨달음(견성見性)도 체험으로 느끼는 것이기 때문에 체득體得 또는 증득證得이라고 합니다. 그래서 깨달음의 세계에서는 명자상名字相으로부터 벗어나야 해탈解脫할 수 있다고 합니다.

우주 만상은 진리(법法)에 의해 만들어진 진리의 다른 모습이기 때문에 넓은 의미에서 보면 진리 아닌 것은 단 하나도 없습니다. 모든 것은 있는 그대로 불이不二(不異)라고 하는 이유도 바로 여기에 있습니다. 이러한 진실(있는 그대로의 모습)을 확실하게 체득하면 그것이 깨달음(견성)입니다. 그래서 어떠한 것도 언어 문자로 정확하게 나타낼 수 없으므로 깨닫고 나면 언어 문자(문자 방편)는 버리라는 것입니다. 이 공부를 무학無學이라고 하는 까닭이 여기에 있습니다.

인류 역사상 종교로 인한 분쟁은 수없이 많으며 지금도 끊이지 않고 일어납니다. 심지어 가족 간에도 일어나고 있는 현실입니다. 이러한 이유는 진리가 무엇인지를 모르는 어리석음 때문입니다.

깨닫는다는 것은 진리(원리)를 깨닫는 것이라는 사실을 잊어서는 안 됩니다.

제 14 강

기원基源(시작)이 있다는 것의 의미

형이상학(종교적 개념: 불교)으로 볼 때 우주는 순환원리에 의해 순환하고 있기 때문에 시작도 없고 끝도 없습니다(무시무종 無始無終). 그러나 형이하학(과학)으로 보면 시작이 있기 때문에 언제인지는 몰라도 끝이 있을 것입니다. 우주의 시작에 대해서는 과학적으로도 여러 가지 학설이 있기는 하지만 아직까지는 '빅뱅(Big Bang: 대 폭발)설'이 가장 유력합니다.

지금 태양계가 속해있는 우주의 시작이 빅뱅이므로 빅뱅이 우주의 기원起源입니다. 시작도 없고 끝도 없는 순환원리란? 인연(연기緣起, 여건 상황) 따라 일어남(생生, 모이고)과 사라짐(멸滅, 사死, 흩어짐)의 끝없는 연속(윤회)을 말하기 때문에 이 순환원리 가운데 빅뱅(생生, 시작)이 있었다고 생각하면 이해가 빠르리라 생각됩니다. 다시 말해서, 부분적(개별적)으로 보면 시작도 있고 끝도 있으나 전체적으로 보면 시작도 없고 끝도 없다는 말입니다.

우주를 순환케 하는 근원을 깨달음의 세계에서는 '진여眞如'라 하고, 진여의 성품(원리)은 무상無常, 연기緣起(인연생기 因緣生起), 공空, 무자성無自性, 무아無我, 업業의 순환(윤회)이며 이 말들을 하나로 회통시킨 말이 '중도中道'입니다. 시작이 있으면 반드시 끝이 있으며, 시작과 끝은 진여의 작용이 현상적으로 나타나는 것을 이르는 말입니다.

깨달음의 세계에서 말하는 무시무종의 순환원리로 볼 때 우리가 속해 있는 우주의 시작이 빅뱅이고, 빅뱅으로 말미암아 시간과 공간이 만들어졌으며, 지금도 시간은 흐르고 있으며, 공간은 점점 더 확장(팽창)되고 있습니다. 확장된다는 말은 축소될 수도 있다는 말입니다. 이러한 현상을 시작과 끝이라고 본다면, 빅뱅은 일회성으로 끝나는 것이 아니라 수없이 반복될 수도 있으며, 우리가 속해있는 우주 하나밖에 없는 것이 아니라 여러 개의 우주가 더 있을 수 있다는 '초끈이론'과 'M이론', '평행우주'에서 말하는 '다중 우주론'이 형이하학(과학)에서도 등장하고 있는 현실입니다. 무엇이 애초에 빅뱅을 만들었을까? 과학자들은 빅뱅을 만들어 낸 에너지가 지구가 속해있는 우주가 시작되기 전부터 존재했을 것이라고 말합니다. 다중 우주라고 불리는 시공간 속에 말입니다. 우리는 빅뱅이 엄청난 사건이었다고 생각하지만, 다중 우주 속에서 빅뱅은 항상 일어나고 있는지도 모릅니다. 우리가 사는 우주의 탄생은 단지 작고 무의미한 사건에 불과했을 수도 있습니다. 수없이 많은 다른 우주들이 존재하고 있다면 말입니다. 다중 우주가 거품 같은 우주들을 수없이 만들어 낸다면 우리 몸과 지구에 존재하는 물질들을 형성하는 패턴도, 수없이 반복되고 있을 것입니다. 지금 여러분의 인생이 다중 우주 어딘가에서 똑같이 반복되고 있을지도 모른다는 말입니다.

일찍이 깨달음의 세계에서는 우주를 삼천대천세계三千大千世界라 하였으며, 이것이 하나만 있는 것이 아니라 무한대로 있는 미진수세계微塵數世界가 있다고 하였습니다.

그래서 깨달음의 세계에서는 우주는 "성주괴공成住壞空한다."고 말합니다.

생주이멸과 성주괴공은 인연(조건, 여건, 상황) 따라 모이고(생生) 흩어지는 것(멸滅)을 끝없이 반복하는 것(무시무종)을 말합니다.

무無에서 유有는 불가능한 것입니다. 빅뱅도 유有이기 때문에 유有 이전의 또 다른 유有는 끊임없이 존재할 수밖에 없습니다. 우주는 끊임없는 유有의 순환(연속)입니다.

시작(기원)이 있다는 것은 학문하는 데 있어서나 우리가 삶을 살아가는 데 있어서 매우 중요합니다. 시작은 원인(본질, 근본, 까닭)이기 때문입니다. 원인 없는 결과는 없습니다. 원인을 찾고 원인을 제거하는 것이 모든 문제를 해결하는 지름길이 되기 때문입니다.

학문이 발전하는 과정을 살펴보면, 학문이 발전되면서 차츰 세분화되고 전문화되면 분야별로 근본적인 원리가 밝혀지면서 원리끼리 서로 통하는 공동패턴pattern(공통점)을 발견할 수 있게 됩니다. 공동패턴을 추적하는 과정에서 모든 것은 하나의 기원으로부터 시작되었다는 것을 알게 되고, 기원을 추적해 올라가면 갈수록 시스템system은 간단해진다는 것도 알게 되었습니다.

그 하나의 예로 '진화발생생물학(이보디보 EVO DEVO: Evolutionary

Development Biology)'입니다. 진화생물학과 발생학이 합쳐진 신생 생물학의 한 분야로 유전학, 세포생물학, 생리학, 내분비학, 면역학, 신경생물학, 생화학, 생물물리학 등의 기능생물학 분야와 행동생물학, 생태학, 진화학, 계통분류학, 고생물학, 집단유전학 등을 포함하는 진화생물학 분야 그리고 최근에 새롭게 등장한 생물정보학까지도 하나의 카테고리Kategorie(범주) 안에서 이야기할 수 있게 되었습니다. 바로 '이보디보'가 생명과 관련된 이 모든 학문 분야를 하나로 묶어 나가고 있습니다.

빅뱅이 우주의 기원이라는 것이 밝혀지면서 우리는 많은 것을 알게 되었습니다. 최초의 3분에 이미 75%의 수소와 25%의 헬륨이라는 원소(소립자)가 형성되었으며, 지금과 같은 우주가 형성된 것은, 우주 전체의 온도를 측정해 본 결과 빅뱅 이후 38만 년 후의 우주 전체의 온도는 균일한 것이 아니라 10만 분의 1도의 편차(섭씨 −270.4252도~섭씨 −270.4248도)가 있었다는 사실을 알게 되었고 그 10만분의 1도의 온도의 편차에 의해서 은하계가 만들어지고 태양계가 만들어지고 행성 지구에 유기체라는 형태의 방향성을 갖는 물질시스템이 나오게 되면서 인간도 나오게 된 것입니다.

과학의 발달은 그동안 신神의 영역으로만 알려졌던 창조에 관한 것, 즉 생명을 인위적으로 만드는 것은 물론 우주의 기원인 빅뱅을 빅뱅머신이라고 하는 '거대강입자가속기(LHC, Large Hardron Collider)'를 만들어 유럽 원자핵 공동연구소(CERN)에서 2008년 10월 10일 가동하기 시작함으로써 인위적으로 빅뱅을 만들고 모든 입자에 질량을 부여하는 역할을 하는 것으로 알려진 '힉스 입자(힉스메커니즘)'의 존재를 2013년 10월 4일 확인하였다고 언론을 통해 발표하였습니다.

LHC는 두 개의 양성자 빔을 원형으로 가속하여 고에너지로 충돌시키는 장치로서 이때 충돌에너지는 양성자 자신의 질량보다 14,000배나 높습니다. 고에너지로 충돌한 양성자는 부서지면서 그 내부의 소립자들이 높은 에너지로 충돌하게 되는데 과학자들이 주목하는 부분은 바로 이 소립자들 사이의 고에너지 상호작용입니다.

이 실험에서 일어나는 현상은 빅뱅이 일어난 직후 약 천억 분의 일 초에 해당하는 시기의 에너지와 비슷하기 때문에 LHC는 초기 우주 상태를 재현함으로써 우주의 탄생과 자연법칙의 비밀을 파헤칠 단서를 찾아낸 것입니다.

학문(과학)이 발전되면서 거시의 세계(고전 물리학: 뉴턴역학)에서 미시의 세계(현대 물리학: 양자역학)로 영역이 옮겨짐으로 이제는 중력에 관한 것을 제외한 우주에 존재하는 모든 것을 양성자, 전자, 광자 이 세 가지의 소립자로 다 설명할 수 있게 되었습니다. 결국, 우주 만물은 태초에 빅뱅이라고 하는 한 지점에서 출발하였기 때문에 우주의 근원을 추적해 들어가면 만물은 양자적(소립자)으로 서로 얽혀 있다는 사실(연기緣起)을 알 수 있습니다.

고전 전기역학에서는 전기電氣와 자기磁氣현상을 하나로 합쳐 이들을 지배하는 힘을 전자기력電磁氣力이라 하였으며, 고전 물리학(뉴턴역학)에서는 '힘'이라는 말을 많이 사용하였으나 현대 물리학(양자역학)에서는 '상호작용相互作用'이라는 말을 많이 씁니다.

자연계에는 질량이 있는 물체가 서로 끌어당기는 힘과 관련한 '중력重力(뉴턴의 만유인력)'과 전기나 자기에 의한 '전자기력(맥스웰의 전자기 법칙)'과 원자핵이 붕괴되지 않도록 강한 힘으로 묶어두는 '강력强力(강한 상호작용)'과 물질의 붕괴와 관련된 '약력弱力(약한 상호작용: 한 종류의 기본 입자를 다른 종류의 기본입자로 바꾸는 힘)', 이렇게 네 가지의 기본적인 상호작용(절대적인 힘)이 있습니다. 이 네 가지 상호작용을 '하나'로 보고 모든 자연현상을 하나의 법칙(대통일장이론)으로 통합 기술하는 것이 물리학의 꿈입니다.

물리학자들이 과학의 '마지막 이론(final theory)'이라거나 또는 '만물의 이론(theory of everything)'이라고 부르면서 찾고 있는 '대통일장이론(grand unification theory)'은 알고 보면 일반상대성이론과 양자론을 조화롭게 결합한 이론입니다. 대통일장이론이란? 1974년 '죠지아이'와 '셀든 글래쇼(Sheldon Lee Glashow)'에 의해 제창된 이론으로서 입자물리학에서 기본입자 사이에 작용하는 힘의 형태와 상호관계를 하나의 통일된 이론으로 설명하고자 하는 장(field)의 이론입니다. 이런 궁극적 이론이 있다면 이 이론은 반드시 연기법과 일치되어야 합니다. 우주만물은 양자적(소립자)으로 서로 얽혀 있는 생명공동체이기 때문입니다. 만일에 연기법과 맞지 않는다면 그것은 물리학의 궁극적 이론이 될 수 없습니다. 앞으로 물리학자들이 대통일장이론을 완성하지 못한다면 그것은 그만큼 연기법의 의미가 복잡하고 깊고 깊다는 것을 의미합니다.

대통일장이론에 의해 전자기력, 약력, 강력은 통일되었으나 아인슈타인이 시도하였던 중력과의 통일은 아직 이루어지지 않고 있습니다. 다시 말해서, 중력을 양자화하는 일에 성공하면 대통일장이론을 거의 이루는 것이 됩니다. 그러나 거시세계에서 일어나는 물리현상인 중력과 미시세계에 적합한 양자론, 이 두 힘을 합친다는 것은 결코 쉬운 일은 아닐 것입니다.

아인슈타인의 일반상대성이론은 거시세계의 연기법을 과학이론으로 정립했다고 말해도 무리가 아닐 것이나 미시세계의 현상을 기술하지는 못했습니다. 그리고 양자역학은 중력을 기술하지 못했기 때문에 상대성이론이나 양자론은 모두 자연의 일부만을 기술할 수 있을 뿐, 연기법을 전부 말하지는 못하고 있습니다.

물리학자들은 이 문제를 해결하기 위하여 '끈(string)'이론과 '막(membrane)'이론을 도입하고 있습니다. 기본입자들을 끈의 진동이나 막으로 바라보는 시각입니다. 이는 고차원에서 중력과 양자론을 결합하려는 시도로 '만물의 이론(TOE: Theory of Everything)'이라고도 불리나 실험을 통한 실제적인 끈의 존재를 입증할 수 없다면 수학적 이론에 머물거나 과학이라기보다는 철학적 차원으로 볼 수밖에 없을 것입니다.

깨닫고 보면(진여의 입장에서 보면, 소립자의 입장에서 보면) 모든 것은 있는 그대로 하나며(불이不二, 불이不異) 어떠한 분별도 차별도 본래 없기 때문에 물리학자들이 하나로 통일된 물리이론으로 우주의 모든 것을 설명하려는 궁극적 목표는 언제쯤 이루어질 수 있을까요?

이와 비슷한 내용을 어떤 스님이 조주趙州(778~897) 스님에게 물었습니다.

문) "우주의 모든 것이 하나로 돌아간다고 하는데, 그렇다면 그 하나는 또 어디로 돌아갑니까? (만법귀일 萬法歸一 일귀하처一歸何處)."

답) "내가 청주(칭저우)에 있을 때 삼베 장삼 하나를 만들어 입었는데, 그 무게가 일곱 근이나 나갔다네."

이와 같이 질문의 내용과 전혀 엉뚱한 대답을 하는 이유는, 법을 법이라 말하면 그것은 이미 법이 아니기 때문에 '언어도단'이요 '개구즉착'이라는 말입니다. 법(진리)은 오직 깨달음으로 체득해서 느낌으로 알아야 된다는 것을 말하는 것입니다. 사실 물어보는 사람은 이 말을 듣고 즉시 깨달아야 하나 대개의 경우 깨닫지 못하기 때문에 이러한 엉뚱한 말(격외格外의 말)을 의심해 들어감으로써 훗날 깨닫게 되는데 이것을 '화두참구話頭參究(간화선看話禪)'라 합니다.

여러분도 "그 하나는 또 어디로 돌아가는지?" 참구參究해 보십시오.

현대 물리학과 고전 물리학의 차이는, 기본적인 공식은 같으나 위치와 속도를 동시에 측정할 수 있느냐 없느냐 또한, 에너지와 시간을 동시에 정밀하게 측정할 수 있느냐 없느냐의 문제입니다. 측정할 수 있다고 하면 고전 물리학(뉴턴역학)이고, 측정할 수 없다고 하면 현대 물리학(양자역학)입니다. 이것은 철학적으로도 매우 중요한 사실입니다. 인간이 사물을 인식하는 데는 피할 수 없는 한계가 있다는 뜻인데 불확정성 원리에 의해서입니다. 우리 인간은 빅뱅과 같이 상상을 초월하는 에너지의 작용이 0.00000000000000.......1초와 같이 아주 짧은 시간에 일어나면 불확정성 원리에 의해서 인식하지 못합니다. 그러나 에너지(소립자)로 꽉 차있는 진공에서는 인간이 인식할 수 없는 아주 짧은 시간 안에 무수히 많은 일들(사건)이 벌어지고 있습니다.

결국, 우리가 오감으로 인식할 수 있는 거시의 세계 내부에서 일어나고 있는 미시의 세계는 전혀 모르고 있다는 말입니다. 따라서 현대 물리학(양자역학)에서는 불확정성 원리와 상보성 원리(이중성)와 확률파와 중첩 현상, 즉 모든 가능성을 이야기하지 않을 수 없습니다.

빅뱅은 미시세계에서 일어나는 일이며, 이것으로 말미암아 겉으로 드러난 세상이 우주 만물(현상계, 거시세계)입니다.

학문은 하나하나의 개체(상相, 용用: 정보)를 연구하다가 발전하면 할수록 각각의 공통점(이치)을 발견하게 되고, 그 공통점을 추적하다 보면 하나의 이론(기원, 체體: 본질, 근원, 원리)으로 통합되기 때문에 기원(시작)이 있다는 것은 매우 중요합니다.

깨달음도 마찬가지여서 번뇌, 망상(망념: 상相, 용用: 정보)으로서 번뇌, 망상(망념)을 끊고 진여(체體: 본질, 근원, 원리)를 체득하는 것입니다.

제 15 강

과학과 깨달음

'슈뢰딩거의 고양이'에 대한 논쟁은 논쟁으로 끝나고 과학적으로나 철학적(종교)으로 아직도 결론을 맺지 못하고 있는 이유를 깨달음으로 헤아려 본다면 아래와 같습니다.

세상은 잠시도 쉬지 않고 끝없이 바뀌는 것이 진리이며 이것이 진여眞如(본래부터 있었던 것, 에너지)의 성품(작용)입니다. 고전물리학은 거시세계(3차원의 세계)를 다루기 때문에 원인에 의한 결과가 분명하므로(인과율 因果律에 의한 결정론) 새로운 학설이 발표되고 증명되면 논쟁할 일이 없습니다. 이유는 우리가 경험할 수 있기 때문에 시비가 분명해진다는 말입니다. 그러나 양자물리학은 미시세계(고차원의 세계)를 다루기 때문에 누구도 직접 경험할 수 없으며 인과율을 따르지 않고 모든 것은 가능성만 있을 뿐 확실하게 정해진 것이 없습니다.

'슈뢰딩거의 고양이'와 모든 물리학자의 소망인 '대통일장이론(초끈이론, 평행우주, M이론)'도 거시세계의 과학적인 논리와 미시세계의 과학적인 논리를 하나로 통일시켜 자연계(우주)에서 일어나는 모든 현상을 단 하나의 논리(학설)로 완벽하게 설명하려고 하는 데 있습니다. 때문에 슈 뢰딩거의 고양이에 대한 과학적인 논쟁은 아마도 대통일장이론이 완성되 면 끝이 나리라 봅니다.

거시세계에서 일어나는 일이든 미시세계에서 일어나는 일이든 그것은 모두가 진여의 작용에 의해서 생기는 현상입니다. 진여의 작용은 주어지 는 조건(인연생因緣生 인연멸因緣滅)에 의해서 일어나기 때문에 정해진 모양 (상相)이 없습니다. 그때그때 마다(인연 따라) 다 다르다는 말입니다.

진여의 작용은 인연 따라 스스로 일어나며, 일어날 때는 아무렇게나 일어나는 것이 아니라 진여의 성품, 즉 원리에 의해서 일어나는데 그 원 리를 한마디로 말한다면 바로 '공空(중도中道)'이라는 말입니다. 과학은 지 금 양자물리학이라는 새로운 학문으로 공空에 접근하고 있는 것입니다.

인간은 인간의 알음알이(학문)로 무엇이든 더 알고 싶어 하는 욕망을 가지고 있습니다. 그러나 깨달음의 세계에서는 진여眞如는 인간의 모든 개 념을 벗어나 있기 때문에 내 생각(지식, 고정관념, 알음알이, 아상我相, 무명無明, 망념)을 버리고 있는 그대로 보아야 한다고 말합니다. 따라서 진여의 성품인 공空, 즉 원리는 있는 그대로 보는 것이 가장 정확하게 잘 보는 것입니다. 있는 그대로 본다는 말은, 내 생각(망념, 학설)으로 분별 하지 않고 그냥 본다는 말인데 이것을 '여실如實(실답게)하게 본다(여실지 견 如實知見)'고 합니다.

있는 그대로 본다는 것은 쉽기로 말하면 이것보다 더 쉬운 일도 없지만 어렵기로 말하면 세상에 이것보다 더 어려운 일도 없습니다.

과학(학문)의 특성은 지난날의 학설을 바탕으로 새로운 학설을 발표하고 동시에 실증實證을 하는 데 있기 때문에 지식이 발전하는 것입니다. 이것은 모두가 인간에 의해서 만들어지는 것(생각, 망념)이기 때문에 이것을 버려야 공空(진실, 본질)을 볼 수 있다는 것이 문제입니다. 다시 말해서, 과학은 가설이든 정설이든 헤아리고 내 새워야 하나 공사상(중도사상)은 공(중도)에도 머무르지 않기 때문에(공空도 공空해짐) 어떠한 것도 "이것은 그것이다." 하면서 법法으로 세우지 않습니다. 정해진 법이 따로 없으므로 법을 법이라 하면 그것은 이미 법이 아닌 것입니다. 그래서 어떠한 것도 절대적인 법은 될 수 없습니다. 정해진 법이 없는 것이 진여(법)의 성품입니다. 그런데 슈뢰딩거의 고양이(양자물리학)에서 파동함수(ψ)는 관찰하든 관찰하지 않든 이미 미시세계의 법으로 설정되어 있는 것입니다.

코펜하겐 해석은 양자역학적인 대상이 관찰자의 관찰행위로 말미암아 중첩의 상태(가능태, 파동함수)가 붕괴되고 현실적(현실태)으로는 어떻게 바뀌는가를 설명하고 있습니다. 그러나 깨달음의 세계(중도적인 관점)에서는 관찰하기 전의 중첩된 상태는 실제적으로 존재하는 것이 아니기 때문에 중첩된 상태와 동일한 개념인 파동함수(ψ)도 부정합니다.

코펜하겐 해석에 따르면 관찰하기 전의 고양이의 상태는 파동함수 속에서 죽음과 삶이 중첩상태에 있다고 말하지만, 여기에는 죽은 것도 아니고 살아있는 것도 아니라는 부정적인 해석도 숨어있다는 사실을 알아야 할 것입니다. 그리고 관찰하기 전의 파동함수는 추상적인 수학으로만 존재하는 것일 뿐 물리적으로 실재하는 것은 아니므로 이것(양자역학,

미시세계)을 현실(뉴턴역학, 거시세계)과 결부시켜 논쟁을 벌인다는 것은 처음부터 맞지 않다는 말입니다.

무엇보다 중요한 사실은 파동함수(ψ)라는 개념은 인간의 개념일 뿐 다른 것과는 아무런 상관이 없습니다. 지구상에 인간이 존재하기 훨씬 이전에도 우주는 존재하고 있었다는 사실을 잊어서는 안 됩니다.

깨달음의 세계를 대표하는 중도라는 말은 '완성된 지혜'를 의미하므로 쓰이는 곳에 따라 그 생각을 달리하기 때문에 과학(학문, 논리, 개념)으로는 설명되지 않는 말입니다. 중도는 가장 논리적이면서도 논리를 떠나 있는 묘법妙法이기 때문입니다.

이렇게 말하면, 그렇다면 아무것도 몰라야 공空을 볼 수 있다는 말인가? 바보나 멍청이가 되라는 말인가? 천만의 말씀입니다. 본래 아무것도 몰라서 텅 비어있는 것과 앎으로 가득 채운 다음 비워서 아무것도 없는 것은 하늘과 땅 차이입니다. 이것이 바로 '중도의 원리'입니다. 중도를 체득體得(증득證: 깨달음)하기 위해 수많은 노력(공부)을 하지만 중도를 얻고 나면 중도에도 머무르지 않는 것입니다. 마치 강을 건너기 위해서는 뗏목이 필요하지만, 강을 건너고 나면 뗏목을 버리는 것과 같습니다. 강을 건너고 나서도 무거운 뗏목을 짊어지고 다닌다면 지혜롭지 못하기 때문입니다. 따라서 과학(학문)을 연구하고 익히고 있되 내가 익히고 있는 것에 머무르지 않는 것(무주無住, 무집착無執着)입니다. 중도가 중도에도 머무르지 않는 까닭은 모든 것과 하나 되어 서로 융합함으로써 상생相生을 하기 위함이라는 사실입니다. 이것이 해탈입니다. 과학이나 철학(종교)이 이것을 깨닫지 못했기 때문에 슈뢰딩거의 고양이에서 오랜 세월 논쟁만 있고 그 답을 찾지 못하는 것입니다. 가득 채운 것을 비우면 그 비운 자리에서 끝없는 지혜가 솟아나는 것이 '진공묘유眞空妙有'입니다. 이 강의에서 이루고자 하는 바도 '완성된 중도의 지혜'를 얻고 그 지혜로 삶을 운영하여 영원한 행복인 해탈, 열반을 이루고자 함입니다. 이것이 진정한 '자기계발'입니다.

슈뢰딩거의 고양이에 대한 해답은 깨달음의 세계에서는 이미 2500년 전 '고타마 싯다르타'에 의해 밝혀져 있습니다. 그 답은 "있는 그대로 보라."입니다. 있는 그대로 본다는 것은 일체의 망념(학설, 내 생각, 개념)을 내려놓고 침묵(무심) 속에서 그냥 보는 것을 이르는 말입니다. 거시의 세계에서는 뉴턴역학에 따르고 미시의 세계에서는 양자역학에 따르라는 말입니다. 이것은 마치 무엇이 '있다(유有)'고 하는 '상견常見'과 '없다(무無)'고 하는 '단견斷見'의 양극단兩極端을 떠나 중도적인 관점(단상중도 斷常中道)에서 바라보라는 것과 같습니다.

중도에서 '융합한다'는 말의 의미는 "모든 것을 있는 그대로 포용하면서 (인정하고 받아들이면서) 때에 따라 가장 알맞게(지혜롭게) 쓴다."는 의미입니다. 그래서 중도에는 고정된 법이 없습니다.

해탈, 열반이라는 것도 삶과 죽음을 없애고 얻어지는 것이 아니라 삶과 죽음이 그대로 있는 가운데 해탈, 열반이 함께하는 것입니다. 이것을 화두로 참구하면 좋습니다.

모든 과학자의 희망인 '대통일장이론'도 '슈뢰딩거의 고양이'와 같습니다. 미시세계의 상호작용과 거시세계의 상호작용을 하나의 이론으로 통일시키려는 것이기 때문입니다. 우주에 존재하는 4가지 기본 힘(상호작용) 중에서 강한 핵력(강력), 전자기력, 약한 핵력(약력)은 미시세계의 상호작용이기 때문에 양자화할 수 있으나 중력은 거시세계의 상호작용이기 때문에 아직까지는 양자화하지 못함으로써 하나로 통일된 이론(대통일장이론)을 완성하지 못하고 있는 것입니다.

슈뢰딩거의 고양이에 대한 해답을 찾지 못하고 있는 것도 바로 여기에 있습니다. 이것이 깨달음과 과학의 차이입니다. 그러나 중도는 깨달음에도 머무르지 아니하고 과학에도 머무르지 아니하고 둘 다 초월하기 때문에 둘을 하나로 융합(화합, 불이不二)하여 둘을 함께 성장시켜 나갈 것입니다. 과학은 새로운 학설로 논쟁을 하고 발전시켜 반도체, 양자 컴퓨터와 같은 새로운 것을 발명함으로써 우리의 생활을 보다 더 편리하게 하고, 깨달음은 분별하고 차별하던 내 생각을 버림으로써 '완성된 중도의 지혜'로 영원한 행복(구원, 해탈, 열반)을 가져다주기 때문입니다. 따라서 과학이 있는 그대로 보고 있으면 과학의 발전이 없을 것이고, 깨달음이 과학적으로 되면 깨치기 어렵습니다.

"세상은 양자적으로 서로 얽혀있기 때문에 분리될 수 없는 하나의 생명공동체다."라고 말하는 양자물리학은 깨달음의 핵심사상인 '공사상(중도)'을 과학으로 잘 말해 주고 있는 셈입니다.

이와 같이 과학과 의식(정신세계, 마음)이 만나야 된다는 것에 대해, 아밋 고스와미(Amit Goswami, 오레곤 대학 이론 물리학교수), 피터 러셀(Peter Russell), 데이비드 찰머스(David Chalmers, 애리조나 의식 연구소 소장)와 같은 과학 사상가들은 이렇게 주장합니다. "만일 의식의 존재를 물질 법칙에서 끌어낼 수 없다면 물리학 이론은 모든 것에 응용할 수 있는 완벽한 이론이라고 말할 수 없다." 닉 허버트는 이렇게 말합니다. "나는 마음이 자연에 널리 퍼져있는 빛이나 전기처럼 그 자체로 어떤 근본적인 과정이라고 믿고 있다." 피터 러셀은 "대부분 과학자는 의식이 물질세계로부터 일어나는 것이라고 생각하지만 우리는 많은 영적인 전통에서 제시하는 또 다른 세계관을 검토해볼 필요가 있다." 즉, 의식은 현실—시간, 공간, 물질의 가장 근본적인 구성요소이며 어쩌면 그것들보다 더 근원적인 것일지도 모른다는 것입니다.

과거에 사람들은 '의식(consciousness, 당신이라는 존재)'을 뇌 활동의 부수적인 현상으로 여겼습니다. 하지만 새로운 과학의 패러다임에 변화가 일어나고 있는데, 그것은 '의식'이 존재의 기반이며, 뇌가 그것의 부수적인 현상이 된다는 것입니다.

- 김상운 저『왓칭』참고 -

깨달음의 세계에서는 본래의 마음(의식)을 '진여眞如'라고 하는데, 대승기신론大乘起信論에서는 진여의 의미를 '일심一心(한마음)'이라 하고, 해심밀경解深密經에서는 '일미一味'라 하고, 원각경圓覺經에서는 '원각圓覺'이라 하였습니다.

대승기신론의 핵심은, "중생의 본래 마음이 진여며, 일체 만법이 진여에 의해서 전개된다."는 진여연기설의 입장을 취하고 있는 것이며, 해심밀경에서는 "(진여는)인간의 모든 사유와 개념을 떠나있고, 물건이나 관념이 아니므로 수적으로 표현할 수 없는 것이며, 모든 것에 두루 평등하게 관련되어 한결같은 맛(일미一味)을 지닌다."고 하였으며, 원각경에서는 "모든 것은 원각(진여, 몸과 마음을 떠난 청정한 본래의 성품)으로부터 나오고 원각으로 되돌아간다."고 하였습니다.

깨달음의 세계에서 가르침을 대변하는 근본적인 경전은 『화엄경華嚴經』
과 『법화경法華經』입니다. 화엄사상은 '일심법계一心法界'를 말하고 있는데,
이것은 "일체법불생一切法不生(일체 모든 것이 다 나지도 않고) 일체법불멸
一切法不滅(일체 모든 것이 다 멸하지도 않으니) 약능여시해若能如是解(만약
이렇게 알 것 같으면) 제불상현전諸佛常現前(모든 부처가 항상 나타나 있느
니라)."이라는 뜻입니다. 한두 가지만 불생불멸이 아니라 존재하는 전체
가 다 있는 그대로 불생불멸이라는 뜻입니다. 불생불멸이라는 말은 생도
아니고 멸도 아니라는 뜻으로서 생멸이 떨어진 것을 의미합니다. 이것은
대대待對(상대적인 것)가 완전히 끊어진 절대(완전한) 세계를 말합니다. 생
멸이라는 말은 상대적인 것으로 유한有限의 세계(세간世間)고 이것은 우리
들의 생각일 뿐, 진실은 대대가 완전히 끊어진 영원한 세계(출세간出世間),
즉 시간과 공간을 벗어난 무한無限의 절대 세계입니다. 이러한 절대 세계
를 '일진법계一眞法界'라 하는데 이것은 모든 것이 다 한 덩어리라는 말이
고, 이것을 『법화경』에서는 이렇게 말합니다.

"시법是法이 주법위住法位하야 세간상世間相이 상주常住니라." 즉, "불생불
멸하는 이 법이 어디에 따로 있는 것이 아니라 세간 가운데 있다."는 말
입니다. 세간 이대로가 불생불멸하는 절대법입니다. 이것을 '제법실상諸法
實相'이라 합니다. 이러한 진실을 보지 못하는 이유는 원리를 깨치지 못해
눈이 어두워 착각함으로써 진리가 본래 생멸이 없다는 사실을 모르고
있을 뿐입니다. 이것은 마치 구름에 가려 해를 보지 못하는 것과 같습니
다. 그렇다고 해서 광명세계가 암흑세계가 될 수는 없습니다.

불생불멸을 바로 알면 언제든지 진실(진리, 진여, 부처)이 눈앞에 있다

는 의미입니다. 다시 말해서, 눈앞에 있는 모든 것(일체만법—切萬法)이 불생불멸이고, 부처며 이것이 극락(천국)세계고, 절대 세계(완전한 세계)라는 뜻입니다.

이러한 내용은 양자물리학이 등장하면서 소립자는 모든 것의 최소 구성 물질(체體, 본질)이며, 우주는 양자적(소립자)으로 서로 얽혀있어 떼려야 뗄 수 없는 하나의 생명공동체이며, 소립자는 어떠한 경우에도 불생불멸(진여의 작용)이라는 사실이 밝혀졌습니다. 이것은 화엄사상과 법화사상을 과학이 너무나 확실하게 잘 말해주고 있는 것입니다.

결론적으로 과학과 깨달음은 진여眞如(진실, 진리, 현상)에 대해 확실하게 알고자 하는 것은 같으나 가는 길은 상반되는 것입니다. 다시 말해서, 깊게 사유(생각)한다는 측면에서는 같으나 사유하는 방식은 다르다는 말입니다. 과학은 새로운 것을 발견하고 발명하기 위해 망념(학문, 지식)을 끝없이 계속 이어지게 하는 것이라면 깨달음은 깨닫기 위해 망념을 끊는 것이기 때문입니다. 그러나 깨닫고 나서 얻어지는 중도는 끊고 이어감을 자유자재自由自在하게 하는 것입니다. 마치 소립자가 입자와 파동의 이중성을 가지듯이 말입니다.

과학과 깨달음의 특징을 포도나무와 얼룩말의 예로 본다면, 하루 종일 음악을 들려준 포도나무에서 수확한 포도는 그 맛도 좋을 뿐 아니라 포도주의 맛도 좋아진다는 것이 확인되었습니다. 이 사실을 깨달음으로 본다면 너무나 당연한 일입니다. 모든 것의 본질(체體)은 소립자이므로 포도나무(상相, 용用)의 소립자와 음파(상相, 용用)의 소립자가 서로 소통하기 때문입니다. 따라서 음악의 장르에 따라 그 효과도 달라질 수밖에 없습니다. 이렇게 깨달음의 직관력(통찰력)으로 확신하는 것이 깨달음의 특징입니다. 그러나 과학은 이러한 사실을 알면 반드시 왜 그런 일이 일어나는지를 확실하게 증명해 내고 이것을 많은 것에 이용함으로써 새로운 것을 발명해 내는 것이 과학의 특징입니다.

얼룩말의 줄무늬가 흰색 바탕에 검은 줄이 그어져 있는 것인지? 아니면 검은색 바탕에 흰색 줄이 그어져 있는 것인지? 깨달음의 세계에서는 그냥 있는 그대로 볼 뿐 아무런 시비를 하지 않아야 됩니다. 그러나 과학은 분명하게 밝혀내야 합니다. 줄무늬는 말파리를 쫓아내기 위해 그렇게 진화한 것이며, 보호색이라는 사실과 흰색 바탕에 검은 줄무늬가 있다는 것입니다. 과학은 이렇게 분석하고 해명하고 증명함으로써 발전할 수 있기 때문입니다.

과학과 깨달음을 중도적인 관점으로 본다면, 과학의 특징과 깨달음의 특징을 융합함으로써 과학을 대변하는 물질과 깨달음을 대변하는 정신을 골고루 발달시켜 물질적으로는 풍족하면서도 편리함을 누리게 하고, 정신적으로는 고통이 소멸된 경지에 도달하는 것입니다. 이것이 가장 이상적인 세상입니다.

중도에는 어떠한 분별도 없기 때문에 어떤 경우에도 한 곳으로 치우치는 것은 중도가 아닙니다.

* 슈뢰딩거의 고양이에 대한 해답을 보다 더 확실하게 알기 위해서는 27강 '본질과 학설'에 대해 공부하면 됩니다.

* 마음에 새겨야 할 글 *

* 나는 우주의 주인공이다. 내가 없다면 객관적으로 모든 존재가 무슨 의미가 있겠는가? 양자물리학에서는 달이 있기 때문에 내가 보는 것이 아니라 내가 보기 때문에 달이 거기에 있는 것이다. 모든 존재의 근본물질인 소립자는 전 공간에 파동(공空, 에너지, 비 물질)으로 퍼져 있다가 관찰자가 관찰하는 순간 입자(색色, 물질)로 바뀌기 때문이다. 이것을 『반야심경』에서는 "색즉시공色即是空 공즉시색空即是色"이라 하였다.

인간은 사물을 관찰할 때 있는 그대로 보지 않고 자기가 배우고 익힌 알음 알이(지식, 아상, 내 생각, 고정관념)로 제각기 만들어서 본다. 그래서 '일체유심조一切唯心造'다.

오늘 내가 겪은 모든 것은 다 내 탓이다. 좋은 일이든 나쁜 일이든 다 과거의 나의 모습(원인)에 대한 과보(결과)를 지금 되돌려 받는 자업자득이다. 이 원리를 모르면 남을 원망하면서 내가 괴로워한다. 알면 다 받아들이기 때문에 괴롭지 않다.

몸이 좋은 곳에 가 있어도 내 마음이 괴로우면 그곳은 지옥이고, 몸이 나쁜 곳에 가 있어도 내 마음이 즐거우면 그곳은 천국이다. 그래서 지금 우리가 마주하고 있는 세상은 우리의 생각과 행위가 만들어낸 것이다(일체유심조).
행복과 불행은 내가 만드는 것일 뿐, 이 세상 어디에도 없다.

제 16 강
소립자(미립자, 아원자)와 신비주의

소립자(미립자, 아원자)란? 유형무형有形無形의 모든 것을 구성하고 있는 가장 작은 단위를 소립자라고 합니다. 다시 말해서, 눈에 보이는 것, 눈에 보이지 않는 것, 세상에 존재하는 모든 것들을 쪼개고 쪼개서 더 이상 쪼갤 수 없을 때까지 쪼개면 아주 작은 알갱이가 되는데 이것을 소립자라고 합니다. 심지어 뇌파도 소립자로 구성되어 있습니다. 뇌파란? 뇌에서 나오는 일종의 파장으로 뇌 활동에 따라 뇌에서 나오는 전기 신호를 기록한 것입니다. 따라서 만상의 최소 구성요소(물질) 또는 본질이 소립자라는 말이며, 가장 먼저 발견된 소립자는 전자電子며, 영국의 실험물리학자 조지프 존 톰슨(Joseph John Thomson, 1856~1940)에 의하여 발견되었습니다. 그 뒤 원자핵이 발견되고, 이어 수소의 원자핵인 양성자陽性子가 알려졌으며, 중성자中性子와 양전자陽電子, 중간자中間子가 발견되고, 1950년경부터 급속히 많은 소립자가 발견되기 시작해서 현재는 약 300종류의 소립자가 알려져 있습니다.

최근에는 태초의 대폭발 때 기본 입자들에 질량을 부여하는 역할을 한 뒤 잠깐 존재하고 사라져버린 것으로 추정하는 힉스 입자(질량을 갖고 있지 않은 입자로서 현대 물리학의 기본 모델을 완성하기 위해 반드시 찾아야 하는 궁극적인 입자)의 존재를 2012년 7월 4일, 스위스 제네바에 위치한 유럽입자물리연구소(CERN: Conseil Europeen pour la Recherche Nucleaire)에서 거대강입자가속기(LHC: Large Hadron Collider)를 이용하여 확인하였습니다. 이것은 LHC를 광속에 가깝도록 가속시킨 양성자들을 충돌시킴으로써 극히 작은 규모지만, 대폭발(빅뱅)이 일어나는 순간 양성자들이 부서지고 그 부서진 조각들 속에서 힉스 입자의 존재를 확인한 것입니다. 힉스 입자를 발견하는 것이 어려웠던 이유는 태초의 대폭발 순간에 해당하는 초고온, 초고압의 조건(현재의 태양보다 10만 배 정도 더 뜨거운 극히 높은 밀도의 상태)을 인위적으로 만들어야 하는데, 그러기 위해서는 엄청나게 큰 가속기가 필요했기 때문입니다. 그러므로 CERN의 LHC와 같은 어마어마한 가속기가 없었다면 힉스 입자의 발견은 원천적으로 불가능했을 것입니다.

1960년대부터 시작하여 1973년에 개발된 이론인 입자물리학의 표준모형(Standard Model)에서는 기본 입자로 쿼크(quark) 6개, 경입자(lepton) 6개 등 12개와 이들 사이의 상호작용을 매개하는 4개의 매개입자(gauge particle, force), 그리고 이들 입자에 질량을 부여하는 힉스 입자 등 총 17개의 입자로 자연계의 현상을 설명합니다. 다시 말해서, 이 17개의 입자가 우주의 모든 물질과 세상을 움직이는 힘을 만든다는 것이 표준모형의 핵심 이론입니다.

우주 만물이 존재할 수 있는 여건을 마련하고 잠시 존재했다가 사라져 버린 '신의 입자'라고 하는 마지막 소립자(힉스 입자)까지 발견한 것이 확실하기 때문에 상상할 수 없을 정도로 과학은 발전할 것입니다.

소립자는 이와 같이 빅뱅에 의해 만들어졌으며 이렇게 만들어진 소립자는 인연 따라 모이고 흩어지는 것을 끊임없이 반복하고 있기 때문에 색즉시공色卽是空이요 공즉시색空卽是色이요 불생불멸不生不滅이요 부증불감不增不減인 것입니다. 여기에 모든 원리가 다 들어있기 때문에 이것보다 더 좋은 화두는 없으니 참구해 보시기 바랍니다.

물질의 구성요소가 작아지면 작아질수록 시간과 공간은 비례해서 커지게 됩니다. 편의상 소립자의 세계를 '미시의 세계'라 하고, 인간의 오감(안이비설신 眼耳鼻舌身)으로 인식할 수 있는 세계를 '거시의 세계'라 한다면, 1mm는 거시의 세계에서는 매우 가까운 거리이나 미시의 세계에서는 엄청나게 먼 거리이며, 1초는 거시의 세계에서는 매우 짧은 시간이나 미시의 세계에서는 매우 긴 시간이라는 말입니다. 이러한 현상은 대폭발이 어떠한 상태에서 시작되었으며, 시작되고 얼마나 짧은 시간 동안에 무슨 일이 발생했는지? 이것을 살펴보면 알 수 있습니다.

빅뱅(대 폭발)이 일어나고 10의 마이너스 43초 사이의 우주는 10의 마이너스 20승밖에 안 되는 양성자보다 더 작았기 때문에 이때는 너무 미세해서 시간과 공간의 개념을 적용시키기조차 어렵습니다. 그러나 10의 마이너스 35초가 되었을 때 엄청난 에너지가 방출되면서 우주는 10의 50승 배로 급팽창하면서 이때 나오는 소립자인 쿼크와 렙톤(물질)이 반쿼크와 반렙톤(반물질)보다 10억분의 1이 더 생겼습니다. 즉, 물질과 반물질이 섞이게 되면 서로 상쇄되어 사라져 버리는데 10억분의 1만큼의 물질이 살아 남게 되면서 이것이 오늘날 모든 것을 만들었다는 사실입니다.

미시의 세계에서 이렇게 짧은 시간과 작은 공간에서 상상을 초월하는 어마어마한 일이 일어났으며 지금도 어디에선가는 일어나고 있을지도 모른다는 사실이 믿어지십니까?

우리 인간의 육감은 거시의 세계에 적응하면서 진화되었기 때문에 미시의 세계에서 일어나는 일은 아무리 큰 사건(빅뱅)이라 할지라도 전혀 알아차릴 수가 없습니다.

거시의 세계는 미시의 세계가 현상적으로 드러난 세계이므로 미시의 세계가 바뀌는 데 따라 함께 바뀌기 때문에 미시의 세계를 모르고서는 거시의 세계를 정확하게 안다고 할 수가 없습니다. 이것은 매우 중요한 사실로서 우리의 삶의 문제도 겉으로 드러난 현상(결과)만 보고 그 문제를 해결하려 하면 또 다른 문제가 확대 재생산(악순환)됨으로써 문제가 점점 더 복잡해집니다.

미시의 세계에서 일어나는 일(사건)은 '원리(근본, 본질, 체體, 원인)'라 하고 거시의 세계에서 일어나는 일은 '정보(가립假立된 것, 허상, 상相, 용用, 결과)'라고 합니다. 따라서 모든 정보는 원리에서 비롯되는 것이므로 원리를 모르는 정보는 아무리 많이 알고 있어도 근원적인 해결을 할 수 없습니다.

원리를 알기 위해 소립자에 대해 다시 한 번 정리해 본다면,

1) 수소원자의 핵을 거시적으로 환산해서 농구공 정도의 크기로 확대

하면 그 주위를 돌고 있는 전자와 핵의 거리는 약 32km 정도가 되는데, 이것은 핵과 전자의 거리인 32km라는 공간이 텅 비어있다는 말입니다. 그러나 비어있는 공간은 그냥 아무것도 없이 비어있는 것이 아니라 미묘하고 상상을 초월하는 강한 에너지로 꽉 차있습니다.

물질은 작으면 작을수록 에너지의 양은 증가하는데, 핵에너지는 화학에너지보다 1백만 배나 더 강력합니다. 가령 핵을 1cm의 구슬 크기로 확대한다면, 거기에 존재하는 빈 공간의 에너지는 우주 전체에 있는 물질의 에너지보다 더 큽니다. 이 에너지를 직접 측정할 수는 없지만 무한한 에너지의 효력을 과학자들은 알고 있습니다.

소립자의 이러한 현상을 깨달음으로 헤아려 본다면, 모든 물질을 크게 확대하면 할수록 그 속은 텅 비어있기 때문에 "물질이 곧 허공이요(색즉시공 色卽是空: 색불이공色不異空)허공이 곧 물질이다(공즉시색 空卽是色: 공불이색 空不異色)."라는 말의 물리적인 측면이 과학적으로 설명된 셈이며, 그 텅 비어있는 공간은 그냥 비어 있는 것이 아니라 모든 물질을 만들어 낼 수 있는 무한한 에너지로 가득 차있기 때문에 "진공묘유眞空妙有."라는 말도 과학적으로 설명된 것입니다.

진공을 조금의 빈틈도 없이 소립자가 메우고 있다면 진공에서 입자가 없어져 뚫어진 상태도 있을 것입니다. 진공에 뚫어진 이 구멍을 반입자反粒子 Antiparticle라고 부르며, 진공에 구멍이 뚫어지면 진공은 더 이상 진공으로 관측되지 않고 무엇인가가 존재하는 것처럼 보일 것입니다.

진공과 반입자에 대한 이러한 추론은 이미 1930년에 '디락(영국, Paul

Adrien Maurice Dirac)'이 '구멍이론(Hole Theory)'이라는 이름으로 제안하였으며, 그 뒤 세상에 존재하는 모든 소립자에는 대응하는 반입자가 존재한다는 사실이 실험적으로 밝혀졌습니다.

현대물리학의 양자장론量子場論에서는 진공을 '디락의 바다'와는 약간 다르게 설명합니다. 양자장론에서는 진공을 입자-반입자가 쌍으로 결합되어 있으나 관측되지 않고 있는 상태라고 봅니다. 진공을 가득 메우고 있는 입자와 반입자는 정지 상태로 가만히 있는 것이 아니라 끊임없이 생성과 소멸을 반복하고 있습니다. 진공과 현상계도 분리되어있는 것이 아니라 찰나생刹那生 찰나멸刹那滅을 반복하고 있는 이 입자들은 현상계의 입자들과도 끊임없이 상호작용을 하고 있기 때문에 진공은 말할 수 없이 복잡한 구조를 가지고 있습니다. 우주를 창조한 것이 압축된 진공의 대폭발(빅뱅)이라고 믿는 것은, 진공묘유眞空妙有를 물리적 진공으로 과학이 가장 확실하게 대변해 주는 것이라 하겠습니다.

2) 소립자(아원자 입자, 전자나 광자)는 관측하지 않으면 넓게 퍼져 파동의 성질을 띠고, 관측하면 파동의 성질이 붕괴되고 입자로 변해 정해진 위치를 가지게 됩니다. 따라서 소립자 스스로 파동에서 입자로 바뀌고 입자에서 파동으로 바뀌는 것이 아니라 관찰자의 관측행위가 파동과 입자라는 논리적으로 양립할 수 없는 '이중성'을 갖게 한다는 사실입니다.

소립자가 파동의 상태에 있을 때 관찰 후 그것이 무엇으로 변하고 어디에 위치할지는 확실하지 않기 때문에 이때의 파동을 '확률파'라하고 여러가지 상태가 겹쳐있다고 해서 이 상태를 '중첩'이라고 합니다.

이러한 소립자의 현상을 깨달음에 비유한다면,

소립자의 '이중성'은 "만상은 고정불변의 독립된 스스로의 성품이 없다."고 하는 무자성無自性, 무아無我(비아非我), 공空을 과학으로 잘 나타내고 있으며, 확률파와 중첩은 모든 가능성을 나타내므로 전체적으로는 중도中道의 뜻을 과학적으로 밝히는 것입니다. 그리고 관찰자의 관찰행위에 의해 소립자의 성질이 바뀌는 것은 "만상은 고정불변이 아니기 때문에 인연 따라 항상 바뀐다."라는 진리의 입장에서 보면 '일체유심조一切唯心造'와 그 뜻이 같다고 보아야 합니다. 이유는 객관(대상, 모든 것)은 주관(내 생각)에 의해 그 성질이 달라지기 때문입니다. 예를 들어, 같은 음식(객관)을 먹고 그 음식이 맛있다고 하는 사람과 맛이 없다고 하는 사람으로 나뉘기 때문에 그 음식의 맛은 음식 자체에 있는 것이 아니라 먹는 사람(주관)에 따라 결정되기 때문입니다. 그래서 그 음식은 맛이 있는 것도 아니고 맛이 없는 것도 아닌 '중도'라는 말입니다. 그 음식은 다만, 그것일 뿐입니다.

맛이 있다고 하는 사람들만 모인 곳에서는 맛이 있다고 하는 것이 진리이고, 맛이 없다고 하는 사람들만 모인 곳에서는 맛이 없다고 하는 것이 진리입니다. 중도는 분별하지 않으나 맛이 있다고 하는 곳에서는 맛이 있다 하고, 맛이 없다고 하는 곳에 가면 맛이 없다고 하기 때문에 어디에 가든 부딪힘이 없습니다. 이것이 불이不二입니다.

이 내용은 이해하기가 쉽지 않기 때문에 의심이 일어날 것입니다. 그 의심을 가지고 계속 진행하다 보면 의심이 풀릴 것입니다.

3) 고전 물리학(뉴턴역학)에서는 모든 물체의 위치와 운동량을 동시에 정확하게 측정할 수 있었으나 양자차원(현대 물리학, 양자역학)에서는 위

치와 운동량을 하나씩 따로 정확하게 측정하는 것은 가능하나 동시에 정확하게 측정하는 것은 불가능합니다. 즉, 어떤 사물의 위치를 알고 있다면 그것이 얼마나 빨리 움직이고 있는지를 정확하게 알 수 없어지고, 반대로 그 물체의 속도를 알고 있다면 그것의 정확한 위치를 알 수 없다는 말입니다. 이것을 '불확정성의 원리'라고 합니다.

이것은 거시세계의 물리법칙과 미시세계의 물리법칙이 서로 다르게 적용된다는 가장 좋은 예로서, 미시세계에서는 아무리 미세한 거리나 운동량과 같은 물리현상도 절대로 무시되면 안 된다는 것을 말합니다.

4) 같은 시간에 만들어진 두 개의 소립자는 서로 얽혀있는 상태에 있거나 중첩 상태에 있게 됩니다. 이 두 입자를 아주 먼 거리까지 떨어지게 한 다음 하나의 입자에 자극을 주고 상태를 변화시키면 멀리 떨어져 있는 입자도 동시에 같은 변화가 일어난다는 사실입니다. 설혹 우주의 반대쪽까지 떨어져 있어도 마찬가지입니다. 시간차이가 없이 동시에 일어난다는 것이 매우 중요합니다. 소립자들은 이처럼 시공時空의 영향을 받지 않고 서로 영향을 미치는 현상을 양자 물리학에서는 '비국지성'이라 하고, 서로 얽혀있는 현상은 '양자 얽힘 현상'이라고 합니다.

비국지성에 대한 실험은 1998년 미국국방부가 실시했습니다.

어떤 사람의 피부 일부를 조금 떼고 그것을 수백 키로 떨어진 곳에 두고 그 사람의 몸과 떼어낸 피부에 각각 피부반응 감지기를 부착한 다음, 그 사람에게 평온과 공포와 같은 심리적인 변화가 일어나도록 하였습니다. 놀랍게도 그 사람과 떼어낸 피부는 동시에 똑같은 반응을 나타내는 것이었습니다. 세포 속에 들어있는 미립자들은 알 수 없는 그 무엇으로 서로 연결되어 소통하고 있으며 인간의 머리로는 도저히 이해할수 없는 무한한 능력(가능성)을 가지고 있는 것입니다.

- 김상운 저『왓칭』, 김성구 교수 블로그 및 강의 참고 -

이 실험에서 보았듯이 소립자는 한번 인연을 맺은 소립자끼리는 영원히 직접적인 교감(정보)을 나누고, 그렇지 않은 소립자끼리도 늘 간접적으로 소통하고 있습니다. 우리가 흔히 말하는 두 사람 사이에 오감을 사용하지 않고 생각이나 감정을 주고받는 텔레파시(telepathy: 떨어진 곳에서 느끼기)도 소립자의 능력으로 가능한 것입니다.

연어와 같은 회귀성 물고기의 고향 찾아가는 능력이나, 철새들의 이동 등 모든 생명체가 진화된 유전자(DNA)로 그때그때의 주어진 환경(조건, 여건)에 적응하면서 생명활동을 할 수 있는 것도 근원적으로 보면 다 소립자의 무한한 능력으로 가능한 것입니다.

소립자의 이러한 개념(비국지성)은 너무 기묘해서 아인슈타인은 이러한 현상을 '도깨비 같은 원격작용'이라고 불렀습니다. 어떤 것도 빛보다 더 빠를 수는 없다고 하는 상대성이론도 이 실험에서 확인된 바와 같이 소립자(전자)의 속도는 무한하다는 사실이 밝혀짐으로써 묻히게 되었습니다.

자연의 이중성, 확률파, 중첩, 양자도약과 같은 소립자의 작용에 의해 현상적으로 나타나는 것을 확인하는 것은 과학이 해내고 있지만 어떠한 작용에 의해서 그렇게 나타나고 있는지 그 원인(인연, 연기)에 대해서는 확실하게 밝혀진 것이 아직은 거의 없습니다. '확률파'라고 이름 한 것도 원인은 모르면서 그렇게 정리하는 것이 양자현상을 가장 잘 설명할 수 있기 때문에 그렇게 하기로 합의한 것입니다. 중첩도 마찬가지입니다.

양자역학에서는 어떠한 양자현상에 대해서도 고전역학처럼 확실하게 "이것이다."라고 결정된 것이 없습니다. 그래서 슈뢰딩거의 고양이에 대해서도 "이것이다."라고 대답할 수가 없는 것입니다. '개구즉착開口即錯'이라는 말입니다. 이것은 자연은 자성이 없고 중도로 되어있으며, 소립자의 성품이 진여의 성품과 같기 때문입니다. 다시 말해서, 과학이 진여에 접근하고 있을 뿐 아직은 가야 할 길이 멀었다는 말입니다.

양자현상을 일으키는 원인을 찾기 위해 과학자들은 많은 가설을 발표하게 됩니다. 자연계에 존재하는 기본적인 4가지의 절대적인 힘(중력, 전자기력, 약력, 강력)을 통합하려고 아인슈타인이 제시한 이론인 '통일장이론'도 아직까지는 완성되지 않은 이론입니다.

실제로 존재하지 않더라도 이론적으로 가능한 것이면 수학으로는 모든 가능성을 다 생각할 수가 있습니다. 따라서 수학적인 차원은 실제로 존재하는 물리적 공간의 크기만을 말하는 물리학적인 차원과는 달라서 추상적인 공간의 크기를 나타내므로 0차원에서 무한차원까지 생각할 수가 있습니다. '4차원 시공간'이라는 개념은 아인슈타인의 상대성이론에 시간과 공간을 합쳐서 만들어낸 개념입니다. 4차원 시공간은 초끈이론과 M이론의 등장과 함께 11차원까지 가설되었으며, 이것은 '통일장이론'을 만드는 과정에서 생겨났습니다. '통일장이론'은 물리학의 역사라고 할 정도로 이론 물리학의 중심적 화두가 되었습니다. 그러나 아직까지 미완성으로 남아 있는 이유는 가설적인 현상(수학적인 차원)은 있으나 그 현상의 원인(연기관계, 상관관계, 인연)을 찾을 수 없기 때문입니다.

양자 물리학에서 양자현상을 일으키는 근본적인 원인을 찾지 못하고 있는 것을 깨달음으로 헤아려 본다면, "모든 것(현상)은 직접적인 원인(인因)과 간접적인 원인(연緣, 조건, 여건)에 의해서 그 결과(과果)가 일어난다."고 합니다. 이것을 인연법因緣法 또는 인과법因果法, 인과율因果律이라 하며 연기법緣起法과 그 의미가 같습니다. 그래서 "원인 없는 결과는 없다."는 말입니다.

거시세계가 되었든 미시세계가 되었든 어떤 현상이 나타났다는 것(과果)은 반드시 그 현상과 연결된 그 무엇(연緣, 조건, 여건)이 있다는 말입니다.

예를 들어, 씨앗(인因)을 가만히 놓아두면 결코 싹(과果)이 돋아나는 일은 일어나지 않습니다. 싹이 돋아나게 하기 위해서는 반드시 흙, 습기, 온도와 같은 조건(연緣)이 갖추어져야 가능합니다. 그래서 만약에 통일장 이론이 완성된다면 연기법을 벗어날 수는 없습니다.

만상의 연기관계는 상상을 초월할 정도로 서로 얽혀 있기 때문에 이 관계성을 남김없이 밝혀낸다는 것은 어쩌면 불가능할지도 모릅니다. 자연은 양자적으로 서로 얽혀 있다는 것을 깨달음의 세계에서는 그물에 비유해서 말하고 있으며, 이것을 '인드라망網'이라고 합니다. 그래서 우주를 '인드라망 생명공동체'라고도 합니다.

한번 인연 맺은 소립자는 우주를 가로질러 서로 연결되어 있다는 사실은 이 세상이 이원적으로 서로 분리되어 있지 않다는 것을 증명하고 있습니다. 이것으로 뉴턴의 분리된 우주관은 끝이 났으며, 마음과 물질이 둘이 아니며, 영혼(형이상학)과 과학(형이하학)이 다르지 않으며, 모든 상대적인 개념들도 결국, 같다는 것입니다.

소립자의 모든 성품을 '인드라의 망'과 같이 '끈이론'으로 가정한 것이 '초끈이론'이며, 초끈이론의 기본개념은 제일 작은 입자에서부터 머나먼 별에 이르기까지 우주의 모든 것이 단 하나의 물질인 끈으로 이루어져 있으며, 상상할 수 없을 정도로 작은 끈은 진동하고 있는 에너지라는 것입니다. 초끈이론은 통일장이론의 미시세계를 다루는 양자역학과 거시세계를 다루는 일반상대성이론을 조화롭게 통합한 것입니다. 그러나 1차원인 초끈보다 2차원인 면面이 통일장이론을 설명하는데 훨씬 편리하다는 것을 알게 됨으로써 태어난 이론이 M이론(Membrance theory)입니다. M이론 역시 평행우주론과 비슷한 무한에 가까운 우주를 수용하고 있습니다. 이 모든 이론은 아직 미완성(가설)으로 남아있습니다.

이러한 소립자의 기기묘묘한 성품은 영적인 세계에서 말하는 여러 가지 신비스러운 현상과 비슷한 것들이 많아서 양자물리학의 선구자 중 많은 사람이 신비주의에 지대한 관심을 가지기 시작하였습니다.

그러나 깨달음의 세계에서는, 깊은 명상(선정, 삼매)중에 나타나는 신비스러운 여러 가지 현상들은 거의 모두가 환상(마구니 장애)으로서 자아의식(제7말나식)이 완전하게 타파되지 않았을 때 나타나는 현상이기 때문에 이러한 장애에 집착하지 말 것을 매우 강조하고 있습니다.

수행해서 깨달음을 얻게 되면, 우선 삼명三明이 열리는데, 삼명이란?

과거의 인연을 아는 숙명명宿命明, 미래의 인연을 아는 천안명天眼明, 모든 번뇌를 밝게 보고 끊는 누진명漏盡明입니다. 삼명이 열리고 나면 6가지 초자연적인 신묘하고도 거칠 것이 없는 신통력을 발휘하는 지혜를 갖추게 되는데, 이것을 육신통六神通이라고 합니다.

육신통이란? 어디든 마음대로 갈 수 있고 변할 수 있는 신족통神足通(여의통 如意通), 무엇이든 막힘없이 꿰뚫어 환히 볼 수 있는 천안통天眼通, 모든 소리를 분별하고 마음대로 들을 수 있는 천이통天耳通, 남의 마음을 환히 읽을 수 있는 타심통他心通(관심법觀心法), 전생(과거)에 생존했던 상태를 알 수 있는 숙명통宿命通, 모든 번뇌를 소멸함으로써 더 이상 의무적인 윤회로부터 벗어나는 누진통漏盡通을 갖추게 됩니다.

마지막의 누진통은 완전한 깨달음을 의미하기 때문에 이 능력이 아닌 다른 능력이 생기면 더 이상의 발전이 없음을 뜻합니다. 이것은 마구니 장애를 잘 극복해야 되듯이 신통력에 집착하게 되면 수행을 게을리하게 되어 최상의 깨달음을 얻을 수 없다는 뜻입니다.

육신통은 실제일 수도 있으나 저자는 여기에는 별 의미를 두지 않고, '완성된 중도의 지혜'를 갖춤으로써 어디에도 걸림이 없는 무애자재無碍自在한 해탈의 삶을 살아가는 데 있다는 것에 그 의미를 둡니다.

우리는 흔히 신비스러운 초월된 능력이나 기적과 같은 일에는 많은 관심을 가집니다. 그러나 모든 생명체가 생명활동을 하고 있는 사실에 대해서는 너무나 보편적이고 당연한 것이라 생각하기 때문에 생명활동 그 자체가 진정한 초월된 능력이고 기적적이라는 사실을 모르고 있습니다.

생명활동은 진여의 작용입니다. 이것을 뛰어넘는 기적이나 초월된 능력은 있을 수 없습니다.

소립자의 성품 중에서 가장 놀라운 발견은 '이중성'입니다. 그러나 이중성을 잘못 해석함으로써 신비주의에 집착하는 경우가 많습니다. 소립자의 이중성(입자-파동)의 의미는, '만상은 자성이 없다(무자성無自性)'입니다. 관찰자의 관찰행위에 의해 파동에서 입자로 바뀌는 현상을 가지고 소립자 하나하나에 마치 인식기능이 있는 것처럼 해석되고 있다는 사실입니다.

소립자는 그 자체가 인식기능을 가지고 있지는 않습니다. 그러나 모든 가능성과 모든 정보를 다 갖추고 있기 때문에 사람이 간절한 마음(소원)을 지속적으로 일으키면 소립자 상호간의 소통에 의해서 그것(간절한 마음)에 반응할 확률이 커진다는 말입니다. 다시 말해서, 여러 가지 가능성 중에서 어떤 하나로 나타난다는 말이기 때문에 반응하는 것일 뿐 소립자가 스스로 알아차리고 그렇게 되도록 해주는 것은 아니라는 말입니다. 이것을 잘못 알고 소립자가 마치 인식기능을 가지고 있어 "사람의 마음을 척척 읽어낸다."라고 한다면 전혀 다른 뜻이 되고 맙니다. 만약 이렇게 된다면 소원을 이루지 못하는 사람이 단 한 사람도 없어야 하기 때문입니다. 그러나 지금 많은 과학자나 정신세계에서 잘 못 전하고 있기 때문에 양자역학이 지나칠 정도로 신비주의로 흘러가고 있는 것은 바람직하지 못한 일입니다.

이와 더불어 소립자의 성품과 깨달음의 세계(종교, 철학)를 하나로 합쳐 자연을 설명하려는 노력이 많은 곳에서 일어나고 있습니다. 그 한 예로서, 깨달음의 세계에서 말하는 '일체유심조一切唯心造'의 뜻과 소립자의 성품을 하나로 서술하려면, 둘을 확실하게 알아야 합니다. 소립자의 성품인 이중성, 확률파, 중첩, 불확정성, 모든 가능성의 공통점과 '일체유심조'의 뜻은 "모든 것은 변한다."라는 것이 진리이기 때문에 하나로 통하는 것입니다. 만약에 모든 것에 고정불변의 자성이 있다면 소립자의 성품도 있을 수 없으며, '일체유심조'라는 말도 성립될 수 없습니다. 이유는 모든 것이 이미 결정되어(고정불변) 바뀔 수 없기 때문입니다.

'일체유심조'의 뜻을 직역하면, "모든 것은 오직 마음이 지어낸다." 즉, "마음이 모든 것을 만든다."라는 뜻이 됩니다. 이 말의 넓고 깊은 의미를 모르거나 소립자의 성품을 확실하게 모르는 상태에서 하나로 서술하면 오류가 날 수밖에 없습니다.

'일체유심조'의 일반적인 뜻은, 내 마음이 모든 것을 만들어 낸다는 뜻이 아니라, "똑같은 것을 대하고 느끼는 것, 즉 육감(안이비설신의)으로 느끼는 것이 사람마다 다르다."는 의미입니다. 다시 말해서, 사람마다 좋아하는 것과 싫어하는 것이 다르듯이 같은 것을 보고서도 사람마다 느끼는 것이 다르다는 말입니다. 이것은 사람마다 배우고 익힌 것(경험, 지식, 알음알이)이 다르기 때문에 사람마다 생각(개념)이 달라서 나타나는 현상입니다.

우리가 어떤 상황에 처했을 경우 긍정적으로 생각하면 그 일이 좋은 방향으로 흐르고, 부정적으로 생각하면 나쁜 방향으로 흘러갈 확률이 높아집니다. 이것이 '일체유심조'의 뜻이라면, 뇌파는 생각하는 데 따라서 달라지는데 뇌파도 소립자로 구성되어 있기 때문에 내가 긍정적으로 생각하면 소립자끼리의 소통에 의해서 긍정적으로 작용할 가능성(확률)이 높아져 좋지 않은 일도 좋아질 가능성이 높아진다는 것이 '일체유심조'와 소립자의 관계(연기)입니다.

이것을 잘못 알고 "내가 이렇게 생각하면 소립자가 내 마음을 척척 읽고(알아차리고) 내 생각대로 바뀐다."라고 한다면 전혀 그 의미가 달라집니다. 그러므로 모든 것은 인식대상(경계, 객관, 상대방)에 있는 것이 아니라 그것을 인식하는 내 마음에 있다는 말입니다.

'원효대사의 해골 물'과 같은 경우는 좋은 예가 됩니다. 이 경우의 마음은 좁은 의미의 마음을 나타내는 말이고, 깨달음의 세계에서 말하는 넓은 의미의 마음이란? 우주 전체(법계法界)를 마음(일심一心: 만유의 실체라고 보는 참 마음)이라고 표현합니다. "모든 것은 있는 그대로 진여眞如(진리, 법法) 아닌 것이 없다."고 하였으므로 이 경우의 마음은 진여와 같은 뜻으로 쓰입니다. 따라서 진여의 작용에 의해서 소립자가 생기고, 소립자가 모든 것의 구성요소이기 때문에 마음이 모든 것을 만들었다고 하는 것입니다. 이와 같이 '일체유심조'에서 말하는 마음의 의미는 넓은 의미와 좁은 의미의 두 가지의 뜻이 있습니다.

소립자의 세계(미시세계)에서 관찰자는 매우 중요한 역할을 하는데 그 이유는 파동의 성질을 붕괴시키고 입자의 성질로 바꾸기 때문입니다. 거시세계에서는 관찰자의 관찰 행위가 직접적으로 관찰대상(물질)을 바꿀 수는 없습니다. 그러나 미시세계에서는 관찰행위에 의해 관찰대상(소립자)의 성품이 바뀝니다. 다시 말해서, 미시세계에서의 '일체유심조'는 생각하는 대로 즉시 현상으로 나타나지만(능동적) 거시세계에서는 간절한 생각이 끊어지지 않고 부단한 노력이 뒤따라야 현실로 나타나게 됩니다 (수동적). 우리가 기도하는 이유도 여기에 있습니다. 이것을 혼동해서 거시세계에서도 미시세계에서와같이 다 이루어지는 것으로 생각하면 자칫 신비주의로 빠지게 됩니다.

소립자의 성품에 의해 작동되는 미시의 세계와 소립자가 모여 현실에 드러나 있는 거시의 세계와의 상관관계를 확실하게 알아야 슈뢰딩거의 고양이와 같은 역설적인 사고실험으로 논쟁하는 일이 없어질 것입니다.

이해하기 쉽게 우리들의 몸을 살펴본다면, 인간의 몸은 오장육부五臟六腑로 구성되어 있으며, 각각의 장기臟器를 구성하고 있는 최소한의 단위는 똑같은 소립자입니다. 그러나 각각의 장기가 하는 역할은 다르면서 하나로 연결되어 인간이라는 하나의 생명체를 이어가게 합니다. 모든 생명체는 생명체를 이어가기 위한 구성요소만 다를 뿐 다 이와 같습니다.

여기에서 중요한 사실은 소립자 하나만을 따로 분리시켰을 때는 모든 가능성만 지니고 있을 뿐 스스로 특정한 작용(기능)은 하지 못합니다. 그러나 어떤 인연(조건, 여건)을 만나 여러 개가 모여 일정한 모양을 지니고 현실로 드러나게 되면 각각의 역할을 하게 되고 그 각각은 또 다른 것들과 인연(연기)되어 하나의 유기체를 형성하게 됩니다. 이것이 미시세계와 거시세계의 연결 관계이며, 거시와 미시를 함께 보는 것이며, 있는 그대로 보는 것입니다.

소립자(미립자)는 진여의 작용에 의해서 만들어졌기 때문에 모든 가능성을 다 지니고 있는 최소한의 알갱이인 것입니다. 그렇기 때문에 "모든 것에는 깨달음을 얻을 수 있는 가능성을 다 지니고 있다(일체중생一切衆生 개유불성皆有佛性)."는 말도 양자물리학으로 증명된 셈입니다.

소립자는 인연 따라 모이고(생生) 흩어지는 것(멸滅)을 반복(윤회)할 뿐 본래 불멸입니다. 일반적으로 우리는 본질적인 것(원리, 체體)은 추구하지 아니하고 겉으로 드러나 보이는 현상(상相, 용用)에만 집착하기 때문에 세간이라는 것은 모든 것이 시시각각으로 생멸하는 것으로 생각하지만, 그것은 겉보기일 뿐이고, 모든 존재(우주 전체)의 참다운 모습(제법실상諸法實相)은 불멸이며, 불멸이기 때문에 불생입니다. 그렇다면 생멸이 없는데 어떻게 만물이 존재할 수 있느냐? 라는 의문이 생길 것입니다. 생멸은 생기고 없어지는 것이 아니라 인연따라 모이고 흩어지는 '변화(바뀌는 것, 순환, 윤회, 무시무종)'를 뜻하기 때문이고, 변화는 진여의 작용일 뿐 진여에는 본래 생멸이 없습니다. 이것이 유일한 진리입니다. 이 사실을 확실하게 아는 것이 깨달음입니다.

의상대사 '법성게法性偈'에서는 "생사열반상공화生死涅槃常共和 (생사와 열반은 항상 함께한다)."라 하였습니다. 다시 말해서, 생生과 사死(멸滅)가 필연적(반드시)으로 있는 가운데 죽지 않는 도리가 있기 때문에 이 도리를 확실하게 아는 것이 생사를 초월해서 영원히 죽지 않는다는 말입니다. 이 또한, 삶과 죽음을 함께 보는 것이며, 모든 현상을 있는 그대로 보는 것입니다.

따라서 생사가 그대로 열반이라는 뜻이므로 생사와 열반은 불이不二라는 말이고, 이것은 소립자는 본래 죽지 않는다는 것과 뜻을 같이 합니다. 다만, 인연 따라 모이기도 하고 흩어지기도 할 따름입니다. 마치 하늘의

한 조각 구름이 인연(여건) 따라 모이기도 하고 흩어지는 것과 같습니다. 모이고 흩어지기는 하나 그것을 이루고 있는 작은 수증기는 없어지지 않고 모이고 흩어짐을 끊임없이 만들어 냅니다. 이것이 자연의 원리입니다.

소립자의 이중성은 무자성, 즉 중도를 의미합니다. 인연 따라 모이고 흩어지는 것을 반복할 때 이것은 저것으로 저것은 이것으로 서로 주고받기 때문에 비록 겉으로 드러난 모습(상相)과 쓰임새(용用)는 다르나 각각을 이루고 있는 본질에 있어서는 조금도 다르지 않다(불이不異)는 것입니다.

따라서 중도의 원리는 모든 모순과 대립을 완전히 초월하여 전부가 융화해 버리는 것, 즉 대립적인 것으로 보았던 모든 존재가 융화되어 서로 통해 버리는 것입니다. 색즉시공色卽是空, 불생불멸不生不滅, 무애법계無碍法界가 모두 중도의 원리를 말하는 것입니다.

비유비무非有非無, 역유역무亦有亦無, 즉 "있는 것이 없는 것이고 없는 것이 있는 것이다(유즉시무 有卽是無 무즉시유 無卽是有)." '고타마 싯다르타'께서는 "유무가 합하는 까닭에 중도라 이름 한다(유무합고명위중도 有無合故名爲中道)."고 하셨습니다.

이 모든 것에 양자물리학(과학)이 다가와 하나씩 밝히고 있습니다.

인간은 새로운 것, 인기 있는 것, 나에게 이익을 주는 것, 이런 것들이 있으면 다른 것들을 버리고 그곳으로 몰리는 속성이 있습니다. 다시 말해서, 분별하고 차별해서 취하거나 버리는 취사선택取捨選擇을 한다는 말입니다.

세상에 생겨나고 없어지는 것은 연기의 원리(관계성)에 의한 것이어서 필연적이기 때문에 지극히 자연스러운 자연의 법칙(진여의 작용)입니다.

중도는 어떠한 것도 취하거나 버리지 않습니다. 그것이 순리이기 때문이며, 그것이 모두를 융합하는 것이기 때문입니다. 지금 물리학은 고전 물리학을 버리고 신비스러운 양자 물리학에만 쏠려있습니다.

인간의 욕망은 좋은 것도 아니고 나쁜 것도 아닙니다. 좋고 나쁨을 떠나 둘을 하나로 융합하여 무애자재(자유자재)하게 쓸 줄 알아야 그것이 완성된 중도의 지혜입니다. 세상 모든 것이 다 이러합니다.

이 글을 깊게 사유하기 바랍니다.

* 양자물리학과 기氣 *

양자물리학이 발전하면서 양자의학에서는 영혼(유령)을 촬영할 수 있는 장치도 개발할 수 있다고 생각합니다.

영국의 생물물리학자인 해리 올드필드(Hary Oldfield)는 PIP(polycontrast interference photograpy)라고 하는 특수한 사진 기법으로 인체를 싸고 있는 정보-에너지 장을 촬영하였습니다. PIP로 인체를 스캔(scan)하면 인체의 주위 및 내부를 매우 정밀하게 진동하면서 흐르는 것을 관찰할 수 있다고 하였는데, 육체적인 상태뿐만 아니라 정신적인 상태도 아주 다양한 모습으로 볼 수 있다고 합니다.

PIP로 관찰하면 기氣의 흐름을 실시간으로 정확하게 찍을 수 있기 때문에 자신도 모르는 질병도 찾아낼 수 있으며, 대체로 병이 있는 부분은 붉고 어둡게 나타나는 것이었습니다.

PIP를 이용한 많은 실험을 통하여 얻어진 결과, 모든 사람은 육체 주위에 에너지 장을 가지고 있으며 이 에너지 장은 사람의 의식에 해당되는 것이라고 하였습니다. 이것을 증명하기 위해 PIP를 가지고 공동묘지를 촬영하였는데 육안으로는 볼 수 없는 것이 PIP에 유령과도 같은 존재를 찍을 수 있었다고 하였습니다.

미국의 제임스 드메오(JAMES DEMEO)박사는 오르곤 생물리학 연구소(Orgone Biophysical Research Center)를 운영하면서 오르곤 에너지라고 하는 생명 에너지를 십여 년간 연구하고 있는데 이것은 동양에서 말하고 있는 기氣와 같은 것입니다. 기는 몸 안의 경락을 통해 연결되어 있습니다.

세포를 크게 확대해 보면 그 주위에 푸른색을 띠고 있는데 이것이 생명 에너지가 띄는 색이라는 것입니다. 생명 에너지는 우주의 생명력이며 대기 중에 자연스러운 형태로 존재합니다.

동식물을 막론하고 살아있는 모든 생명체에는 각자의 고유한 에너지 장을 가지고 있으며, 이것들은 동시에 서로 연결되어 있습니다. 나와 남, 나와 자연, 그리고 나와 우주, 이 모든 것들을 하나로 연결시키는 것이 바로 오르곤 에너지인데 이것이 기氣의 실체라는 것입니다.

에너지는 소립자이기 때문에 우주는 소립자(양자적)로 얽혀있다는 말과 같습니다.

이러한 사실을 증명하기 위한 실험으로, 기 능력이 있는 기치료사에게 기 치료를 받고 나면 오르곤 에너지가 훨씬 강하게 나타나는 것을 사진으로 확인하였으며, 기 능력자의 기가 상대방에게 전해지는 과정도 동영상으로 촬영하였습니다.

- 블로그 참고 -

지금 양자물리학의 원리를 거의 모든 분야에서 활용하여 새로운 것을 발명하고 있으나 양자물리학이 워낙 이해하기 어려운 관계로 지극히 전문적인 소수의 사람에 의해 이루어지고 있는 실정입니다. 앞으로는 양자물리학을 모르면 19세기 이전으로 후퇴하여야 할 것입니다. 그러나 만상은 진여의 작용이기 때문에 깨달음의 원리를 이해하고 나면 양자물리학은 너무나 쉬워집니다.

제 17 강
거시의 세계와 미시의 세계

양자물리학은 인간이 인식하지 못하는 아주 작은 세계(미시세계, 아원자 세계)에서 일어나는 현상들을 다루기 위해 고안한 물리학이기 때문에 우리가 경험할 수 있는 경험세계가 아니므로 이해하기가 매우 혼란스러운 학문입니다.

그래서 닐스 보어는 말하기를 "양자이론에 충격을 받지 않은 사람이 있다면 그는 아직 양자이론을 제대로 이해하지 못하고 있는 것이다."라고 하였으며, 리차드 파인만은 "양자역학을 이해하고 있는 사람은 아무도 없다고 자신 있게 말할 수 있다."고 말했습니다. 이 말은 결코 우리를 위로하기 위해 과장해서 한 말이 아닙니다. 물리학자들이 설명하는 양자역학을 잘 이해할 수 없는 이유는 물리학자들도 잘 모르기 때문입니다.

세간世間에서는 아직 까지도 이렇게 말하는 것이 보편적이기는 하나 깨달음의 세계인 출세간出世間에서는 아주 먼 옛날부터 양자적으로 생각하는 것이 오히려 보편적이었기 때문에 양자역학을 이해한다는 것은 아주 쉬운 일입니다.

이러한 이유는, 우리는 거시세계와 미시세계에 함께하고 있으나 미시세계는 인식할 수 없고 거시세계만 인식할 수 있기 때문에 경험하고 기억되는 것이 무의식에 저장될 때 거시세계의 것만 저장됨으로 거시세계에만 익숙해져 있습니다. 그러므로 양자현상이 어려운 것이 아니라 나도 모르게 굳어져 있는 고정된 관념(개념)으로 가득 찬 무의식에서 받아들이지 않기 때문입니다. 그러나 깨달음의 세계에서는 미시세계에서 일어나는 현상을 깨달음이라는 마음의 눈(지혜)으로 보고, 느낌으로 훤히 꿰뚫어 알기 때문에 그냥 받아들일 수 있는 것입니다.

거시세계와 미시세계에 대해서는 이미 대략의 설명이 있었으나 좀 더 자세하게 하나로 모아서 말하려고 합니다.

애리조나대학의 의식 연구소장인 스튜어트 해머오프(Stuart Hameroff) 박사는 이렇게 말합니다. "이 우주는 아주 이상하다. 두 개의 법칙이 우주를 지배하는 것처럼 보인다. 수백 년 동안 운동의 법칙을 설명한 뉴턴의 법칙이 적용되는 일상의 삶, 고전적인 세상이 존재한다(거시세계). 하지만 원자처럼 아주 작은 단위로 내려가게 되면 또 다른 법칙이 지배한다. 이것이 바로 양자의 법칙이다(미시세계)."

거시의 세계는 원인에 대한 결과가 확실하기 때문에 뉴턴역학(고전물리학)으로 설명할 수 있고, 미시의 세계는 소립자(미립자)의 세계를 말하기 때문에 양자역학(현대물리학)으로 설명할 수 있는데 양자역학은 원인에 대한 결과가 이럴 수도 있고 저럴 수도 있다(가능성)는 이론으로서 공을 던지면 공중으로 날아갈 수도 있고 땅으로 떨어질 수도 있고 좌우로 휘어질 수도 있다는 말입니다. 한마디로 무슨 일이 일어날 줄 확정적으로는 모른다는 말입니다. 그러므로 모든 현상은 확률적으로는 계산되어집니다. 공을 던졌을 때는 앞으로 나갈 확률을 계산하는 것인데 이것을 거시세계에 적용한다면 공이 앞으로 날아갈 확률이 높다고 해석할 수 있습니다. 한마디로 거시세계는 미시세계의 확률을 모아둔 것이라고 말할 수 있습니다. 따라서 미시세계에서는 어떠한 경우에도 모든 가능성만 존재할 뿐 확실하게 측정할 수 없다 하여 불확정성원리, 상보성(이중성)원리, 중첩의 원리가 적용됩니다.

거시의 세계는 미시세계에서 일어나는 작용이 서로 연결되고(연기緣起, 상의상관성 相依相關性, 인연화합因緣和合) 쌓여(모여) 한시적으로(가립假立된 존재) 형상(모양)이 겉으로 드러난 세상이고, 미시의 세계는 거시세계 내부에서 일어나는 작용(사건), 또는 허공과 같이 형상이 없는 것에서 일어나는 작용이기 때문에 우리가 전혀 느낄 수 없는 세상입니다. 미시의 세계는 미시의 세계끼리 서로 연결되어 있고, 거시의 세계는 거시의 세계끼리 서로 연결되어 있기 때문에 거시의 세계와 미시의 세계는 서로 분리될 수 없는 하나의 생명공동체입니다.

거시의 세계는 미시의 세계가 바탕이 되기 때문에 소립자의 성품인 무상, 연기, 공, 무아, 무자성의 원리가 그대로 적용되며, 가립된 존재들로 구성된 유有의 세계이므로 시간, 공간의 제약을 받는 3차원의 세계입니다. 다시 말해서, 우리가 지금 살아가고 있는 세상 즉, 세간世間을 말합니다.

미시의 세계는 소립자의 세계이므로 시공의 제약을 받지 않는 고차원의 세계로서 수학적으로는 설명되어지나 현상적으로 드러나지는 않기 때문에 우리가 인식할 수는 없습니다. 미시의 세계는 우리가 인식할 수 없는 묘유妙有 (진공묘유 眞空妙有)의 세계이며 공空의 세계(진여의 작용), 즉 세간과 함께하고는 있으나 현상을 떠나있는 출세간出世間입니다. 따라서 거시세계의 본질(근원, 근본, 뿌리)은 미시세계입니다. 거시세계에서는 생멸이 있고 분별과 차별이 있지만, 미시세계에서는 생멸이 없고 어떠한 분별도 차별도 본래 없습니다.

신라의 의상대사義湘大師께서는 소립자의 성품(법法, 진여, 진리, 원리, 세상, 화엄법계華嚴法界)을 법성계法性偈에서 다음과 같이 노래했습니다.

"일중일체다중일一中一切多中一
하나 가운데 일체(모두)있고 일체 가운데 하나 있어
일즉일체다즉일一卽一切多卽一
하나가 곧 모두요 모두가 곧 하나다.

일미진중함시방一微塵中含十方
한 티끌 가운데 시방세계(우주)를 머금었고(담겨있고)
일체진중역여시一切塵中亦如是
모든 티끌(하나하나의 티끌)속도 또한, 그러하다.
무량원겁즉일념無量遠劫卽一念
끝없는 긴 시간도 찰나(한 생각)요
일념즉시무량겁一念卽是無量劫

일념(찰나)이 곧 끝없는 무량겁(끝없는 긴 시간)이라.".

법성게에서 의상스님께서는 법의 성품은, 하나하나의 것을 분별(부분적)해서 보면 모양(상相, 생김새)과 쓰임새(용用)가 다 다르나 모든 것을 구성하고 있는 본질(소립자, 체體)의 입장(전체적)에서 분별하지 않고 보면 우주 만상은 있는 그대로 둘도 아니고(불이不二), 다르지도 않기 때문에(불이不異) 같다(즉화卽化)는 것입니다.

미시세계와 거시세계는 서로 분리될 수는 없으나 그렇다고 해서 미시세계의 법(양자역학)을 그대로 거시세계에 적용시키고, 거시세계의 법(뉴턴역학)을 그대로 미시세계에 적용시키려 하는 것은 "있는 그대로 보라."는 자연의 원리(비밀, 수수께끼, 마술, 중도)를 모르는 어리석음 때문입니다. 미시세계(양자세계)에서는 관찰대상에 관찰행위가 분명히 영향력을 미칩니다. 그러나 거시세계에서는 아무런 영향도 미치지 않습니다. 그래서 슈뢰딩거의 고양이는 아직도 상자 안에 갇혀 확실한 해답을 기다리고 있는 가 봅니다.

거시세계의 법은 미시세계에서 볼 때 맞지 않는 하나의 고정관념(개념)일 뿐이고, 반대로 미시세계의 법은 거시세계의 입장에서 볼 때는 역시 잘못된 하나의 개념일 뿐이기 때문에 두 법法(고정관념)으로부터 자유로워져야 합니다.

소립자의 성품(이중성, 확률파, 중첩, 가능성)으로 슈뢰딩거의 고양이처럼 거시세계의 모든 현상을 직접적으로 연결시키는 것은 논리적으로 맞지 않으나 미시세계에서 일어나는 현상(성품)과 거시세계에서 일어나는 현상은 공통점이 매우 많습니다.

이해하기 쉽게 우리가 살아가는 모습을 보면, 누구에게나 무한한 가능성은 열려 있으나 그것이 이루어질 확률은 사람마다 다 다릅니다. 무한한 가능성은 많은 것(다양한 직업)들로 중첩되어 있기 마련입니다. 어린아이에게 가능성은 무한하게 열려 있으나 이 아이가 자라서 어떻게 될것인지는 아무도 모릅니다. 다만, 가장 노력한 방향으로 성장할 확률이가장 높을 뿐입니다. 소립자의 성품이 고정되어 있지 않고 이랬다저랬다하는 것처럼 만상은 주관적(나의 입장)으로 보느냐 객관적(너의 입장)으로 보느냐, 즉 보는 방향(각도, 입장)에 따라 그 성질(분별)이 달라질 뿐고정된 스스로의 성품(자성)이 없기 때문에 이중성입니다. 예를 들어, 술을 많이 먹는 아버지는, 가족의 입장에서 볼 때는 바람직하지 못한 아버지일 것이나, 술을 만드는 회사나 술을 파는 가게 주인의 입장에서 볼때는 매우 환영받는 사람일 것이기 때문입니다.

이중성과 더불어 미시세계에서 원자핵을 돌고 있는 전자와 원자핵의거리는 거시적인 입장에서 있는 그대로 본다면 상대적으로 매우 짧은 거리이기 때문에 무시해도 상관이 없습니다. 그러나 미시세계에서는 결코무시하면 안 되는 먼 거리입니다. 이것을 거시세계에 가지고 들어와서 가령 수소 원자핵(미시세계)을 농구공 정도로 확대시키면(거시세계) 핵 주변을 돌고 있는 전자와 원자핵의 거리는 약 32km 정도의 먼 거리가 됩니다. 따라서 원자핵과 그 주변을 돌고 있는 전자의 사이는 텅 비어있게됩니다. 우리의 눈에 보이는 모든 것들이 본질적으로 이렇게 구성되어 있다고 해서 이 논리를 그대로 거시세계에 직접적으로 연결시켜서 모든 것은 텅 비어있기 때문에 없는 것과 같다고 한다면 말이 되지 않습니다. 이것은 마치 비행기를 타고 하늘을 높이 올라갈수록 모든 것이 작아져 보이는 것과 마찬가지로 그 자체가 작아지는 것은 아닙니다. 깨달음의 세계에서 "모든 것은 있는 그대로 텅 비어 있는 것이다."라는 말도 본질적으로는 그러하다는 것을 의미할 뿐 실제로 아무것도 없는 것(무無)이라는 말은 아닙니다.

그래서 궁극적으로 깨닫고 나면 모든 것을 분별하거나 차별하지 않고 있는 그대로 본다는 것입니다. 이것을 '중도로 본다'고 합니다. 중도는 거시세계에서는 거시세계의 법을 따르고 미시세계에서는 미시세계의 법을 따를 뿐, 스스로의 고정된 법을 만들지는 않습니다. 이것이 완성된 중도의 지혜입니다. 중도는 미시와 거시를 떠나(초월) 미시와 거시를 하나로 융합(화합, 조화)하기 때문입니다. 자연은 본래 미시와 거시가 함께하는 것이며, 이것이 진여입니다. 미시와 거시를 분별하는 것은 인간의 알음알이가 만들어낸 것입니다.

확실하게 깨닫는 것을 '견성見性'이라 하는데 견성을 하고 나면 중도로 보는 지혜가 생깁니다. 이것은 모든 것이 분리되어 존재하는 거시세계에서 분리되어 있지 않은 미시세계를 함께 보는 것이며, 생과 사(멸)가 반드시 있는 거시세계에서 생사가 없는 미시세계를 보는 것입니다. 이것이 '불이不二(不異)'를 보는 것입니다.

우리의 몸은 수많은 세포로 이루어져 있으며, 하나하나의 세포에는 모

든 정보가 다 들어있습니다. 시간과 공간도 인간이 만든 개념으로 분별
하고 나누어 놓았을 뿐 마치 흐르는 물이 끊어지지 않고 이어져 있듯이
본래 나누려 해도 나눌 수 없습니다. 밤하늘에 빛나는 별을 보는 것도
지금의 모습을 보는 것이 아니라 수억, 수십 억 년 전에 빛의 속도로 출
발했던 그 빛을 통해 그때의 모습을 우리는 보고 있는 것입니다. 설혹 지
금은 사라지고 없다 할지라도 지금 우리는 그 별이 사라졌음을 알 수가
없습니다. 다만, 수억, 수십 억 년이 지난 다음에야 알 수 있을 것입니다.
그래서 우리는 우주의 시작(빅뱅)인 137억 년이라는 진화의 시간과 지금
도 하나로 연결되어있는 것입니다.

＊ 영원한 것 ＊

이 세상의 모든 것은

우리의 눈에 보이기 전에

눈에 보이지 않는 상태로 있다.

눈에 보이는 세계는

그 모습을 드러내기 전

눈에 보이지 않는 상태로 존재한다.

따라서 안 보이는 상태가 원인이고

보이는 것은 하나의 결과이다.

그러므로 눈에 안 보이는 것이 영원한 것이며

눈에 보이는 것은 일시적으로 늘 변화하는 것이다.

— 법정法頂 —

이와 같이 깨닫기 전에는 개개인이 지니고 있는 개념(고정관념, 알음알이, 지식, 아상我相, 무명無明)으로 세상을 분별하고 차별해서 만들어 보기 때문에(일체유심조 一切唯心造) 천국과 지옥도 따로 존재하고 있는 것으로 생각하나 깨닫고 나면 있는 그대로 법 아닌 것이 없고 우주 전체는 떼려도 뗄 수 없는 하나의 생명공동체라는 사실을 확실하게 알게 됩니다.

거시세계(세간, 가립된 존재)에 있으면서 미시세계(출세간, 소립자)를 깨닫게 되면 거시세계(지옥, 고통) 그대로 미시세계(천국, 해탈, 열반)인 것입니다. 이 사실은 우리가 깨달음을 얻는 데 있어 의미하는 바가 가장 큽니다.

법계(진여)의 성품(소립자의 성품, 미시의 세계)을 깨닫고 나면, 그동안 알지 못해 내 생각(이기심)으로 어리석게 살아가던 것이 깨닫고 나면 내가 존재할 수 있는 것은 다른 것들과 인연 맺고 있기 때문에 가능하다는 사실을 확실하게 알게 됨으로써 너와 나의 구별이 없어져 남의 고통을 나의 고통으로 받아들이게 되고 무슨 일을 하든 가장 많은 것을 이익되게 하는 이타행利他行을 하게 됩니다.

※ 지금까지 서술한 내용은 깨달음의 세계와 양자물리학을 하나로 회통 시킨 것이어서 이해하기가 쉽지는 않습니다. 따라서 이 내용을 화두話頭로 삼고 앞으로 펼쳐질 원리를 깨닫게 하는 강의에 충실하면 의심이 생기고 사라지는 것을 반복하다 어느 날 한꺼번에 타파될 것입니다.

제 18 강
자연의 이중성二重性을 깨달음으로 관觀한다면

    광양자(빛, 소립자)의 이중성(자연의 이중성: 입자—파동)에 대해서는 어떠한 것도 과학적으로 밝혀낸 바가 없고, 다만 그러한 현상이 일어나고 있다는 사실 확인만 하고 그냥 그대로 받아들이는 방법 외에는 다른 방도가 아직은 없습니다. 그래서 "자연의 수수께끼다." 또는 "신이 부리는 요술이다."라고 말합니다.

    그렇다면 무엇 때문에 광양자가 이렇게 행동을 할까요? 만약에 광양자가 입자—파동의 이중성을 가지지 않고 고정된 하나의 성품만을 지니고 있었다면 누구나 어디에서나 대상(자연, 객관)을 볼 수 없기 때문에 누구나 어디에서나 대상을 볼 수 있게 하기 위해서 고정된 성품을 지니지 않고 중도적인 성품(무자성)을 지닌다는 생각이 들어서 적어봅니다.

    저자가 이렇게 생각하게 된 가장 큰 이유는 연기관계를 알면 모든 것의 원인을 가장 정확하게 알 수 있기 때문입니다. 빛의 이중성과 같이 현상적으로 나타난다는 것은 반드시 다른 무엇과 관계(연기)를 맺고 있다는 뜻입니다. 연기를 떠나서 존재할 수 있는 것은 우주 공간에 단 하나도 없기 때문입니다.

빛이 하는 역할 중에서 가장 큰 것은, 빛이 없으면 볼 수 없습니다. 빛은 볼 수 있게 하는 것과 연기되어 있기 때문에 누구나 어디에서나 다 볼 수 있게 하기 위해 이중성을 가진다는 말입니다.

입자—파동의 이중성은 '입자와 파동은 본래 둘이 아니다(불이)'라는 뜻입니다. 입자—파동이라는 말도 인간이 한 생각 일으켜 분별하기 위한 하나의 개념(망념)일 뿐, 광양자를 비롯한 모든 소립자는 본래 자성(스스로의 고정된 성품)이 없습니다. 우주 만상이 무자성이기 때문이며, 이것이 진여의 성품입니다.

광양자뿐만 아니라 모든 소립자는 온 우주를 가득 메우고 있습니다. 광양자를 비롯한 모든 소립자는 제멋대로 움직입니다. 제멋대로 움직인다는 말보다 더 정확하게 표현한다면 전 공간에 파동(확률파)으로서 골고루 퍼져있습니다. 이렇게 파동의 성질을 지니고 있다가 관찰자가 관찰하는 순간 파동의 성질은 붕괴되고 입자로 나타나기 때문에 인간을 비롯한 다른 생명체가 볼 수 있는 것입니다.

소립자를 확대해서 '나'라고 한다면, 나는 일정한 한 곳(장소)에만 머물러 있는 것이 아니라 파동으로서 전 공간에 퍼져있을 것입니다. 이것을 누군가 보는 순간 파동의 성질이 붕괴되면서 그 사람에게는 정해진 하나의 장소에 입자(현상으로 나타남)로 나타남으로 그 사람이 나라는 존재를 확인할 수 있다(볼 수 있다)는 말입니다. 혼자서 관찰하지 않고 여러 사람이 함께 관찰할 때도 소립자의 속도는 매우 빠르기 때문에 모든 사람에게 똑같은 장소에 시간차가 없이 나타나게 되는 것입니다. 이것은 미시의 세계에서 일어나는 현상입니다.

빛이 A라는 지점에서 B라는 지점으로 이동할 수 있는 길은 무수히 많을 것입니다. 빛은 확률파로 전 공간에 퍼져있으므로 동시에 모든 경로를 따라 진행한 것처럼 보이게 됩니다.

빛이나 입자가 어느 특정한 경로를 따라 움직인 것이 아닌데도 불구하고 거시적(거시의 세계)으로 보면 일정한 법칙을 따라 정해진 경로나 궤도를 따라 움직이는 것 같이 보이는 것이 자연의 모습입니다.

물리학자 휠러(John A. Wheeler)는 이것을 가리켜 "일정한 법칙이 없다는 것만이 진정한 법칙이다."라고 표현하였습니다. 자연의 본래 모습이 이러하기 때문에 우리들의 생각(개념)도 고정시키면 안 된다는 말입니다. 그래서 가장 좋은(바른) 개념은 "어떠한 개념도 가지지 않는 것이 가장 좋은 개념이다."라는 말이 있고, 이것은 내 생각, 즉 고정관념을 버리라는 말과도 같으며, 중도의 의미와 같습니다. 이렇게 모든 가능성을 열어두고 입자나 빛은 특정한 궤도를 따라 움직이는 것이 아니라는 것을 하나의 법칙으로 삼은 것을 화인만(R. Feynman)의 경로적분經路積分(Path Integral)이라고 하는데 이 경로적분이 양자론의 기본법칙입니다.

거시적으로 볼 때는 중력을 비롯한 다른 힘이 작용할 때도 모든 물체는 운동법칙에 따라 일정한 경로를 따라 움직입니다. 그러나 미시적 세계에서 볼 때는 빛이나 소립자들이 어떤 정해진 경로를 따라 움직이는 것은 아나나 거시세계에 적응 되어진 인간에게는 마치 정해진 경로를 따라 움직이는 것처럼 보인다는 말입니다.

이러한 자연의 현상은 소립자의 세계(미시세계)에서 말하는 논리와 거
시세계에서 말하는 논리를 하나로 합치려 하면 이해하기가 불가능해집니
다. 논리적(역학적)으로 서로 어긋나기 때문입니다. 있는 그대로 본다는
것은 미시세계에서 일어나는 현상은 그것대로 그냥 받아들이고 거시세
계의 일도 있는 그대로 그냥 받아들이는 것입니다. 이렇게 있는 그대로
보게 되면 아무 일도 없습니다. 그러나 과학은 이러한 수수께끼를 풀기
위해 끊임없이 노력할 것입니다.

이제 깨달음으로 미시적인 현상과 거시적인 현상을 하나로 소통시켜
보겠습니다.

양자(소립자, 미립자, 아원자)의 세계(미시세계)에서는 모든 사물(소립
자)이 전 공간에 퍼져 있다가(파동) 관찰자(관찰기기도 포함)를 만나면
순간 입자(형상)로 바뀔 수 있으나 거시의 세계에 존재하는 모든 것들은
수많은 미립자가 모여 각각의 개체를 형성하고 있기 때문에 파동의 성질
을 나타낼 수 있는 것은 없습니다. 결론적으로 거시세계와 미시세계의
존재는 그 크기가 다르기 때문에 적용되는 물리적인 역학 또한, 다르게
적용되어야 한다는 말입니다. 다시 말해서, 거시세계에서는 뉴턴역학이
알맞고, 미시세계에서는 양자역학이 알맞다는 말입니다.

거시세계에서는 빛이 사물에 부딪히면 사물이 튕겨 나가지 않으나 미
시세계에서는 빛(광양자)이 다른 소립자에 부딪히면 부딪힌 소립자는 튕
겨 져나가기 때문입니다.

양자의 세계에서는 관찰자에 의해서 소립자의 성질(입자−파동)이 바뀌지만, 거시의 세계에서는 개체의 성질이 바뀔 수가 없습니다. 그래서 이곳에서는 이곳대로 보고, 저곳에서는 저곳대로 보는 것이 있는 그대로 보는 것이며, 이것이 가장 정확하게 보는 것(여실지견 如實知見)입니다.

거시세계와 미시세계가 가장 활발하게 만나는 것이 미시세계의 빛(광양자)과 거시세계의 존재(사물)들입니다. 이때 빛이 이중성이 아니라면 누구나 아무 곳에서나 사물을 볼 수 없을 것입니다. 이것이 미시세계와 거시세계가 서로 만나는 것(융합)입니다.

'슈뢰딩거의 고양이'와 같이 역설적인 상황(사고思考실험)을 만들어 놓고 합당한 하나의 논리를 찾아내려고 하는 것은 깨달음의 입장에서 볼 때는 처음부터 잘못된 일입니다. 그러나 이러한 시도로 인해 과학(학문)은 많은 발전을 이루어 낼 수 있었습니다.

과학적으로는 자연을 아직은 확실하게 증명해 보이지 못하기 때문에 '자연의 비밀' 또는 '자연의 수수께끼'라는 표현을 하고 있지만 깨달음으로는 중도를 체득함으로써 자연의 모든 것을 꿰뚫어 알 수 있는 것입니다. 이미 지금으로부터 약 2500년 전에 '고타마 싯다르타'에 의해서 말입니다.

앞으로 과학이 무어라 해도 세상은 중도로 되어있다는 것을 깊이 새겨야 할 것입니다. 과학이 중도를 벗어나는 이야기를 한다면 그것은 과학이 잘못 말하고 있는 것입니다.

* 공空 *

깨달음의 원리 중에서 가장 이해하기가 어렵고 하나로 회통(정리)하기 어려운 것이 공空에 대한 원리입니다.

진여眞如는 모든 것을 가능하게 하는 전지전능한 창조주(神)입니다. 공을 한마디로 말한다면, 진여의 성품입니다. 진여는 우주가 생기기 이전부터 항상恒常한 것이며, 형상(상相)이 없는 일종의 에너지이고, 시작도 끝도 없이(무시무종無始無終) 끊임없는 작용만 있을 뿐이므로 인간의 모든 개념을 떠나있습니다. 그러나 진여는 아무렇게나 작용하는 것이 아니라 일정한 법칙(성품, 원리)대로 움직이며, 그 법칙이 바로 공이라는 말입니다. 따라서 공의 원리에 대해서는 우리가 언어 문자로 나타낼 수 있습니다.

지구가 속해 있는 우주 만상은 빅뱅이라는 진여의 작용으로 인해 만들어졌으며, 빅뱅으로 인해 최초로 만들어진 것은 만상의 근본물질인 소립자(미립자)입니다. 소립자는 오랜 시간을 지나면서 인연(조건, 여건) 따라 모이고(생生) 흩어지는 것(멸滅)을 끊임없이 반복(윤회)하면서 각각의 개체를 만들어 낸 것이 지금의 우리이고 우주입니다. 다시 말해서, 진여의 성품이 공이고, 공에 의해서 소립자가 만들어지고, 소립자에 의해 만상이 만들어졌기 때문에 우주 만상의 성품은 공입니다. 이렇게 존재의 생멸이 끊어지지 않고 이어지는 과정에 오직 변하지 않은 것은 진여의 성품인 공空입니다. 그래서 만상은 진여, 즉 공에 의지해서 그 존재가 가능하다는 말입니다. 만약에 진여의 성품이 공이 아니라 고정불변의 자성이 있었다면 어떠한 것도 존재 그 자체가 불가능합니다.

진여의 성품이 끊어지지 않고 이어져 내려오는 것은 마치 모든 생명체의 유전자(DNA)가 이어져 내려오는 것과 같습니다. 이것은 양자물리학에서 소립자는 어떠한 경우에도 없어지지 않는다는 것(불멸)이 실험적으로 밝혀졌습니다. 소립자는 영원히 죽지 않는다는 사실을 가장 쉽게 확인시켜 주는 것으로는, 밤하늘에 반짝이는 별빛들입니다. 우주가 생긴 이래 최초의 빛도 희미하나마 찾아내고 있기 때문입니다. 최초의 빛을 비롯해서 백 억 년 전의 빛도, 십 억 년 전의 빛도 지금을 지나 앞으로도 영원히 사라지지 않고 우주를 여행할 것입니다.

진여의 성품은 공이고, 공의 성품은 무상無常, 연기緣起이므로 아공我空(무아無我: 인무아人無我), 법공法空(법무아法無我)이며, 만상은 무자성無自性입니다. 이것은 소립자의 성품이기도 합니다. 소립자는 서로 상반되는 입자의 성질과 파동의 성질을 다 가지고 있다는 것이 양자물리학에서 확인되었기 때문입니다. 확인만 하였을 뿐 왜 그러한지는 아직 모르기 때문에 "자연의 수수께끼다.", "신이 부리는 마술이다."라고 과학자들은 말합니다.
이러한 이유로 "연기를 보거나(연기공緣起空) 무상을 보면(무상공無常空) 공을 보고, 공을 보면 여래如來(부처, 창조주, 신, 하나님, 진리, 진여, 원리, 섭리)를 본다."고 말하는 것입니다. 이것이 깨달음입니다.

'반야심경'에서 말하는 공의 의미는 진여의 성품인 공을 말하기 때문에 넓은 의미의 공을 뜻하고, 물질을 계속 확대하면 그 속은 텅 비어있다고 말하는 공은 물리적(과학적)으로 공을 말하는데 이 경우는 좁은 의미, 즉 물질(대상) 내부에 존재하는 공(허공)을 말하고, 이 경우도 공의 연속성으로 본다면 '색즉시공 色卽是空 공즉시색空卽是色'을 물리적으로 이해시키는 하나의 방편으로 사용하면 도움이 될 것입니다. 색을 물질로 공을 비물질로 해석하고 직역한다면 이해가 빠를 것입니다.

만상은 공하기 때문에 무유정법無有定法(정해진 법은 없다, 법에 집착하지 마라)입니다. 우리들의 일상에 가장 많이 활용되는 것은 바로 무유정법의 원리를 깨달아 얻어지는 지혜입니다.

지금까지 서술한 내용은 '중도'라는 하나의 말로 그 의미를 통합(회통)시켰으며 이 강의의 핵심 중의 핵심입니다. 따라서 누구에게나 해당되는 전체적인 화두話頭가 될 것이니 공부 중에 수시로 참구參究하시기 바랍니다.

공도 공해지는 '공공空空'은 '중도는 중도에도 머무르지 않는다'는 말과 그 의미가 같습니다.

* 참나(진여眞如)와 그 작용 *

'참나(진여)'는 만상(모든 존재)에 본래 갖추어져 있는 본성本性(본질, 근본, 뿌리)을 말하며, 이것은 불생불멸不生不滅이고 항상恒常한 것입니다. 참나는 형상(상相, 모양)이 없는 일종의 에너지(공空)로 온 우주에 조금의 빈틈도 없이 가득하고, 대상(객관, 조건, 여건, 인연)을 만나면 무한한 가능성으로 그 실체를 나타내기 때문에 우주 만상은 참나의 다른 모습입니다. 그래서 '진공묘유眞空妙有'라 합니다.

이것을 양자물리학(과학, 물리적)으로 살펴본다면, 참나의 작용으로 인해 만들어진 소립자(미립자)는 우주 만상을 이루고 있는 근본 물질이며 소립자는 무한한 가능성을 지니고 있습니다.

소립자는 평상시에는 파동의 성질을 지니고 전 공간에 퍼져있으나 '관찰자'라는 대상을 만나면 파동의 성질은 붕괴되고 입자의 성질로 바뀌면서 모양을 나타냅니다.

결론적으로 참나는 무한한 가능성을 지닌 에너지로서 대상을 통해서 그 모양을 드러낸다는 사실입니다. 따라서 대상을 만나지 않으면 무한한 가능성을 지니고는 있으나 스스로 그 모양을 밖으로 나타내지 않는다는 말입니다.

깨달음의 세계에서 '참나'는 진여, 본래심本來心, 자성청정심自性淸淨心, 불성佛性(부처)과 그 의미가 같기 때문에 참나는 진리와 지혜, 상락아정常樂我淨의 당체라고 말합니다. 다시 말해서, 깨달음의 궁극적인 목적은 늘 '참나'와 함께하는 것이며 이것을 '열반涅槃'이라고 합니다. 이러한 이유로 깨닫는다는 것은 본래 누구에게나 다 갖추어져 있는 본래심을 회복하는 것일 뿐 따로 구하는 것이 아니라고 말합니다. 이것은 참나는 무한한 가능성을 지니고 있다는 의미로 보면 전체적으로는 맞는 말이나 대상(인연)을 만날 때 그 대상을 통해서 참나의 작용이 일어난다는 의미로 볼 때는 맞지 않는 말이 됩니다.

명상(삼매)을 통해 참나와 만난다는 것은 내 생각(망념, 의식, 가짜

나)을 완전하게 내려놓은 상태이기 때문에 가장 편안한 상태임에는 틀림이 없으나 참나가 어떠한 작용도 할 수 없는 상태가 됩니다. 따라서 의도적으로 들어간 삼매의 상태에서는 의식이 끊어진 상태가 되므로 깨달을 수 없고 이것이 생활 삼매로 이어질 때 의식이 살아있는 상태에서 큰 깨달음을 얻을 수 있다는 말입니다.

참나와 가아(가립假立된 나)는 늘 함께하면서 가아를 통해 참나는 작용을 하기 때문에 가아가 하는 모든 것은 참나의 다른 모습입니다. 따라서 가아가 원리를 깨닫지 못해 망념으로 어리석은 생각을 하면 참나는 어리석은 모습으로 드러나고 가아가 원리를 깨닫는 수행을 통해 지혜를 얻으면 지혜를 얻은 만큼 비례해서 지혜로운 모습으로 나타난다는 말입니다. 이러한 이유로 깨달음의 대상은 명상(삼매)을 통해 참나를 만나고 늘 참나와 함께하는 것(편안함에 안주하는 것)이 아니라 원리를 체득함으로써 참나가 늘 지혜롭게 작용할 수 있도록 하는 것입니다. 다시 말해서, 원리를 깨닫지 못하면 아무리 삼매에 들었다 할지라도 지혜가 작용하지 못하기 때문에 이러한 수행은 잘못된 수행입니다.

이것은 소립자 하나하나에 무한한 가능성은 지니고 있으나 인연 따라 소립자가 모여 하나의 개체(생명체)가 되어야만 비로소 그 기능(무한한 가능성)을 발휘할 수 있는 것과 같습니다.

※ 채송화 꽃씨를 받다가 ※

　채송화 꽃씨를 받다가 나는 갑자기 빅뱅을 보았습니다.

　아! 이 작은 씨앗에 그렇게 아름다운 꽃들이 들어있었단 말인가?

　새삼 경이롭지 않을 수 없었으며 이것이 진리(진여, 하나님, 신神, 창조주, 조물주)를 보는 것이고 전지전능한 그분들을 만나는 것이로구나!

　사방을 둘러보니 만상이 빅뱅 아닌 것이 단 하나도 없었습니다.

　어머니 아버지의 사랑으로 하나 되어 내가 태어나듯이…….

　우주에서 일어나는 빅뱅을 인간의 오감으로는 알지 못하지만 우리들의 주변 모든 것에서 우리는 빅뱅을 얼마든지 확인할 수 있습니다.

　다만 내 마음이 시끄러우면 보이지 않고 내 마음이 조용하면 항상 볼 수 있습니다.

　내 마음이 조용하면 그것이 '참나'이니까요.

　실로 진여(진리)의 작용에는 불가능이란 없습니다.

　이것을 일러 '전지전능'이라 하고 '전지전능'은 '내 마음'입니다.